JN094067

物 性 化 学

—— 分子性物質の理解のために ——

菅原　正 著

裳 華 房

Study of Physical Phenomena
in Materials Chemistry

by

Tadashi SUGAWARA

SHOKABO
TOKYO

JCOPY 〈出版者著作権管理機構 委託出版物〉

「化学の指針シリーズ」刊行の趣旨

　このシリーズは，化学系を中心に広く理科系（理・工・農・薬）の大学・高専の学生を対象とした，半年の講義に相当する基礎的な教科書・参考書として編まれたものである．主な読者対象としては大学学部の2〜3年次の学生を考えているが，企業などで化学にかかわる仕事に取り組んでいる研究者・技術者にとっても役立つものと思う．

　化学の中にはまず「専門の基礎」と呼ぶべき物理化学・有機化学・無機化学のような科目があるが，これらには1年間以上の講義が当てられ，大部の教科書が刊行されている．本シリーズの対象はこれらの科目ではなく，より深く化学を学ぶための科目を中心に重要で斬新な主題を選び，それぞれの巻にコンパクトで充実した内容を盛り込むよう努めた．

　各巻の記述に当たっては，対象読者にふさわしくできるだけ平易に，懇切に，しかも厳密さを失わないように心がけた．

1．記述内容はできるだけ精選し，網羅的ではなく，本質的で重要な事項に限定し，それらを十分に理解させるようにした．

2．基礎的な概念を十分理解させるために，また概念の応用，知識の整理に役立つよう，演習問題を設け，巻末にその略解をつけた．

3．各章ごとに内容に相応しいコラムを挿入し，学習への興味をさらに深めるよう工夫した．

　このシリーズが多くの読者にとって文字通り化学を学ぶ指針となることを願っている．

「化学の指針シリーズ」編集委員会

ま え が き

物性化学とは

　物理化学という名前は耳慣れているけれど，物性化学と聞くと何だか取り付く島のない学問のような気がするという人がいるかも知れません．しかし，自然界の現象や，日常生活で使用されている製品の仕組みを眺めてみると，それらの働きの奥に物性現象が深く関わっていることに気づきます．ここでいう「物性現象」とは，例えば，金属が電気を流したり，磁石が鉄くぎを引きつけたりするように，物質がもっている性質から現れるさまざまな現象のことです．このような物性現象を，化学の立場から理解しようとするのが物性化学です．ある現象を引き起こす原因をミクロに解明してみると，その現象に関わっている原因は「電子の働き」にあることが分かります．物性化学では，原子や分子の中で動き回っている電子の振舞いに注目します．

　よく知られているように，物質の構造には，原子核と電子，原子，分子，それらの集合体という階層性があります．それと対応して物質内の電子にも，原子内の電子を起点として，分子内の電子，さらには物質内で互いに相互作用している電子集団に至る階層性があり，そうした電子が，それぞれの階層に応じて光と相互作用したり，電場に応答したり，ごく小さな磁石として振舞うことで，光物性，導電性，磁性といった物性を発現しているのです．いってみれば，ホールが用意されていればバレエが，檜舞台が用意されていれば舞が鑑賞できるように，分子や結晶は電子が活躍する舞台のようなもので，分子の形や配列を巧みに設計し，当を得た舞台を作り上げておけば，舞台の上の電子の振舞いを巧みに操ることができます．試しに作った物質に外からの刺激を与えて"耳をすませば"，分子たちのつぶやきが聞こえます．まだ不満があるようなら刺激の与え方を変えて，再度つぶやきを聞いているうちに，「分子の形や並べ方をどう変えたらよいか」のアイディアが湧いてきます．手塩にかけた物質が，ある日，ついに目的の物性を示すのに遭遇したときの感激は一入です．まだ研究者ではない学生の皆さんは，実際に研究する機会は少ないと思いますが，本書を読む中で，その感動を追体験していただければと願っています．このような意味で，物性化学はまさに

能動的な学問といえるでしょう.

物性をもたらす電子構造の特徴

　先に述べたように，物性化学の目的は，原子，分子の中での電子の振舞いを起点としつつも，原子，分子が集合化して互いに相互作用することで形成される電子構造（相互作用により摂動を受けた軌道への電子の詰まり方）を探ることで，さまざまな物性が現れる原理を明らかにすることにあります．物性化学は電子に注目するといいました．分子なら構造式を書き，固体中での並び方を描いてみれば，だいたいの性質が思い浮かびます．電子についても，粗いスケッチでもよいから，新たに誕生した物質の中でどのように振舞うのかを描けると，理解が格段に進むと思われます．そのためには簡単な電子軌道計算をして，電子が収容されている軌道の形や，軌道のエネルギーが分かると好都合です．本書では，固体のモデルとしての少数の原子集団や，原子のつながり方（トポロジー）に特徴のある分子（鎖状，環状，交差状）を取り上げ，その電子構造の求め方，描き方についても説明します．物質内の電子の軌道が互いに相互作用することで，特性がさらに強められ，外場への応答性が高まる様子が分かるようになると，より物性化学に興味が沸いてくるでしょう.

新物質開拓への指針提供

　本書は，物性を分子論的に理解するための基礎を学ぶことを目的にしていますが，ここで物性研究の研究スタイルに触れておくことは，物性化学という学問の目標を明らかにする上で参考になると思います．物性研究は，図に示すように，物質の設計・合成，合成した試料の物性を引き出すための装置作りと，その装置を用いた物性測定，また，得られた測定結果の電子論的解析と，それに基づく物

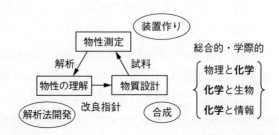

新しい物性を求めて

性の改良指針の導出といった一連の過程から構成されています．このサイクルを何度か回っているうちに，いずれ期待した物性をもつ物質にたどりつきます．この方式をマスターすれば，オールラウンドの化学者になれるでしょう．

　　「カントリー・ロード　この道ずっとゆけば

　　　　　　あの街につづいてる気がする　カントリー・ロード」

　　　　　（作詞 John Denver 他，日本語訳詞 鈴木麻実子，補作 宮崎 駿）

　本書を執筆するにあたり，細矢治夫先生（お茶の水女子大学名誉教授）には全原稿を査読していただき，私の専門ではない量子化学の理論や光と分子の相互作用について，多くの貴重なコメントをいただくとともに，誤りを指摘していただいたことに深く感謝しております．また，畏友である小宮山進先生（東京大学名誉教授）には，バンド理論の記述に関し貴重なコメントをいただき，村田滋先生（東京大学名誉教授）には，全編にわたり不正確な記述や，誤りを訂正していただきました．なお，本書の完成は私の力不足で大幅に遅れてしまいましたが，その間，執筆を促すメールで叱咤激励していただいた裳華房の小島敏照氏に厚くお礼申し上げます．

2023 年 10 月

　　　　　　　　　　　　　　　　　　　　　　　　　菅 原　正

目　次

Column

第1章　日常出会う物性現象

　自然界や，日常生活で出会う物性現象として，光合成における光エネルギーの化学エネルギーへの変換，物質に電気を流す際にみられる金属，半導体，絶縁体の違いとそれぞれの利用法，磁石が示す磁性の原因と物質の磁場に対する挙動の違いとその応用について概観することで，物性化学的なものの見方を学ぶ．

1.1　光物性とは −光合成におけるエネルギー変換−

　光物性とは，光のエネルギーを吸収して励起された原子や分子が示すエネルギー移動や，電子移動のような性質をいう．この節では，緑色植物の光合成を，光物性が活躍する場として取り上げる．**光合成**にみられるエネルギー移動や電子移動は，結晶内で起こる励起子移動や導電性のような分子集合体としての協同現象ではないが，それぞれの現象に関わる分子やその集合体の秩序だった配列が，光誘起の物性現象を多段階（カスケード）的に実現させており，光物性を考える上で格好の舞台となっている（Column「緑色植物の光合成の機構」）．光合成細菌の反応中心のX線構造解析が報告されているので，それを参考にして論ずる．

1.1.1　光合成の概要

　光合成にみられる物性現象を個別に議論する前に，まず光合成のあらましを説明したい．緑色植物の光合成は，葉緑体の内部にあるチラコイドという小胞の中で行われる（**図1.1a**）．チラコイド膜内には，タンパク質で支えられた多数のクロロフィルを含む**アンテナ複合体**および二つの**光化学系**（IIとI）が備わっている．光合成の概要を以下に記す．

　[1] 複合体内のクロロフィル（**図1.1c**）は，680 nm付近の太陽光を吸収し高エネルギー状態（励起状態）になる．そのエネルギーは，環状に配列したクロロ

フィルを介して運搬され（図 1.1 d），光化学系 II の中心にあるクロロフィル（略称 Chl）を励起する．参考として，最近 X 線構造解析で解明された光合成細菌のアンテナ色素に環状に取り巻かれたバクテリオクロロフィル（BChl）二量体の構造を示す（図 1.1 b）．励起された BChl* の電子と**正孔**（電子の抜けた空孔）は，分離して別々に下流に並ぶ分子群に伝達される（図 1.2）．[2] 伝達された「電子」と，チラコイド膜を通して水の「プロトン」とを取り込んで生成したユビキノール（ヒドロキノン誘導体）は，小胞膜の内側にプロトンを放出するので，膜を隔ててプロトンの濃度勾配が形成される（図 1.5 参照）．この勾配がエネルギー源となり，生物にとっての「エネルギーの通貨」である ATP が合成される（Column 図）．[3] 緑色植物では，伝達された正孔は酸化触媒を活性化し，水を酸化して酸素を発生させる（Column 図）．[4] また，緑色植物には，光化学系 II に近接して光化学系 I が存在し，クロロフィルが波長 700 nm の光で活性化し，光化学系 II から輸送された電子を利用して，電子と正孔の分離と電子移動とを進行させる．移動した電子は，最終的に還元酵素によるニコチンアミド誘導体の還元に用いられる．この還元体は CO_2 からグルコースを合成する際の還元剤として働く（Column 図）．なお，電子が光化学系 II から I へと輸送されるのは，発見された順に番号を付けたからである．すなわち光合成は，次式に示すように CO_2 と水から光のエネルギーで，グルコース，ATP および酸素を合成するという，実に巧妙に構築された光エネルギー・化学エネルギー変換系であり，そのお陰で生物は栄養を摂取することができている．

$$6\,CO_2 + 12\,H_2O \xrightarrow{\ h\nu\ } C_6H_{12}O_6 + 6\,O_2 + 6\,H_2O$$

以下，各過程を駆動している物性現象を詳しく説明する．

1.1.2　アンテナ複合体における光のエネルギーの獲得と伝播

　緑色植物の葉緑体の内部にあるチラコイド膜には，太陽光のエネルギーを捕獲するために，クロロフィルとその配列を固定するタンパク質からなるアンテナ複合体が集積している（図 1.1 a）．また，カロテノイドという色素分子も含まれている．クロロフィルには，クロロフィル *a*（青緑色）とクロロフィル *b*（黄緑色）が約 3：1 の割合で存在しており，より広い波長領域を利用できる（図 1.1 c）．

　アンテナ複合体での重要なプロセスは，第一にクロロフィルによる太陽光のエネルギーの吸収である．太陽が発する可視光（電磁波）の振動する電場ベクトルは，**環状 π 電子系**をもつクロロフィルの **HOMO**（highest occupied molecular orbital；**最高被占軌道**）を占有する π 電子を揺さぶる．ちょうど **HOMO-LUMO**（lowest unoccupied molecular orbital；**最低空軌道**）間のエネルギー差に相当する振動数の電磁波が当ると，電子は HOMO から LUMO へ軌道間遷移する（**図 1.1 d 右端**）．

　第二は，励起エネルギーの光化学系中心への輸送である．クロロフィルの励起状態（Chl*）では，HOMO の電子の内の 1 個が LUMO を占有しており，そのエ

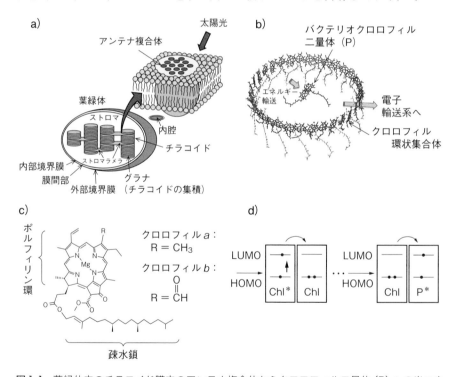

図1.1　葉緑体内のチラコイド膜内のアンテナ複合体からクロロフィル二量体 (P) への光エネルギー移動
　　　a) 葉緑体内のチラコイド集積体．上部はチラコイド膜内のアンテナ複合体（福岡大学理学部機能生物化学研究室の HP[2]より作図）．b) アンテナ複合体中心のバクテリオクロロフィル (BChl) 二量体 (P) を取り巻く BChl の環状構造（光合成｜一般社団法人日本生物物理学会 (biophysics.jp)／茨城大学・大友征宇[3]に一部加筆）．c) クロロフィル a, b の分子構造．d) アンテナ複合体での励起エネルギー輸送の概念図．

ネルギーが順次隣接分子に受け渡され，最後に活性中心に位置する Chl 二量体に渡される（**図 1.1 d**）．図 1.1 b で示したように，緑色植物でも周りを Chl により環状に取り巻かれており，どのクロロフィルが光を吸収しても，励起エネルギーは最終的に (Chl)₂ (special pair; P と略記) に受け渡されるようになっていると考えられる．

1.1.3 光化学系 II における電荷分離

分子の励起状態では励起子が生成しているがその寿命は短く，多くの場合，電子と正孔の再結合により消滅し，過剰のエネルギーは光あるいは熱の形で外部に発散する．しかし，光化学系 II では，互いに異なる電荷をもつ電子と正孔が，独立して別の経路で，効率よく運搬される．これを**電荷分離**と呼ぶ．以下，X 線結晶構造解析により色素分子の配置が明確になった紅色光合成細菌の光化学系 II の**光誘起の電子移動**について説明する（**図 1.2 a**）．

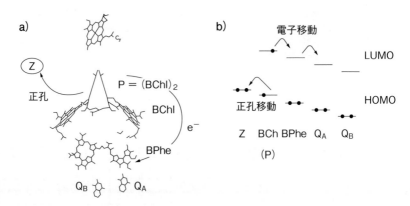

図 1.2 a) 紅色光合成細菌での光合成に関連した電子移動．P：バクテリオクロロフィルのpair (BChl)₂，BPhe：バクテリオフェオフィチン，Q_A, Q_B：ユビキノン．b) 二量体 P 内の BChl 励起状態から BPhe, Q_A, Q_B への電子移動と，電子供与体 Z から BCh の正孔への電子移動を示す模式図．

電荷分離の仕組みは下流の電子受容体の配列にあり，電子はバクテリオクロロフィル二量体 (BChl)₂*(P*) からバクテリオフェオフィチン[†] (BPhe，**図 1.3**)，さらにその先に並んだ二種のキノン誘導体 (ユビキノン：Q_A, Q_B) へと，順次

[†] BChl から Mg^{2+} が外れて水素原子に置換された色素．

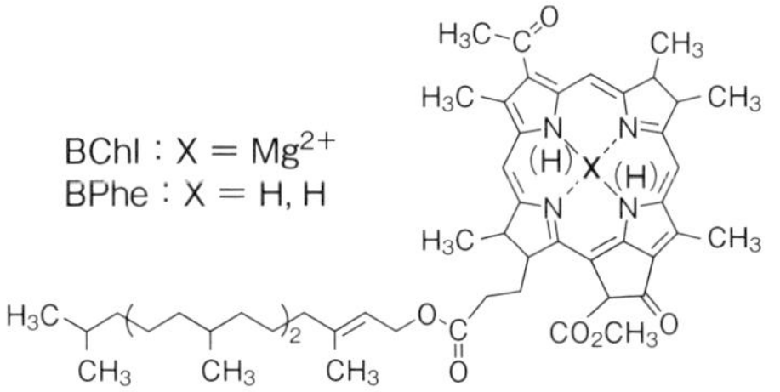

図 1.3 バクテリオクロロフィル (BChl) とバクテリオフェオフィチン (BPhe) の構造

LUMO のエネルギーが低い受容体へ渡される。また，P*に生じた空孔は，直ちに電子供与体 (Z) からの電子移動で埋められるので，励起子が消滅することなく別々に運搬され，それぞれの目的に利用される（図 1.2 b）。

　酸素発生が可能な緑色植物の光合成では，光誘起電荷分離によって Z に移動した正孔は，下流のチラコイドの内部（内腔側）に位置するマンガンクラスターからなる酸化酵素を活性化する。その結果，内腔内の水分子は酸化酵素で酸化され，酸素が発生する。すなわち正孔を利用した水の酸化による**酸素発生**が起こる。

1.1.4 電子・プロトン輸送によるプロトン濃度勾配の形成

　光化学系 II で起こる電荷分離で BChl から BPhe へと移動した電子は，最終的に，この系列の最後に配置されたユビキノン Q_B に渡される。Q_B は 2 個の電子を受け入れてジアニオンとなり，アンテナ複合体から離れ，キノンプールに拡散する（**図 1.5**）。ここでは，正電荷をもつプロトンと負電荷をもつ分子が一度合体し，還元体である**ユビキノール** (QH_2) へと変換される（**図 1.4**）。QH_2 は膜の内腔側（図 1.5 では下側）に拡散し，そこでシトクロムという酸化還元酵素によって 2 電子酸化され，2 個の電子と共に 2 個のプロトンを放出する。電荷をもったプロトンは，疎水的な膜を透過しにくいので，QH_2 の酸化反応が繰り返される

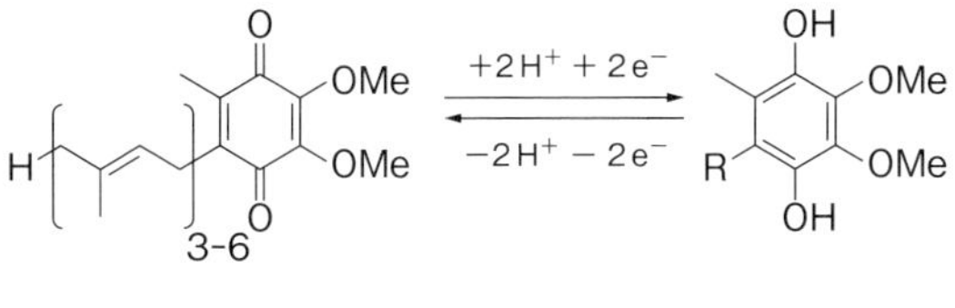

図 1.4　ユビキノン（左）とユビキノール（右）の可逆的酸化還元。
ユビキノールの側鎖 R はユビキノンと同じ。

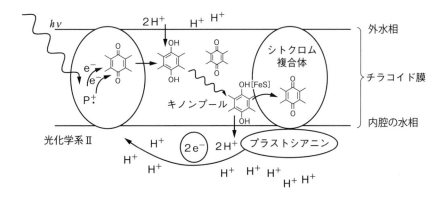

図1.5　チラコイド膜を隔てたプロトン輸送により形成されるチラコイド膜の上下のプロトン
　　　　勾配
チラコイド膜の外側付近でユビキノンが2個の電子と2個のプロトンを受け取ることで生成し
たキノールは，トランスポーターとしてチラコイド膜の内側に移動し，再酸化で2個のプロト
ンをチラコイドの内側に放出する．

と膜の上下にプロトンの濃度勾配が形成され，チラコイド内腔側の水相のプロト
ン濃度が上昇する（**図1.5**）．**プロトン輸送**により生じたプロトン**濃度勾配**は，
下流でATPを合成するための準備に相当する．なお，酸化で得られた2個の電
子は，光化学系Iをもたない光合成細菌の場合は，光化学系IIに戻されて利用
される．

　チラコイド膜内の光化学系Iの先にはプロトンチャネルが設けられており，膜
内外のプロトンの濃度差をエネルギー源として，プロトンチャネルの脇にある
モータタンパクが回転運動し，ADP（アデノシン二リン酸）と無機リン酸から，
ATP（アデノシン三リン酸）の合成を行うことができる（Column「緑色植物の光
合成の機構」）．

1.1.5　光合成の意義
　以上みてきたように，光合成を成り立たせているのは，複数の高い機能性をも
つ有機分子を適切な配列で担持したタンパク質の複合体が，膜内のあるべき位置
に座を占めていることにあり，さらにその中で，光のエネルギーを効果的に利用
した物性現象が起こることで，還元体であるNADPH（**図1.6**），グルコース，
ATP，酸素といった重要な物質が生産されている（Column「緑色植物の光合成の

機構」).

「まえがき」に書いたように，チラコイド膜はまさに光合成を遂行する物性現象の舞台といえる．これらのすぐれた仕組みをもつ光合成に学び，エネルギー問題を解決することは，人類の挑戦すべき目標である．実際，活発な開発研究が進んでいる太陽電池は，光合成の機能を巧みに取り入れている (5.5 節参照).

緑色植物の光合成の機構

　本文では光合成の中でも光物性に焦点を当てて説明したので，ここでは光合成全般を表す図を付す．緑色植物の光合成は，葉緑体の内部にあるチラコイドという袋状の小胞膜に埋め込まれた膜タンパク複合体の中で行われている (図)．この複合体の中には光化学系 II と I が備わっている．光化学系 II では，反応系の中心のあるクロロフィル二量体 (P) が光励起することで，電子・正孔分離が起り，正孔の輸送で活性化した Mn を含む酸化酵素 (本文 図1.6a) による水の酸化で酸素を発生する．一方，電子はキノンプールを介して光化学系 I に輸送され，ニコチンアミド誘導体 NADP$^+$ (本文 図1.6b) を NADPH へ還元し，これが CO_2 から糖類の合成する際の還元剤となる．キノンプールでのプロトンの能動輸送でチラコイドの内側の膜表面のプロトン濃度が十分高くなると，プロトンチャンネルでのプロトンの流れに対応した ATP 合成酵素 (モータータンパク質) の働きで ATP が合成される (図の右端).

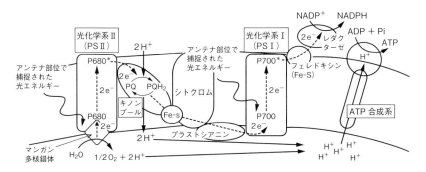

図　緑色植物のチラコイド膜内の光化学系 (II, I) とその機構

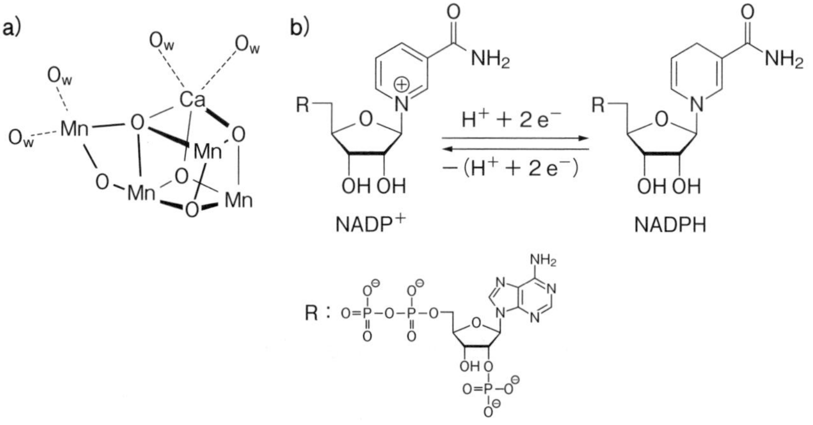

a)

b)

R :

図1.6　a) 酸素発生複合体内の酸化酵素，b) ニコチンアミドアデニンジヌクレオチドリン酸
　　　（NADP⁺）の還元で生成する NADPH

1.2　導電性とは

導電性とは，物質の内を電流が流れる性質をいう．電気は輸送できるという長
所があり，容易に ON，OFF ができる最も使いやすいエネルギーとして，工場か
ら家庭まで，至るところで利用されている．送電線としては銅とアルミニウムが
使われておりその抵抗 (R) は小さいが，各発電所で作られた電気はジュール熱
をできるだけ抑えるため，電流 (I) を増やさずに巨大な電力（例えば 10^7 kW）を
送る必要がある．そこで電力は，約 28 万 〜 50 万 V という超高電圧 (V) に変電

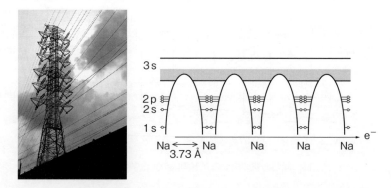

図1.7　送電線による電気の輸送（左）と Na の電子構造と金属的導電性の
　　　一次元モデル（右）

して送電線で送り出されている（$I = V/R$, 図 1.7 左）.

　電圧を掛けると電流が流れる物質を**電気伝導体**という. 金属はその代表例である. 例えばナトリウム（Na）原子は固体中で隣の Na 原子と 3.73 Å の距離で接し**金属結合**でつながっており, そのため電流を流すことができる（**図 1.7 右**）. しかし,「金属結合しているから金属として電流を流す」というのでは, 説明になっていない. より納得のいく説明は, 第 2 章で述べるヒュッケル分子軌道を用いた Na 原子の一次元鎖モデルにより得られるであろう（第 6 章 6.1.2 項参照）.

1.2.1　金属・半導体・絶縁体および超伝導体

　金属とは電気抵抗が極めて小さい物質をいう. 例えば, 銅のような導電体の**抵抗率** ρ は $1.7 \times 10^{-6}\,\Omega\,cm$ である. 一方, **絶縁体**であるガラスの抵抗率は約 $10^{10}\,\Omega$ cm 以上と桁違いに大きい. なお, 抵抗率の逆数を**電気伝導度** σ という $[\sigma = 1/\rho \ (\Omega^{-1}\,cm^{-1})]$. 電気伝導度からみて金属と絶縁体の中間に, **半導体**と呼ばれる物質がある. シリコン半導体の電気伝導度は約 $10^{-3}\,\Omega^{-1}\,cm^{-1}$ とほぼ中間の値を示す. ところで, 金属と半導体との違いはどこにあるのだろうか. 電気伝導度が例えば $10^2\,\Omega^{-1}\,cm^{-1}$ 以上だと金属, それ以下だと半導体というような区別では曖昧さが残る. では, どのように区別したらよいのだろうか.

　金属と半導体の違いは, **電気伝導度の温度依存性**にある. 金属は温度を下げるほど伝導度が大きくなるが, 半導体は逆に, 温度が高くなるほど伝導度が増加する（図 1.8 a）. これは, 金属では電子が占有している軌道†と空軌道のバンドが連続的であるのに対し（**図 1.8 b 左**）, 半導体ではエネルギーの飛びがあるためである（**図 1.8 b 右**）. 半導体の伝導度を増すためには, 熱のエネルギーで電子を励起し, 伝導帯に電子を注入すると共に, 価電子帯に電子が未充填の場所を作る必要がある（6.1.2 項）.

　ところが, 半導体には「**ドーピング**という操作を施すと伝導度が何桁も増大する」という特徴がある. 半導体にごくわずかの電子あるいは正孔を注入することを, それぞれ, n-ドープ（negative doping）, p-ドープ（positive doping）と呼ぶ. 例えば, 4 価のシリコン（ケイ素）にわずかのリンを添加すると, リン原子から

---

† 軌道エネルギーに幅ができ帯状になっており, **バンド**と呼ばれる.

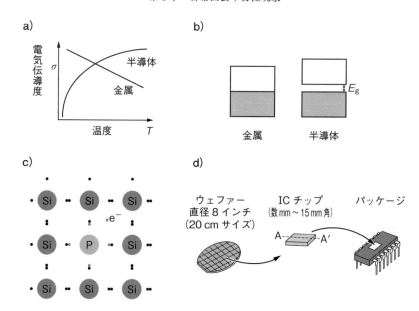

図 1.8　金属と半導体の比較
a) 金属と半導体の伝導度の温度依存性, b) 金属と半導体のバンド構造, c) リン添加による
シリコン半導体への n-ドーピング, d) シリコンウエファーからの素子作製

シリコン半導体の伝導バンドに電子が移り n-ドープされた状態となり (**図 1.8 c**), n 型の半導体が得られる (**図 1.8 d**). ドープされた半導体の応用の一例を挙げる. n-ドープ半導体と p-ドープ半導体を接触させると n-ドープ半導体側から p-ドープ半導体側には電流が流れるが, 逆方向には流れない. このようにして, **ダイオード** (整流素子) を作製することができる (7.8 節).

　導電体の示す顕著な性質として**超伝導**がある. 超伝導とは, 物質の電気抵抗がゼロになることであり, 超伝導となる材料としては, ニオブとチタンの合金 (臨界温度 9.6 K) などが用いられてきた. これらの合金を超伝導状態にするには, 液体ヘリウム (沸点 4 K) を用いて冷却する必要がある. 1987 年に, 液体窒素の沸点 (77 K) より高温で超伝導を示す金属酸化物 (Ba-Y-Cu-O 系超伝導) が発見された (**図 1.9**). この酸化物は, Y_2O_3, $BaCO_3$ および CuO を 1:4:6 の割合に混合した原料を, 酸素気流中 900 ℃で焼結することで得られる. 液体窒素の寒剤で超伝導となる材質で電線が作製できれば, 社会的にも大きな影響を与えるだろう (7.6 節).

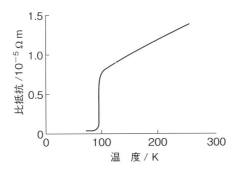

図1.9 超伝導の温度依存性

1.2.2 導電性ポリマーと電荷移動錯体

近年，目覚しい進化を遂げたのは，非金属材料からなる**導電性ポリマー**や**導電性分子固体**に関する研究である．これらの挙動については 6.3 節，6.4 節で詳しく学ぶが，本来絶縁体である有機物質がどのような電子構造をもてば金属になるかは，導電性を理解する上で重要である．鎖状の **π 共役系**は π 電子が広く非局在化しているので，アセチレンを重合して得られる**ポリアセチレン**は導電性を示すのではないかという興味から，良質のポリアセチレンを合成する研究が世界的に展開された．しかし，得られたポリアセチレンは黒色の粉末で，質のよいポリマーを得ることができなかった．1970 年代後半に良質のポリアセチレンの合成法が確立され，ヨウ素でドーピングすることにより $10^2 \, \Omega^{-1} \, cm^{-1}$ の導電性を示したことで，ポリマーの導電性の研究は一気に進んだ（**図1.10**）．ポリアセチレンの炭素－炭素の結合に二重結合と単結合の区別のない理想系は，図1.7 で示し

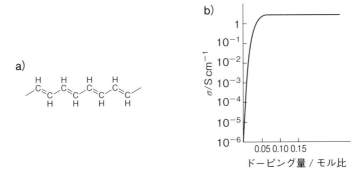

図1.10　a）ポリアセチレンの試料，b）ヨウ素添加（モル比 0.02-0.05）
　　　　による伝導度の 6〜7 桁に及ぶ向上

た一次元金属のモデルとなる．しかし合成したポリアセチレンには，二重結合と単結合の区別 (結合交替) が生じており絶縁体である．ポリアセチレンに導電性をもたせるには，シリコン半導体の場合と同様に，ドーピングを行う必要がある．ドーピングしたポリアセチレンやポリピロールは，現在，携帯電話のコンデンサーなどに利用されている (6.3 節)．

　一方，有機分子の結晶では分子軌道間の重なりが小さいため，バンドの幅が狭く価電子帯と伝導帯の間隔が広く空いており導電性に乏しかったが，電子を供与しやすい**ドナー分子 (電子供与体)** と電子を受け取りやすい**アクセプター分子 (電子受容体)** からなる**電荷移動錯体**の研究が活発に行われ，有機半導体，有機金属が発見された．また電解結晶化と呼ばれる方法で作製される**混合原子価** (ドナー分子の異なる酸化数が混ざった状態) をもつイオンラジカル塩結晶では，半導体，金属，さらには超伝導体も作り出されている (7.6.5 項)．

1.2.3　有機エレクトロニクス

　このように豊富な蓄積をもつ研究成果を背景として，1990 年ごろから，すぐれた**有機エレクトロルミネッセンス (有機 EL)** 材料が出現した．これは，電子

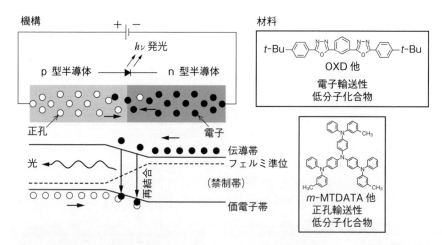

図 1.11　有機 EL 二種の半導体内の電子の流れ (左) および電子輸送体と正孔輸送体の構造
p 型の有機半導体と n 型の有機半導体を接合し，それぞれ電極につなぐと，p 型半導体の価電子帯内の正孔と n 型半導体の伝導帯内の電子とが接合界面で出会い，電子と正孔が再結合する際に発光する現象を利用した発光素子．中間に発光色素を挟んだ EL 素子も開発されている．

を運びやすい有機ドナーと，正孔を運びやすい有機アクセプターを接合し，それぞれに電極をつなぐと，接合面で電子と正孔が再結合した際にエネルギーが発光として放出されるものである．現在，有機 EL を発光材料としたテレビをはじめ，高性能の表示デバイスが市販されている（図 1.11）．有機物質中の電子，正孔の輸送現象が日常生活に役立っている格好の例といえる（7.8 節）．

1.3 磁性とは

磁性とは，物質を磁場に置いたときにみえてくる性質である．磁場中に置いた物質が磁石に引き付けられるようになることを，「磁化された」と表現する．光物性は，電子の軌道間の遷移が引き起こすものであり，導電性は，電子が原子あるいは分子間を移動することにより現れるものである．これに対し，磁性のミクロな起源は，原子内の負電荷を担った電子の回転運動（自転および核の周りの公転）が作り出す磁気モーメント（磁石の強さとその向きを表すベクトル量）にある（図 1.12 a）．つまり，「電子は小さな磁石」ということができる．これは，古典的には円電流が作り出す磁場に対応するが，電子は負電荷をもつので，電磁気学で扱う電流が作る磁場の向きとは逆となる点に注意する（図 1.12 b）（8.2 節）．

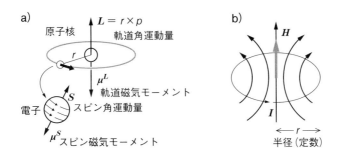

図 1.12　a）電子スピンとスピン磁気モーメント．b）円電流が作る巨視的な磁場．
　　　　　黒線は磁力線，灰色線は磁気モーメント．

1.3.1 磁化の測定と磁化過程

一般に物質の示す磁性は，ほとんど電子スピンに由来するものである．身近な磁石としては，スチール板に書類を止めるマグネットがある．磁石は強磁性体あるいはフェリ磁性体と呼ばれる物質でできており，特に鉄やクロムのような遷移

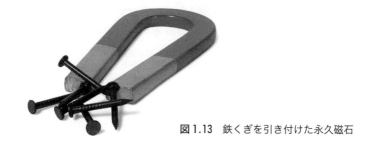

図1.13　鉄くぎを引き付けた永久磁石

金属やその酸化物は強い磁性を示す．磁化されやすい物質（例えばクリップや鉄くぎ）に磁石を近づけると，それらが磁石に引き付けられる実験は，誰もがしたことがあるだろう（**図1.13**）．

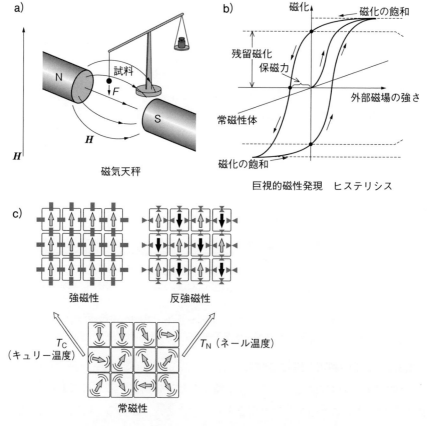

図1.14　a）磁化率測定，b）磁化曲線，c）磁気相転移

　物質の**磁化**（物質が磁性を示すようになること）の強さは，磁気天秤で測定することができる（図1.14a）．磁気天秤で物質が磁化されていく過程をたどってみよう．天秤の端に糸で磁化されやすい試料を吊るし，反対の端には錘を載せて天秤を釣り合わせておく．試料の下にある電磁石のスイッチをONにすると，試料が電磁石で磁化され磁石に引き付けられるので，天秤は傾く．天秤を平行に保つには，天秤の反対側に錘を足す必要があり，追加した錘の重量から物質が磁化された程度（磁化）を測定することができる．その後，掛けた磁場を弱めながら物質の磁化を測定すると，大半の物質では磁場をゼロに戻すと磁化も消えるが（消磁過程），磁場をゼロにしても磁化されたままでいる物質もある．磁石はまさにそのように振舞い，磁化される過程の行きと帰りで異なる経路をとる．このような性質を**ヒステリシス**（**履歴現象**）という（図1.14b）．実際，磁石に貼り付いた鉄くぎを引き離して，磁場に近づいた経験のない鉄くぎに近づけると，そのくぎが引き付けられるのは，このヒステリシスによる．しかし，鉄くぎはいったん磁化されても，しばらく置いておくと磁化を失ってしまう．長時間放置しても磁化が失われない磁石を，**永久磁石**という（9.1節）．

1.3.2　磁性の起源と磁化の温度依存性

　通常，化学結合は，結合性軌道を上向きスピンの電子と下向きスピンの電子が対となって占有することで形成されるので，電子スピンによる磁性は現れない．しかし，物質が**不対電子**（軌道内で対を作っていない電子）をもてば磁性を示すことになる．最初に述べたように，物質の示す磁性のミクロな起源は，物質を構成する原子内の電子が，自転による**電子スピン角運動量**と，核の周りの公転による**軌道角運動量**をもち，それが**磁気モーメント**を生じさせることによる（図1.12）．軌道角運動量で生じる軌道磁気モーメントは，核の周囲の電子分布の対称性が低下すると消失する場合が多い．そこで，ここでは主に電子スピンが作り出す磁性について述べる（8.2節）．

　ところで，物質の磁性は原子や分子が担う個々の不対電子のスピンで発現するのではなく，物質内のすべてのスピンの相互作用の結果として現れてくるものである．磁化は温度と外から掛ける磁場の両方の影響を受けるので，物質に一定の強さの磁場を掛けながら，温度を下げていったときの磁化の応答をみてみよう．

温度を下げると磁化が温度に逆比例して大きくなる応答は**常磁性**的応答という．常磁性の場合，物質内の電子スピンは周囲のスピンと相互作用せず互いに独立に振舞っており，温度が下がるに従いスピンの熱運動は抑えられ，磁化は増加していく．酸素は二つの平行な不対電子をもつ常磁性分子であり，液体酸素に磁石を近づけると磁化され，メニスカスが偏る様子がみられる（**図1.15a**）．この実験にはすぐれた特徴がある．気体の酸素では磁石に引き付けられる様子をみることは困難だが，液体酸素としたことで磁石に引き付けられる様子が観測できること，酸素を液体窒素（沸点77 K）で冷却し液化しているために電子スピンの熱的揺動が抑えられ，磁場との相互作用が強まっていること，さらに副次的であるが，液体酸素は青色を呈するためメニスカスが見やすいことである．

　一方，スピン間に互いのスピンの向きを揃える相互作用が働いている場合は，温度を低下させるとある温度を境に磁化が急激に増大し，低温ではすべてのスピンが一斉に磁場方向に揃う．このような応答を**強磁性**的応答という（**図1.14c**上段左）．これに対し**反強磁性**を示す物質では，スピン間にスピンを逆向きに揃える相互作用が効くため，ある温度を境にスピンが反平行に揃い出し，低温では磁性が消滅する応答を示す（**図1.14c**上段右）．例えば，酸化マンガン（II）MnOは代表的な反強磁性体であり，互いに逆方向の矢印はマンガン原子の電子スピンを表している（**図1.15b**）．

　すべての物質は磁場を掛けると，弱いながらも磁石に反発するような応答をする．これは**反磁性**的応答と呼ばれる（8.3節，8.4節）．反磁性の起源は，外から磁場を掛けると結合を形成している電子が局所的に回転運動を起こし，外部磁場

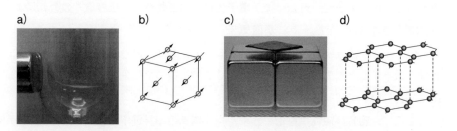

図1.15　a) 磁石に引き寄せられる液体酸素，b) 酸化マンガンMnOの反強磁性（矢印はスピンの向き），c) グラファイトの反磁性による磁気浮遊，d) グラファイトの構造
（a：小川桂一郎・小島憲道 編『新版 現代物性化学の基礎』講談社（2010）より転載，c：小島憲道 東京大学名誉教授提供）

磁気共鳴イメージングにおける超伝導磁石とプロトンの核スピンの挙動

磁石は**永久磁石**や**方位磁石**として人間生活に役立っているが，近年利用されるようになった顕著な例として，診断に利用されている **MRI（磁気共鳴イメージング）**がある（**図左**）．人体（成人男性）は水60％，タンパク質20％弱，脂質15〜20％，その他からなっている．水分子も脂質も水素原子を含んでおり，磁気共鳴で測定できる．それは**水素の原子核**が，電子と同様に小さな磁石として振舞うからである．ただし，磁石としての特性は，電子より3桁ぐらい弱い．このように弱い原子核に由来する小磁石からの情報を検出するには，均一で強力な磁場を用意する必要がある．MRIでは，低温で超伝導相に転移する金属（ニオブの合金）でできたコイルに大電流を流し，円電流が作る巨視的な磁場を作り出しそれを利用している（**図中央**）．

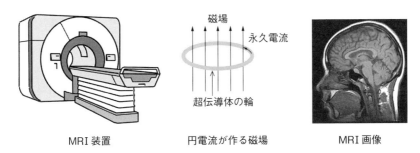

図　MRIの画像測定（画像はWikipediaより）

磁場の中では核スピンの向きは，外部の磁場と逆方向の方が安定なので，逆スピンがより多く存在する．磁場中で核スピンを反転させるのに適したFMラジオの周波数付近でパルス状の電磁波を照射すると，核スピンは，そのエネルギーを吸収して反転して磁場と同方向に向く比率が増える．しかし，そこで電磁波を切断すると，歳差運動している核スピンは電磁波を放出して元の状態に戻る．これを**緩和現象**と呼ぶ．緩和速度は水素原子の周囲の環境[†]で異なる．MRIは放出される電磁波から得た情報を画像の濃淡，色などで区別できるので，この測定ではメスを入れることなく，生身の人間の内部の断面イメージを得ることができる（**図右**）．また，組織に炎症や癌化がみられれば，その周囲の水や脂肪の緩和時間が変化するので，それを検出することも可能となる．

[†] 束縛されていない水，タンパク質が溶け込んだ粘度の高い水，細胞膜内の脂肪など．

とは逆向きの磁場を作り出すことにある．不対電子をもつ物質では，不対電子に
由来する磁性の寄与がはるかに大きいので，反磁性は顕在化しない．不対電子を
もたないグラファイトは，移動しやすいπ電子をもつため大きな反磁性を示し，
磁石の上に置くと磁気浮揚がみられる（図1.15c, d）．ベンゼンのNMRスペク
トルでプロトンの化学シフトが低いのもこの効果で説明される．

　ところで，NMR（核磁気共鳴）は，水素原子の核スピンがもつ磁気モーメン
トを磁場中で上下に配向させ，そのエネルギー差に対応する電磁波の共鳴吸収信
号を観測する分光法である．従来，核磁気共鳴装置は化学の分析用機器として利
用されてきた．現在では，超伝導磁石で実現される強く均一な磁場中で得られ
る，体内の水などの水素原子核の磁気共鳴の緩和現象を診療に利用するMRI（磁
気共鳴イメージング）が，医療機器として盛んに用いられている．広い意味で磁
性の医療への応用といえる（Column「磁気共鳴イメージングにおける超伝導磁石
とプロトンの核スピンの挙動」）．

1.3.3　スピントロニクスへの展開

　最後に，電子スピンを利用した素子について触れたい．現在の情報社会におい
て，コンピュータの記憶媒体として最も利用されているハードディスクの発達
は，まさに磁性研究と導電性の研究を融合することで達成された．ハードディス
ク表面のわずかな磁場の変化を正確に読み取ることは難しかったが，そのブレイ
クスルーを果たしたのは，**巨大磁気抵抗素子**の発見である（図1.16a）．読み取
りヘッドの内部には，金属的導電性を示す強磁性体でできた2枚の薄板で非強磁
性金属の薄板を挟んだ層状構造が用意されている．そのうちの1枚（フリー層）
は反転しやすい柔らかい強磁性体でできているので，基板の強化の向きと平行に
なる．そのため，この磁気ヘッドの導電性は磁場の印加で大きく増大する．

　ハードディスクでは，基板に書き込まれた磁化の上下が，ビット (0, 1) に対応
する．これを読み取るのに，先に述べた巨大磁気抵抗素子でできた磁気ヘッド
（読み取りヘッド）を用いる．ヘッド内の薄板状磁石の向きは，基板が上向きに
磁化されているサイトの上部では平行であり，プローブ内の左右の電極から電流
を流すと，抵抗は小さく電流は流れやすい．一方，下向きに磁化されているサイ
トの上部では，薄板状磁石の向きは逆方向であり，電極から注入される電流の抵

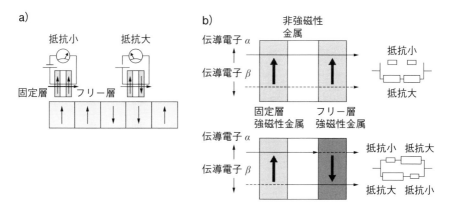

図 1.16　a）巨大磁気抵抗素子を用いたハードディスクのメモリーの読み取り．b）強磁性磁気
　　　　　ヘッドの磁化の向きにより通過する電流が大きく変化する機構の説明．右はこの磁気
　　　　　抵抗素子の等価回路．

抗が大きく流れにくい．それにより基板上の微小な磁化の有無（ビット）を読み
取ることができる．

　このように，電子の電荷とスピンの両方の性質を利用した**スピントロニクス**開
発の重要性に関心が集まっている（9.6 節）．

演 習 問 題

[1]　緑色植物の光合成に関する以下の記述を，実際に起こる順番に並べよ．
　　a）ヒドロキノンは膜の内側にある酸化酵素により 2 電子を奪われ，それに伴い 2
　　　個のプロトンを内水相に放出する．2 個の電子は，光化学系 I に伝達され，さら
　　　に後続の暗反応による還元体生成に使われる．
　　b）太陽光のエネルギーをアンテナ複合体で受け取り光化学系 II に送る．
　　c）色素体に運ばれた電子は，最終的に電子受容体であるキノン誘導体のジアニオ
　　　ンとなり，外水相から 2 個のプロトンを受け取り，ヒドロキノンとなる．
　　d）キノン誘導体のジアニオンを介してできたプロトンの濃度勾配は，ATP 合成の
　　　ポテンシャルエネルギーとなる．
　　e）励起したクロロフィルからは，互いに異なる電荷をもつ電子と正孔が別の経路
　　　で運搬される．
[2]　身の回りにある物性現象を一つ取り上げ，それについて簡単に説明せよ．

第2章 物性を導く電子構造
－ヒュッケル分子軌道法による理解－

　物性とは，物質が示す電子構造に基づく物理的性質を意味する．顕著な物性（光物性，導電性，磁性など）を示す物質としては，従来無機化合物，遷移金属錯体が主な対象であったが，近年 π 共役系をもつ有機物質の物性が注目されている．それぞれの物質の物性発現の起源を，共通の基盤である原子・分子の電子構造がもつ普遍性と特異性から理解する上で，ヒュッケル分子軌道法は大変有用である．本章では，ヒュッケル分子軌道法の原理をその基礎から解説した上で，無機物，金属錯体，有機 π 共役系の電子構造と物性発現の関連を論じる．

2.1　電子構造の多様性とその解析法

　第1章では光物性，導電性，磁性を取り上げ，物性とは物質内の電子の特徴ある振舞いによることを述べた．この章では，物性を発現する物質の基本単位である原子や分子の**電子構造**に注目する．なお，電子構造とは軌道のエネルギーや軌道への電子の詰まり方を意味する．

　金属は文字通り金属的な電気伝導性を示す物質として利用されてきた．その電子構造は，ポテンシャル内の電子の振舞いを扱うバンド理論で論じられている（7.2節参照）．近年，半導体や金属の**ナノ粒子**の研究が盛んになり，巨視的な半導体や金属とは異なるメゾスコピックな物性（2.3.2項）が見出され関心がもたれている．原子クラスターの電子構造は，ナノ粒子内部の原子配列モデル系として本章で述べる**ヒュッケル**（Hückel）**軌道論**で議論できるという利点がある（**表2.1**）．

　遷移金属錯体は，遷移金属の電子軌道と配位子の軌道との相互作用で構成された分子軌道を有し，その電子構造は，結晶場理論および配位子場理論で議論されている（2.4節および Column「配位子場理論」）．金属イオンのもつ d 軌道の縮重（縮退ともいう）は錯体の構造の対称性に応じて分裂し，分裂のエネルギー幅は

表 2.1　物質の構造と原子・分子軌道が作る電子構造およびその解析法

原子の集積（軌道）	電子構造	軌道解析法
無機化合物		
原子クラスター（s, p, d 軌道）	原子軌道の線形結合	ヒュッケル軌道論
典型金属（s, p），金属酸化物	価電子帯　伝導帯	バンド理論
遷移金属錯体		
金属・配位子（d, s, p）	配位子場分裂	結晶場理論
正八面体・正四面体 他	高スピン・低スピン	配位子場理論
π 共役分子		
骨格（sp 混成軌道），π 共役（p）	分子軌道	ヒュッケル軌道論
鎖状・環状・交差	HOMO-LUMO	交互炭化水素理論
	非結合性軌道	

ほぼ可視光の領域にある．また電子スピンの d 軌道占有状態には，配位子場分裂の幅と d 電子の数に応じて高スピンあるいは低スピン状態があり，磁性の発現と関係している．

　これに対し，**π 共役炭化水素**では，分子骨格は主に sp^2 混成軌道から形成されており（Column「sp^2 混成軌道」），その分子構造に応じて p_z 軌道の線形結合からなる**π 共役電子系**（鎖状，環状，交差）が構築されている．それぞれの電子構造は，ヒュッケル分子軌道法の永年方程式で求まる分子軌道関数と軌道エネルギーをもとに議論することができる．なおこのような π 共役系の構造による分類とは別に，共役 π 電子系を構成する sp^2 混成の炭素原子に交互に星印を付けて，その数の差で電子構造の特徴を判定する**交互炭化水素**の議論（3.6 節）があり，物性発現の電子構造の理解を深めることができる．

　π 共役系は d 軌道のような五重の縮重軌道をもたないが，巧みな原子配列の設計に基づき，金属や遷移金属錯体に固有と考えられていた導電性・磁性を示す有機物質（有機金属，有機超伝導体，有機強磁性体）が構築されている．中でも電場・磁場で分子の配向が変化する液晶や，有機 EL（エレクトロルミネセンス）は，日常生活で大いに役立っている．物性は物質の示す性質であるので，最終的には軌道間の三次元相互作用が重要になるが，それらについては光物性，導電性，磁性を論ずる各論の章で詳しく議論したい．

2.2　ヒュッケル分子軌道理論

2.2.1　ヒュッケル分子軌道法の特徴と解法

ヒュッケル分子軌道法は，古くから知られた分子軌道の簡便な計算法である．非経験的分子軌道法（*ab initio* 法）や密度汎関数法などの高度な軌道計算がパソコンでも可能になっている現在，なぜ今さらヒュッケル法かと思う人もいるだろう．しかし高度な軌道計算の結果をいきなり目にしても，その奥にある分子軌道の特徴や相互作用の様相はつかみにくい．それに対しヒュッケル分子軌道法は，大胆な近似を用いているにもかかわらず，電子系の特徴をよく反映しており，また簡単な分子であれば軌道やそのエネルギーを手計算でも算出できるので，分子軌道の形や軌道間の相互作用を直観的に理解できるという利点がある．福井の提唱したフロンティア軌道理論はそのよいお手本で，ヒュッケル法で求まる HOMO と LUMO を眺めるだけで化学反応の起こり方が理解できる．高度な計算法が利用できるようになった今だからこそ，ヒュッケル分子軌道法により電子構造の基本を理解しておくことが必要である．そこで，原子クラスターや π 共役系の電子構造の解明に有用なヒュッケル分子軌道法とはどのようなものかを復習してみよう[†]．

　シュレーディンガー（Schrödinger）は，波動方程式をたて，水素原子内の電子の軌道と軌道エネルギーを数理学的に導出するのに成功した．しかし，波動方程式が解析的に解けるのは，1原子と1電子のみからなる水素原子に限定される．より陽子数の多い他の原子や，水素分子をはじめとする各種分子の波動方程式を解くには近似が必要となる．ヒュッケル分子軌道は，共役 π 電子系（2p 軌道間の結合のみを扱う）でよく用いられているが，同種の軌道であれば，s 軌道，d 軌道間であっても同じように計算できる．

　ヒュッケル分子軌道法では，厳密な評価が難しい電子間の静電ポテンシャルを直接計算するのではなく，注目する電子 (1) は，すでに分子内の軌道に存在している電子 (2) の遮蔽効果で平均化されたポテンシャル（**平均場**）の中に飛び込んで運動すると近似する（**平均場近似；図 2.1**）．その結果，ポテンシャルエネル

[†]　ヒュッケル分子軌道法をよく知っている人は，この節は読み飛ばしてもよい．

a)

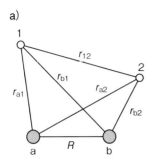

核と電子，電子間，
核と核間の静電相互作用

b)

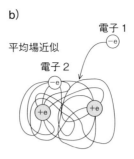

電子 1 は電子 2 が走り回って形成する
一定の場の中に入って運動すると考える

c)

ラプラシアン

$$\frac{h^2}{2\mu}(\nabla h_1{}^2 + \nabla_2{}^2)\,\Psi + (E-V)\,\Psi = 0 \qquad \nabla^2 = \frac{\partial^2}{\partial x^2} + \frac{\partial^2}{\partial y^2} + \frac{\partial^2}{\partial z^2}$$

$$V = -\frac{e^2}{r_{a1}} - \frac{e^2}{r_{a2}} - \frac{e^2}{r_{b1}} - \frac{e^2}{r_{b2}} + \left(\frac{e^2}{r_{12}}\right) + \frac{e^2}{R}$$

E は電子系の全エネルギー
V は静電ポテンシャルエネルギー

電子 1，2 間の
反発エネルギー

図 2.1　ヒュッケル分子軌道法における平均場近似
a) 核と電子の静電相互作用，b) 1 電子近似，c) 2 電子系のハミルトニアン

ギーを各電子に割り当てることができるので，全系の電子エネルギーを求めるハ
ミルトニアンは，**1 電子ハミルトニアンの和**として記述できるようになり，軌道
エネルギー計算が著しく簡単となる（式 2.1）.

$$H(1, 2, \cdots, m) = h(1) + h(2) + \cdots + h(m) \tag{2.1}$$

この 1 電子ハミルトニアン（電子系のエネルギーを求める演算子）を固有関数
（分子軌道）に作用させて，固有値（軌道エネルギー）を求めるに当り，分子軌道
を原子軌道（例えば，原子 A と原子 B）の線形結合（$\Psi = c_1\phi_A + c_2\phi_B$）で近似す
る．これを LCAO 近似（approximation of linear combination of atomic orbitals）と
いう．この"試しの分子軌道関数"の軌道エネルギーを，原子軌道の係数（例え
ば，c_1, c_2）を変数として求め，軌道エネルギーが最低になるように原子軌道の係
数の値を定める．以上の操作により真の分子軌道関数に近いものが得られる．こ
の手法を**変分法**と呼ぶ（**図 2.2**）.

変分法では，**永年方程式**を解くことで固有値（軌道のエネルギー）を求めるが，

¶ 分子軌道の近似関数 (Ψ) を原子軌道 (ϕ_a, ϕ_b) の線形結合近似で求める.
 LCAO (linear combination of atomic orbitals) 近似
求めた近似関数 (Ψ) を電子エネルギー (E) を与える式に代入する.

$$\Psi = c_1 \phi_a + c_2 \phi_b \qquad E = \frac{\int_{-\infty}^{\infty} \Psi H \Psi \, d\tau}{\int_{-\infty}^{\infty} \Psi\Psi \, d\tau}$$ [†1]

¶ E を ϕ_a, ϕ_b, c_1, c_2 で表し, c_1, c_2 を変数として変分法の原理で E の最小値を求める.

$$\frac{\partial E}{\partial c_1} = 0, \quad \frac{\partial E}{\partial c_2} = 0$$

¶ 永年方程式より固有値・固有関数を算出する.

永年方程式 　　　　　固有値 $\quad E_+ = \dfrac{H_{AA} + H_{AB}}{1 + S_{AB}}, \quad E_- = \dfrac{H_{AA} - H_{AB}}{1 - S_{AB}}$

$$\begin{vmatrix} H_{AA} - E & H_{AB} - SE \\ H_{BA} - SE & H_{BB} - E \end{vmatrix} = 0$$

固有関数
$$\Psi_g = \frac{1}{\sqrt{2 + 2S}}(\phi_A + \phi_B), \quad \Psi_u = \frac{1}{\sqrt{2 - 2S}}(\phi_A - \phi_B)$$

図 2.2 ヒュッケル分子軌道法による固有値・固有関数の求め方 (付録 A2.1 参照)

　その際, **クーロン積分**, **共鳴積分**と**重なり積分**を計算する必要がある. クーロン積分 ($H_{AA} = H_{BB} = \alpha$) は, 分子軌道を構成する原子 (A, B) において, 原子核が電子をクーロン力で引き付けているエネルギーに相当するので, 原子の**イオン化ポテンシャル**にほぼ比例する. 一方, 共鳴積分 ($H_{AB} = H_{BA} = \beta$) は, 原子間で形成される**結合の強さ**にほぼ比例する. クーロン積分 α と共鳴積分 β の値としては, 例えば共役炭化水素が対象なら, $\alpha = -7.2$ eV, $\beta = -3.0$ eV 程度の値が用いられている. 重なり積分 (S_{AB}) は文字通り, 結合する原子間の軌道の重なりの程度を表す. 炭素－炭素結合の場合は, 軌道が完全に重なっている場合の積分値 ($S_{AA} = S_{BB}$) が 1 であるのに対し, 通常 20 % 程度の値なので, 近似的に S_{AB} を 0 とおく場合が多い.

　実際の計算では, 永年方程式[†2]の解として求めた分子軌道のエネルギー (固有値) から固有関数 (軌道) の係数同士の関係が求まり, さらに規格化 (固有関数の

[†1] 正確には $\Psi^* H \Psi$. 複素共役の波動関数だが, 本章では実数項のみを扱うこととする (付録も同様).

[†2] 太陽系の惑星の軌道周期は, 太陽から遠く離れている惑星の場合は何万光年にも及ぶ. その周期計算に当り近傍の惑星の万有引力が無視できない場合は, それを摂動項として加える. そのときに解く行列式は永年方程式と呼ばれるが, それは分子軌道法に出てくる行列式と相同のものである. このようにサイズがまったく異なる系において類似の現象が出現することに, 自然科学の奥深さが感じられる.

絶対値の二乗を全空間にわたり積分すると1となる）の条件を課することで係数が決定され，分子軌道が導出される．なお，π共役炭化水素であれば，結合する原子は炭素であるが，原子の種類が変われば，クーロン積分，共鳴積分の値は当然異なる．例えば，クーロン積分は水素では1sの値として$-13.60\,\text{eV}$が用いられる．

2.2.2 永年方程式を用いた固有値と固有関数の導出

ここでは，永年方程式をたててヒュッケル分子軌道を求める手続きについて解説する．具体例としては2個の水素の1s電子同士によるσ軌道形成について説明するが，ナトリウムの3s電子のσ結合形成，エチレンの$2p_z$電子のπ結合形成についての議論もまったく同じである．

水素分子の分子軌道は，第一次近似として，水素の1s原子軌道（ϕ_A, ϕ_B）の線形結合を考え，係数c_1, c_2を用いて式 (2.2) のように表される．

$$\begin{cases} \text{結合性軌道} \quad \Psi^+ = c_1\phi_A + c_2\phi_B \\ \text{反結合性軌道} \quad \Psi^- = c_1\phi_A - c_2\phi_B \end{cases} \tag{2.2}$$

この試しの分子軌道関数を真の分子軌道に近づけるには，係数c_1, c_2を変数として軌道エネルギー（E）を最小にすることが有効であり，以下の連立方程式の解を求めることで係数の最適化を図る．

$$\frac{\partial E}{\partial c_1} = 0, \quad \frac{\partial E}{\partial c_2} = 0 \tag{2.3}$$

$$\begin{cases} c_1(H_{BA} - SE) + c_2(H_{BB} - E) = 0 \\ c_1(H_{AA} - E) + c_2(H_{AB} - SE) = 0 \end{cases} \tag{2.4}$$

この方程式の解として$c_1 = c_2 = 0$があるが，これでは無意味なので，それ以外の解をもつ条件を求める．それは，この方程式を行列式として解いた解の分母を，0に等しいとおいた式に当る．

なお，この行列式で，Eは固有値，H_{AA}, H_{BB}はクーロン積分（α），H_{AB}, H_{BA}は共鳴積分（β），またSは重なり積分と呼ばれ，それぞれ式 (2.5)～式 (2.8) で表される．

$$\text{クーロン積分} \quad \alpha = \int \phi_A H \phi_A \, d\tau = \int \phi_B H \phi_B \, d\tau < 0 \tag{2.5}$$

共鳴積分　　　　$\beta = \int \phi_A H \phi_B \, d\tau = \int \phi_B H \phi_A \, d\tau < 0$　　　　　(2.6)

重なり積分　　　$S_{AA} = S_{BB} = \int \phi_A \phi_A \, d\tau = \int \phi_B \phi_B \, d\tau = 1$　　　(2.7)

$$S_{AB} = S_{BA} = \int \phi_A \phi_B \, d\tau = \int \phi_B \phi_A \, d\tau \approx 0 \qquad (2.8)$$

　クーロン積分，共鳴積分は，いずれも負の電荷をもつ電子が正の電荷をもつ核で引き付けられる程度を表しており，負の値をとる．このうちクーロン積分は，近似的に注目している水素原子のイオン化ポテンシャル，共鳴積分は注目している水素原子 A, B 間の結合の強さにほぼ比例するとみなすことができる．ヒュッケル分子軌道法では重なり積分 S_{AB} を 0 と近似する場合が多い．係数 c_1, c_2 は，永年方程式を解いて求まる軌道エネルギー E_+, E_- を永年方程式に代入して c_1, c_2 の関連を求めた上で，波動関数の絶対値の二乗を全空間について積分すると全空間に電子を見出す確率となり，これは 1 となるので算出することができる．求める分子軌道関数は，以下のとおりとなる．この間の手続きは付録A2.1に詳しく記述されている．

$$\begin{cases} \text{結合性軌道：} \quad \Psi_g = \dfrac{1}{\sqrt{2}}(\phi_A + \phi_B) \\[2mm] \text{反結合性軌道：} \Psi_u = \dfrac{1}{\sqrt{2}}(\phi_A - \phi_B) \end{cases} \qquad (2.9)$$

　水素分子の分子軌道は原子軌道として 1s 軌道を用いるが，これを $2p_z$ 軌道とすれば，エチレンの π 軌道が求まる．なお，当然 α, β の値は水素と炭素で異なるので，軌道エネルギーは $E_+ = \alpha_H + \beta_H$，$E_- = \alpha_H - \beta_H$ と（**図2.3a**），また，エチレンの π 結合の軌道エネルギーは $E_+ = \alpha_C + \beta_C$，$E_- = \alpha_C - \beta_C$ と表される（**図2.3b**）．それぞれ求まった結合性軌道に二つの電子が収まることで，電子エネルギーは低下し，オレフィンの場合は安定な二重結合が形成される．

2.2.3　エチレンの分子軌道から 1,3-ブタジエンの分子軌道へ

　1,3-ブタジエンの分子軌道は，二つのエチレンの分子軌道間の相互作用で導出することができる．二つのエチレンの HOMO が相互作用すると，HOMO の和

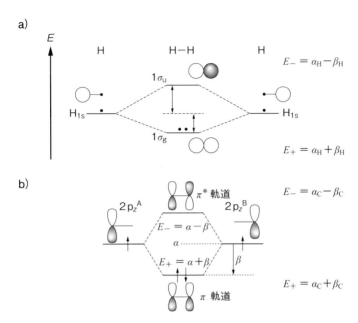

図 2.3 分子軌道と分子軌道エネルギー
a) 水素分子 (σ : 1s + 1s)，b) エチレン (π : 2p + 2p)

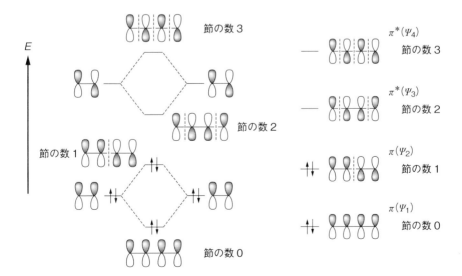

図 2.4 2個のエチレンの分子軌道の相互作用で得られる 1,3-ブタジエンの分子軌道

と差に当る軌道が生ずる．和に当るのは，四つの p_z 軌道の位相がすべて揃っており，node（節面）＝ 0 で 1,3-ブタジエンの一番エネルギーの低い軌道（Ψ_1）である．差は，片方のエチレンの HOMO 軌道の位相を上下逆にしてつないだ軌道であり，node ＝ 1 で二番目に低い結合性軌道，1,3-ブタジエンの HOMO（Ψ_2）に当る．一方，エチレンの LUMO についても同様の操作をすると，node ＝ 2 でブタジエンの LUMO（Ψ_3），および node ＝ 3 で一番エネルギーの高い軌道（Ψ_4）が求まる（**図 2.4**）．1,3-ブタジエンのヒュッケル分子軌道法による解法は付録 A2.2 にある．

2.3　金属の電子構造と物性

2.3.1　半導体・金属ナノ粒子の特異な電子構造

金属の物性はすでに詳しく研究されており，すぐれた教科書や解説書も多数存在するので，そちらを参照してほしい．ここでは金属に関連した物性として，ナノテクノロジーの発展により構築が可能となった半導体や金属のナノ粒子の電子

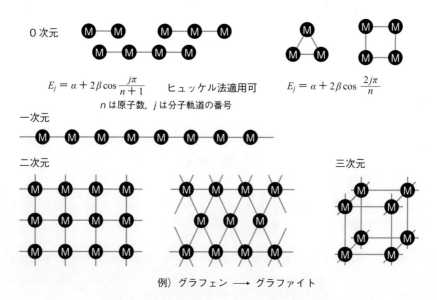

図 2.5　無機化合物モデルとしての原子クラスター
ヒュッケル分子軌道は二次元，三次元にも拡張できる．

構造について触れる．ナノ粒子の物性を理解するために，金属原子のクラスター（図 2.5）に関して原子配列と電子構造の関連を理解することは有用である．原子小クラスターの電子構造は，すでに述べたようにヒュッケル分子軌道での解析が可能である．以下，半導体，金属のナノ粒子のメゾスコピック（次項参照）な電子構造と関連した光学的性質，導電性，磁性の特色について述べる．

2.3.2 半導体・金属の電子構造とメゾスコピックな物性

物質のある性質に注目し，物質のサイズが減少するに伴い巨視的性質から微視的性質へと変化する際，その中間で物質が示す特色ある性質を**メゾスコピックな性質**，その性質を示すサイズを**メゾスコピック領域**と呼ぶ．半導体あるいは金属のメゾスコピックな物性を示す電子構造についてみてみよう．ナノ粒子の電子構造は三次元的であるが，近似的にヒュッケル分子軌道の電子構造をもとに考えてみる（図 2.5）．なお，二次元，三次元の相互作用に関しては 7.1.3 項で触れる．

1）光学的性質　半導体ナノクラスターの粒径を小さくしていくと，価電子帯や伝導帯内の連続的なエネルギー準位は次第に離散的になる．また，粒子径の減少に伴い価電子帯の最上部（HOMO に相当）と伝導帯の最下部（LUMO に相当）間の空隙（ギャップ）が増大するため，発光（蛍光）波長が顕著な粒子サイズ依存性を示すメゾスコピックな領域がある（図 2.6 a）．この半導体ナノ粒子の蛍光は，光照射による退色が起こりにくく近赤外領域でも高輝度発光を示すため，有機色素発光体に替わる生体内プローブとして利用されている．

2）導電性　金ナノ粒子の電子構造も粒径に依存し，粒径 4 nm 以上のナノ粒子は 520 nm にプラズモン吸収[†]を示すことから，金属的な伝導特性をもつことが分かる（図 2.6 b）．

中間のメゾスコピック領域でナノ粒子が示す特徴ある性質として，クーロンブロッケードという現象が知られている．このサイズの金ナノ粒子が数珠つなぎになった回路を考える．ナノ粒子の内部は金属的であるが，ナノ粒子の静電容量が

[†] プラズモン吸収とは，固体の表面に金属的な伝導電子が存在すると，電子の振動に対応する電磁波（可視光に当る）を吸収する現象である．ちなみに，教会のステンドグラスの赤も金のナノ粒子の色である．粒子径が 4 nm 以下になると次第に軌道エネルギーが離散的となり，導電性は熱励起型の半導体になる．

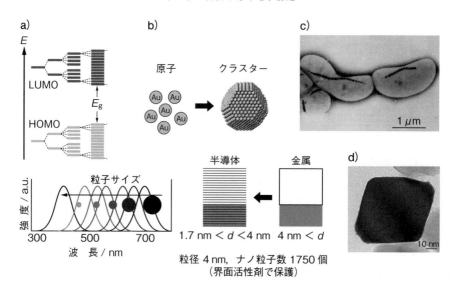

図 2.6　半導体ナノ粒子の発光に及ぼす粒子サイズ効果
a) 半導体ナノ粒子の粒径増加に伴う電子構造変化，b) 半導体ナノ粒子の発光波長の粒径 (d)
依存性，c) 磁性細菌，d) ナノサイズ磁気微粒子 (〜60 nm) の電顕写真 (c, d は東京農工大学
新垣篤志博士提供)

小さいため，上流からナノ粒子に電子が1個飛び込むと，そのナノ粒子の荷電エ
ネルギーの増加は，仮に室温であってもその熱エネルギーより大きくなる．その
ため2個目の電子は，粒子上の電子が次のナノ粒子に移動して荷電エネルギーが
もとに戻るまで移動できない．この現象をクーロンブロッケード（クーロン閉塞）
と呼び，ナノ粒子間の電子移動では1電子輸送が実現している．

　3）磁性　ナノサイズの磁性体は生体系でも利用されている．磁性細菌（〜2
μm；図2.6 c）は，菌体内にバイオミネラリゼーション[1]により合成したマグネ
タイト[2]を，10〜20個ほど連なったナノサイズ微粒子（粒径50〜100 nm）とし
て保持している（図2.6 d）．そのため走磁性細菌は，これをコンパス（方位磁石）
のように用いて自らの動く方向を決めている．これは，酸素濃度の低い場所を好
む走磁性細菌が獲得した機能とされている．

---

[1] バイオミネラリゼーションとは生体内反応で無機鉱物を合成することを意味し，ここでは
　　磁性細菌が磁鉄鉱を合成することである．その他に，水棲生物による二酸化炭素の無機物
　　への固定に相当する炭酸カルシウムの形成（石灰化）などがある．
[2] マグネタイトは鉄の酸化物 Fe_3O_4 [$(Fe^{2+})(Fe^{3+})_2O_4$] で磁鉄鉱と呼ばれ，永久磁石に使われ
　　る．9.1.3項で詳しく解説する．

2.4 遷移金属錯体の配位子による d 軌道の分裂が導く物性

2.4.1 配位子による縮重 d 軌道の分裂

遷移金属錯体は，いろいろな色を呈する．錯体を合成してきれいな色の結晶が得られるのを見て化学が好きになった人もいると思う．なぜ錯体に色がついているかを，正八面体型錯体を例にとって説明する．**図 2.7 b** に，正八面体型遷移金属錯体の 6 個の配位子により引き起こされる d 軌道の**分裂エネルギー**を示す．この軌道エネルギーの分裂幅は可視光領域の波長（$380 \sim 780$ nm）に相当する．これが錯体に色がついている原因である．また，正八面体型遷移金属錯体は対称性が高く，d 軌道の縮重が残っているので，フント則により平行な電子スピンが存在する可能性が高く，磁性発現につながる（**図 2.7 b** 高スピン錯体）．自然は無機化合物に対して，スピン整列に好都合な d 軌道を用意したともいえよう．

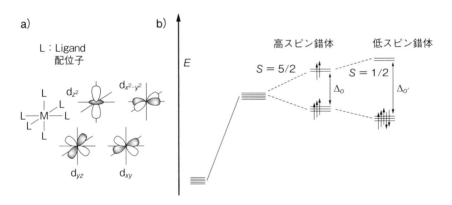

図 2.7　正八面体型錯体の示す配位子場分裂
a) 孤立イオン，b) 正八面体型錯体：自由イオンから配位子平均ポテンシャル印加，および正八面体型錯体の高スピンおよび低スピン状態（例；Fe^{3+}）

2.4.2 結晶場理論および配位子場理論

このように，配位子による遷移金属の d 軌道エネルギーの分裂を説明する簡便な理論に**結晶場理論**がある．この理論では，遷移金属イオンの d 軌道内の電子と，負電荷や非共有電子対をもつ配位子間の静電相互作用のみを考慮し，遷移金属錯体の **d 電子軌道準位の分裂様式**を説明する．

遷移金属に配位子が等方的に配位すると，d 軌道は平均的に不安定化する（図 **2.7 b**：自由イオンへの球対称ポテンシャル場の印加）．しかし，軌道のローブが，座標軸を避けて伸びている d_{xy}, d_{yz}, d_{zx} 軌道と，座標軸方向にローブを広げている $d_{x^2-y^2}, d_{z^2}$ 軌道とでは，配位子の電荷や非共有電子対の影響の受け方は異なる．すなわち正八面体錯体では，d_{xy}, d_{yz}, d_{zx} 軌道エネルギーの不安定化は少なく，かつ縮重が解けることはない．一方，$d_{x^2-y^2}$ 軌道，d_{z^2} 軌道軌道は配配子の方向を向いているので，一様に不安定化し，縮重を保ったまま軌道エネルギーが増大す

配位子場理論

配位子場理論は，多原子分子の結合を混成軌道で記述した方法に準拠しており，より厳密な議論に向いている．正八面体型錯体の場合，金属の原子軌道および六つの配位子から提供された原子価軌道を用いて対称適合線形結合をつくる．この配位子の軌道は規格直交系となるように選ばれている（**図 a**）．次に，金属の原子軌道と配位子の線形結合軌道との間で軌道相関図を作る（**図 b**）．錯体の分子軌道を構築するには，「対称性の一致するものだけが相互作用する」ので，e_g には対応する配位子軌道が存在するが，t_{2g} には対応する配位子軌道がなく，非結合性分子軌道となる．

a) 正八面体対称性を適用した配位子 σ 軌道の組

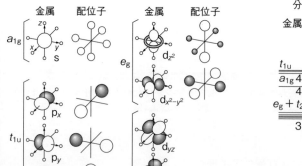

b) 典型的な正八面体型錯体の分子軌道

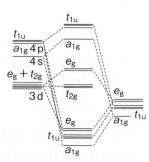

図 配位子場理論による正八面体型錯体の軌道

る．その結果，五重に縮重していた d 軌道のエネルギーは三重縮重，二重縮重を残しつつ二組に分裂する（図 2.7 b）．これを**配位子場分裂**という．なお分裂する軌道のエネルギー間隔（Δ_o ; o = octahedral）は，配位子を選ぶことで変えることができる．

一方，配位結合のより詳細な理解として，**配位子場理論**がある．この理論では，配位子の軌道（非共有電子対を形成している軌道）として，金属イオンの対称性に合わせた線形結合（対称適合線形軌道）を用意し，金属イオンの n d 軌道および $(n + 1)$ s，p 軌道（非占有軌道）とで，錯体の構造に合わせた対称性をもつ軌道の組合せで，錯体の分子軌道を構築する（Column「配位子場理論」）．

遷移金属イオンと配位子の軌道構築した分子軌道には，エネルギーの低い軌道から順に，フント則を考慮しつつ電子を収容する．結晶場理論，配位子場理論は，それぞれ遷移金属錯体の示す物性を分かりやすく説明する上で役立っている．

2.4.3 遷移金属錯体の電子構造と磁性発現

遷移金属錯体の示す物性として，ここでは d 電子の電子構造と**磁性**の関連を眺めてみる．五重に縮重した d 軌道は，配位結合の対称性が高いので，軌道の縮重は部分的に保たれ平行なスピンをもち，磁性を発現する可能性が高い．ヒュッケル軌道の取り扱いとは異なるが，磁性との関連で，結晶場理論による遷移金属イオンの電子配置に簡単に触れたい．

3 価の鉄イオン（III）に正八面体 Oh の対称性を保って 6 個の配位子が配位すれば，対称性の要請により 5 個の d 軌道は 3 個と 2 個の等価な軌道に分裂する．交換エネルギーの 2 倍が配位子場分裂のエネルギーより大きい場合は，5 個のスピンはすべて平行となり，高スピン状態（$S = 5/2$）となる．また分裂エネルギーが交換相互作用より大きい場合では，三重に縮重した軌道にスピンが 2 組の対を作って収まり，低スピン状態（$S = 1/2$）となる（図 2.7 b）．

近年，錯体の低スピン状態と高スピン状態の変換が，同一錯体の結晶中で，温度昇降・圧力加印・光の ON/OFF などの外的刺激により，可逆的に引き起こされることが分かった（図 2.8）．この現象は，スピンクロスオーバーと呼ばれて，大変注目されている．**スピンクロスオーバー錯体**とは，高スピン状態と低スピン状態が競合する領域にあり，温度や圧力などの外部条件を変えることにより，基

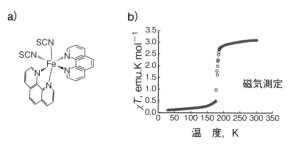

c)

Fe²⁺ の 3d⁶ に関する図

$$T_{1/2} = 180 \text{ K},$$

$$K_{\mathrm{HS}} = \frac{[\mathrm{Fe}]_{\mathrm{HS}}}{[\mathrm{Fe}]_{\mathrm{total}}} = \frac{[\mathrm{Fe}]_{\mathrm{HS}}}{[\mathrm{Fe}]_{\mathrm{HS}} + [\mathrm{Fe}]_{\mathrm{LS}}}$$

低スピン　温度上昇　高スピン　　HS：高スピン　LS：低スピン

図2.8　a) ジイソチオシアナトビス（フェナントロリン鉄（II））錯体,
　　　　b) 磁化率の温度変化の測定,
　　　　c) 高スピン状態と低スピン状態とのクロスオーバー

底状態の異なるスピン状態に転移する物質のことである.

　例として，鉄（II）のフェナントロリン錯体（**図2.8a**）の磁化率の温度依存性の結果を**図2.8b**に示す. 200 K を境に縦軸の χT の値が大きく変化するのは，そこで磁化率が大きく変化したことを示している[†]. 温度が低いと金属イオン（例えば Fe²⁺）と配位子の距離が近く，結晶場分裂のエネルギーが大きいためフント則が破綻し，低スピン状態にある. しかし，温度の上昇に伴い，金属イオンと配位子の距離が遠くなると結晶場の分裂が減少しフント則が働いて，高スピン状態に変換する（**図2.8c**）. この変換は相転移のようにある温度で一斉に起こるのではなく，各分子が遷移状態の山を乗り越えて変換する平衡現象である. 一定の温度を中心に比較的狭い温度範囲で，短時間に起こるところに特徴がある. このことは，個々の錯体の構造の変化が他の分子の構造変化と連動していることを意味する. つまり，ある箇所で起こった錯体としての構造変化が，結晶内の構造変化のダイナミクスとの協同現象となっており興味深い.

[†] χT-Tプロット：磁化率 χ に絶対温度 T を掛けた χT を縦軸にとり，T を横軸にとったプロット. キュリー則 $\chi = C/T$ より $\chi T = C$ は一定の値となるが，χ が変化すると平行線が上下にずれる.

2.5　π電子系の原子配列と電子構造

　本章では，金属の少数原子クラスターについて論じた（図2.5）．しかし水素原子や金属原子では，これらのクラスターを合成・単離することは困難である．これに対し，4個の価電子をもつ炭素原子では，sp^2混成軌道を形成した炭素原子が，互いにσ結合で結びつき分子の炭素骨格を構築し，末端には水素原子が結合する．さらに，炭素のp_z軌道を占有するp電子がπ結合を形成することで**π共役炭化水素**が形成される．π共役炭化水素では，鎖状，環状，交差などの構造をもつ化合物が合成・単離できるため，そのπ電子構造がもたらす物理的性質を詳しく研究することが可能である．それらに関しては第3章で詳しく論ずる．

演 習 問 題

[1]　1）水素分子の中性種，1電子酸化種（カチオンラジカル），1電子還元種（アニオンラジカル）の電子配置を描け．

　　　2）それぞれの化学種の軌道エネルギーの和をクーロン積分α，共鳴積分βを用いて表せ．

[2]　乾燥用のシリカゲルに含まれる塩化コバルトは青色だが，水を吸うと水和物になりピンク色に変色する（右下のUVスペクトルの図参照）．以下の文章の四角の枠に，下記の語句から適切なものを選び，色の変化を結晶場理論で説明せよ．

　乾燥時の塩化コバルト（II）は青色で，コバルトイオンに [1] が直接配位しており，可視光の [2] 領域を吸収する．塩化コバルト（II）が水分を十分吸収すると， [3] がコバルトイオンに配位し，錯体は可視光の [4] 領域を吸収するようになり，赤色を呈するようになる．このことより，塩化物イオンは [5] に比べて配位力が [6] ，結晶場におけるd軌道の分裂幅が [7] ことが分かる．吸収する波長と化合物の色は，互いに [8] の関係にあることが知られている．

選択肢　a）水　b）塩化物イオン　c）400-550 nm　d）600-750 nm　e）強く　f）弱く　g）同程度で　h）広い　i）狭い　j）相補性　k）補色　l）対称性

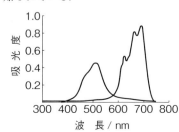

第3章 π電子系のトポロジーと物性

前章を受け本章では，有機物質の中でも鎖状，環状，交差π共役系に注目し，それらの電子構造をヒュッケル分子軌道法により解明する．また，それらの特徴を交互炭化水素の偶奇性により整理することで，有機π電子系の物性発現への理解を深める．最終的には個別的な物性の理解から，電子構造の上に立った統一的な見方を身につけることを目指す．

3.1 π電子系のトポロジーと電子構造

図3.1 に，三種のπ共役炭化水素（鎖状，環状，交差）の分子構造と，それぞれが示す物性をまとめた．炭素原子のつなぎ方（**トポロジー**）が，それらの電子構造に特徴を与え，それに応じて物性が発現している様子がよく理解できると思う．物性を示す炭素化合物は，一般に sp^2 混成軌道が分子の骨格の形成に与り，p_z 軌道の線形結合からなるπ分子軌道の中でも，最高被占軌道（HOMO：highest occupied molecular orbital）と最低空軌道（LUMO：lowest unoccupied molecular orbital）が物性の発現に関わる場合が多い．

例えば，光のエネルギーによる HOMO から LUMO への電子の励起が，**光物性現象**を引き起こす．**導電性**に関しては，π共役鎖が伸長すると HOMO の軌道エネルギーが上昇し**正孔**（HOMO の電子が抜けて生ずる陽電荷をもつ空孔．1.1節）ができやすくなり，正孔の移動で導電性が現れる．あるいは，LUMO のエネルギーが低下して電子が注入されやすくなり，電子の移動が起こる．

一方，奇数の炭素からなるπ共役分子や，交差π共役系でケクレ構造が描けない分子は半占有の p 軌道を有していることになり，そこに生ずる不対電子により分子内のスピン整列あるいは巨視的な磁性発現に至る場合がある．

物性発現につながる可能性のある分子の軌道とエネルギーを概観する意味で，π電子系のトポロジー（sp^2 炭素のつながり方；鎖状，環状，交差配列）別に分類

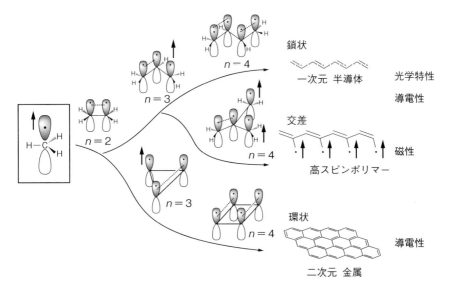

図 3.1 ヒュッケル分子軌道の対象となる p_z 原子軌道のつなぎ方（トポロジー）と物性発現（分子骨格は混成軌道による）．矢印は不対電子のスピンの向きを示している．

して，代表的なポリエンの電子構造をヒュッケル分子軌道で解き，その電子構造を理解することは有用である．

3.2 鎖状 π 共役電子系から物性発現へ

3.2.1 固有値・固有関数の一般式

ヒュッケル分子軌道の固有値・固有関数は 2.2.2 項で述べたように永年方程式を立てて解くものであるが，解が漸化式で表されるので，一般式が求まっている．**鎖状 π 電子系**のエネルギーは式 (3.1) で，軌道関数は式 (3.2) で示され，その電子構造には，炭素数に応じた**偶奇性**が認められる．ここで，n は sp^2 炭素原子の数，j は分子軌道の番号（$j = 1, 2, 3, \cdots$），μ は原子の番号を意味する．

$$E_j = \alpha + 2\beta \cos \frac{j\pi}{n+1} \tag{3.1}$$

$$\Psi_j = \sqrt{\frac{2}{n+1}} \sum_{\mu=1}^{n} \phi_\mu \sin \frac{j}{n+1} \mu\pi \tag{3.2}$$

エチレンの分子軌道は，$n = 2$，$j = 1, 2$，$\mu = 1, 2$ で表される[†].

分子軌道エネルギー

$$E_1 = \alpha + 2\beta \cos\frac{\pi}{3} = \alpha + 2\beta \times \frac{1}{2} = \alpha + \beta \quad (j = 1,\ n = 2)$$

$$E_2 = \alpha + 2\beta \cos\frac{2\pi}{3} = \alpha + 2\beta \times \left(-\frac{1}{2}\right) = \alpha - \beta \quad (j = 2,\ n = 2)$$

分子軌道関数

$$\Psi_1 = \sqrt{\frac{2}{3}}\left(\phi_1 \sin\frac{1}{3}\pi + \phi_2 \sin\frac{2}{3}\pi\right) = \sqrt{\frac{2}{3}}\left(\phi_1 \frac{\sqrt{3}}{2} + \phi_2 \frac{\sqrt{3}}{2}\right)$$

$$= \frac{1}{\sqrt{2}}(\phi_1 + \phi_2) \quad (j = 1,\ n = 2,\ \mu = 1, 2)$$

$$\Psi_2 = \sqrt{\frac{2}{3}}\left(\phi_1 \sin\frac{2}{3}\pi + \phi_2 \sin\frac{4}{3}\pi\right) = \sqrt{\frac{2}{3}}\left(\phi_1 \frac{\sqrt{3}}{2} - \phi_2 \frac{\sqrt{3}}{2}\right)$$

$$= \frac{1}{\sqrt{2}}(\phi_1 - \phi_2) \quad (j = 2,\ n = 2,\ \mu = 1, 2)$$

3.2.2　鎖状 π 共役系の特徴

　鎖状 π 共役系（$n = 2 \sim 6$）の軌道エネルギーを**図 3.2** に示す．共役する原子数 n が増えると，それに伴い HOMO と LUMO の軌道エネルギー差は減少する（付録 A3.1）．なお，軌道の番号を j とすると，HOMO は $j = n/2$（偶数），LUMO は $j = (n/2) + 1$ として選び出すことができる．この傾向を単純に拡張すると，究極のポリエンであるポリアセチレンでは軌道間の間隔はほぼ連続的となり，いわゆる連続的なバンド構造を形成することになる（7.2 節）．

　n が奇数の場合は，軌道エネルギー α の位置に**非結合性軌道**（non-bonding molecular orbital；NBMO）が現れる．NBMO は分子軌道エネルギーが炭素の原子軌道の軌道エネルギーと同じなのでそのように呼ばれ，ラジカルの場合は，電子が 1 個のみ詰まった半占有軌道（singly occupied molecular orbital；SOMO）を

[†] 各自，一般式で求めたエチレンの軌道エネルギー，軌道の形が永年方程式の解と一致することを確認すること．

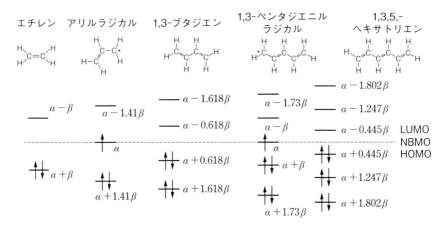

図 3.2　鎖状ポリエンの分子軌道と軌道エネルギー ($n = 2 \sim 6$)

もつ†.　アリルラジカルの分子軌道と軌道エネルギーは付録 A3.2 を参照のこと.

3.2.3　鎖状 π 共役系の光吸収

　光物性の発現は「エネルギーの低い軌道に入っていた電子が光 (電磁波) との相互作用で,エネルギーの高い軌道にジャンプアップすること」に起因する.

　光合成で太陽光のエネルギーを捕捉する役割を担っているポルフィリンは環状の π 共役系であり,HOMO や LUMO が縮重軌道をもつため,電子の遷移が複雑になる.そこで,より単純な構造をもつ鎖状 π 共役系について,π 共役系の炭素数 n (偶数) が増加するにつれて HOMO と LUMO のエネルギー差がどのように変化するか,また,共役長がどれぐらいになると可視光を吸収するかを調べてみよう.詳細は付録 A3.1 に示すが,HOMO と LUMO のエネルギー差を波長 λ で表すと,炭素数に比例し,$\lambda = k (n + 1)$,$k = -hc / (2\beta\pi)$ で表される.ここで,h はプランク定数,c は光速度,β は共鳴積分である.

　ポリエン (二重結合の数を m とする) の紫外可視吸収スペクトルを**図 3.3** に示

---

† SOMO と NBMO の区別:SOMO とは,半占有の分子軌道 (電子が 1 個のみ占有している分子軌道) を指す.通常ラジカル分子には SOMO 軌道があるが,分子 M が一電子酸化されラジカルカチオン $M^{\cdot+}$ になれば,HOMO が SOMO に変わる.また,分子 M が一電子還元されてラジカルアニオン $M^{\cdot-}$ になれば,LUMO が SOMO になる.一方,NBMO は分子軌道ではあるが,その軌道エネルギーが原子軌道のエネルギー α と同じ分子軌道を指す (炭素原子の場合は p_z 軌道のエネルギー).この軌道を占有する電子の数とは無関係である.

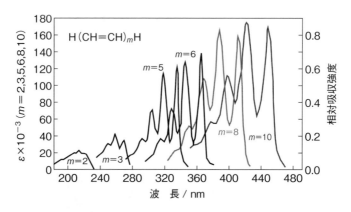

図3.3　ポリエンの鎖長と紫外可視吸収スペクトルとの関連（溶媒：オクタン）

す. 共役長が $m = 5$ $(n = 10)$ 以上では, 可視光（350 nm 〜 750 nm）の中で波長の短い紫から次第に長波長の光を吸収するようになり, 溶液は補色である黄緑色からオレンジ色を呈する.

3.2.4　鎖状 π 共役系の導電性

π 共役系の電子構造は, 軌道間を電子が輸送される**導電性**においても重要な要因となる. 熱励起やドーピングをすることなく高い導電性を発現するには, 電子のバンド構造に空きがあり, 励起エネルギーを必要とせず, 電子が原子間を輸送される必要がある. ポリエンの究極の化合物はポリアセチレンであり, 理想的なポリアセチレンは HOMO と LUMO のエネルギー差はゼロとなるはずであるが, 実際には, 二重結合と単結合の結合長には有意の差が残る. ヒュッケル分子軌道法では, 炭素－炭素間の共鳴積分をすべて等しく β とおいて計算するが, 結合交替が残る場合は, 二重結合性の強いものを β_1, 弱いものを β_2 と区別する必要があり, その条件のもとでポリアセチレンの軌道エネルギーを計算すると**図 3.4**のようになる. ここで $\beta_1 = \beta_2$ とおくと, HOMO と LUMO の軌道エネルギーが

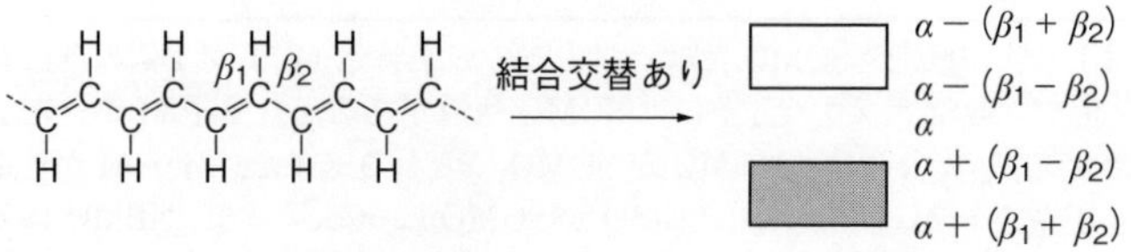

図3.4　結合交替のあるポリアセチレンの電子構造

一致することが分かる．このような興味深いポリアセチレンの導電性については，6.3 節で詳しく説明する．

3.2.5 鎖状 π 共役系の磁性

鎖状 π 共役系のエネルギーと分子軌道を与えるヒュッケル軌道の一般解から，軌道エネルギーと軌道への電子の占有について述べたが，この一般解の式より，炭素数が奇数のときは，原子軌道と同じ軌道エネルギー（α）をもつ軌道が存在し，その軌道を 1 電子が占有していることが分かる（図 3.2 および図 3.5 a）．その例としては，アリルラジカル，ペンタジエニルラジカルなどがあるが，これらは化学反応性に富み，物性材料としていろいろな測定を行うには不適当である．ただし，熱力学的安定性を増すために π 系を拡張する，速度論的安定性を高めるために反応点の近傍にかさ高い置換基を導入する，などの改良を施すと，室温でも安定に存在するラジカルに変換することができる．例えば，ガルビノキシルラジカル（図 3.5 b）では，ラジカルを担う原子を炭素から酸素にする，フェニル基を導入してアリル基の π 系を拡張する，反応点の近傍に t-ブチル基を導入するなどの改良を施すことで，室温で安定なラジカルを作ることができる．

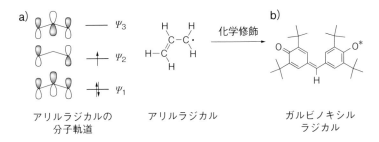

アリルラジカルの分子軌道　　　アリルラジカル　　　ガルビノキシルラジカル

図 3.5　化学修飾によるアリルラジカルの安定化
a) アリルラジカルの電子構造，b) 安定ラジカルの分子構造

3.3　環状 π 共役系の電子構造から物性へ

3.3.1　環状 π 共役系の軌道エネルギー

環状電子系の軌道エネルギーにも一般解が与えられており，式 (3.3) で表される．

$$E_j = \alpha + 2\beta\cos\frac{2j\pi}{n} \tag{3.3}$$

n：炭素原子数，j：分子軌道の番号（$j = 0, \pm1, \pm2, \cdots, \pm n/2$）

環状電子系の一般式（式3.3）を用いて求めた**環状水素三量体 H_3 とシクロプロペニルラジカル**の軌道エネルギーを以下に記す．式 (3.3) に $n = 3$ を代入すれば，永年行列式を解いた場合と同じ軌道エネルギーが求まる．

$$E_j = \alpha + 2\beta\cos\frac{2j\pi}{3} \quad j = 0, \ \pm1$$

$$E_1 = \alpha + 2\beta, \ E_2 = \alpha - \beta, \ E_3 = \alpha - \beta\,（縮重）$$

縦軸をエネルギーとし，式 (3.3) で求めた H_3 およびシクロプロペニルラジカルの3個の π 分子軌道のエネルギー準位を横棒で記し（縮重している軌道は横に並べて示す），そこに三つの電子を収容する．全電子エネルギー（E_{total}）を計算すると，$2(\alpha + 2\beta) + (\alpha - \beta) = 3\alpha + 3\beta$ となる（**図 3.6 a**）．なお，ここでクーロン積分 α，共鳴積分 β の値は，H_3 とシクロプロペニルラジカルでは異なることに注意されたい（**図 3.6 b**：2.2.1 項参照）．

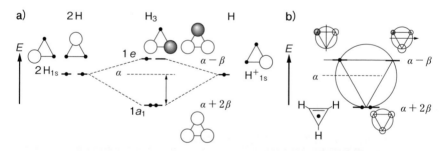

図 3.6　a) 環状水素三量体，b) シクロプロペニルラジカルの分子軌道と軌道エネルギー

3.3.2　環状 π 共役系の特徴

次いで，環状 π 共役系の電子エネルギーの特徴についてみてみよう．環状電子系の一番の特徴は末端がないことである．一次元鎖状系であっても鎖長が十分長ければ，他の末端の影響は無視できるようになるが，環状電子系は，本来末端がなく厳密解が求まるため，厳密な議論では環状系が好まれる．

前述の式 (3.3) に示した一般式を用いて，環状 π 電子系の軌道エネルギーを算

出してみる．最少の員数の環状化合物は 3 員環であるが，$n = 4$（4 員環）の最も安定な軌道エネルギーは $\alpha + 2\beta$，最も不安定な軌道のエネルギーは $\alpha - 2\beta$ であり，その差は 4β で，鎖状の無限長の値とすでに等しくなっている．また，軌道エネルギーの番号の付け方も鎖状系と異なり，$n = 0$ がエネルギー最低の軌道に相当し，軌道の番号 j は，正の側と負の側にそれぞれ $0, \pm 1, \pm 2, \cdots, \pm n/2$ と対応がついている．環状 π 電子系の代表ともいえるベンゼンの分子軌道と軌道エネルギーを一般式で求めてみよう．式 (3.3) に $n = 6$ を代入すると，

$$E_j = \alpha + 2\beta \cos\frac{2j\pi}{6} = \alpha + 2\beta \cos\frac{j\pi}{3} \quad j = 0, \pm 1, \pm 2, \pm 3 \quad (3.4)$$

$$j = 0 \qquad E_0 = \alpha + 2\beta; \qquad j = \pm 1 \quad E_{\pm 1} = \alpha + \beta;$$

$$j = \pm 2 \qquad E_{\pm 2} = \alpha - \beta; \qquad j = \pm 3 \quad E_3 = \alpha - 2\beta; (\pm 3 \text{の軌道は同一})$$

　求めた分子軌道に π 電子（p_z 軌道を占有する電子）を埋め，全 π 電子エネルギー（E_{total}）を計算すると，$6\alpha + 8\beta$ となる（**図 3.7**）．一方，共役していない 3 個の二重結合を含む仮想分子「シクロヘキサトリエン」の全 π 分子軌道のエネルギーは，エチレンの結合性 π 分子軌道のエネルギー $\alpha + \beta$ に 2 個ずつ電子が占有しているので 3×2 倍であり，$6\alpha + 6\beta$ となり，これとの比較でベンゼンの全 π 分子軌道のエネルギーは 2β だけ安定であることが分かる．これが芳香族化エネルギーに相

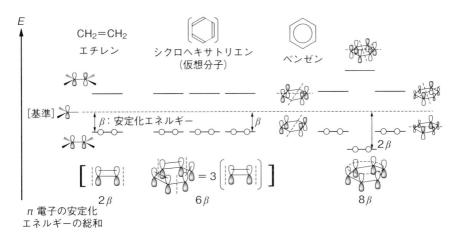

図 3.7　ベンゼンの分子軌道と軌道エネルギー：仮想分子シクロヘキサトリエンとの比較

環状炭化水素のイオン化ポテンシャル

イオン化ポテンシャルは，第一次近似として HOMO のエネルギー（負の値）の絶対値に相当する（クープマンスの定理：Koopmans' theorem）．しかし正確には，ヒュッケル法には取り込まれていないイオン化で生成したカチオンラジカルの構造安定化や，新たに生ずる電子間の相互作用を取り込む必要がある．**多環芳香族化合物**（a～e）については，ヒュッケル分子軌道計算でクーロン積分 α を $-7.06\,\mathrm{eV}$，共鳴積分 β を $-2.49\,\mathrm{eV}$ とおいて求まる HOMO のエネルギー準位は，**表1**に示すように実測値をかなりよく再現している．仮にイオン化ポテンシャルが測定されていない芳香族化合物があったとしても，ヒュッケル軌道計算でイオン化ポテンシャルの値をある程度予想できるという利点がある．導電性の発現では，ドナーとアクセプターから形成される電荷移動錯体が大きな役割を果たす．イオン化ポテンシャルはその基礎データとなる．

表1　芳香族化合物のイオン化電位：HMO 計算と実測値

化合物		イオン化ポテンシャル		
		π 電子の最高被占軌道[1]	計算値 (I)[2] (eV)	実測値 (eV)
ベンゼン	(a)	$\alpha + \beta$	9.55	9.52
ナフタレン	(b)	$\alpha + 0.6180\beta$	8.60	8.68
フェナントレン	(c)	$\alpha + 0.6050\beta$	8.57	8.62
アントラセン	(d)	$\alpha + 0.4140\beta$	8.06	8.20
テトラセン	(e)	$\alpha + 0.2950\beta$	7.80	7.71

1）ヒュッケル法で計算した数値
2）$\alpha = -7.06\,\mathrm{eV}$, $\beta = -2.49\,\mathrm{eV}$

(a)

(b)

(c)

(d)

(e)

当する．なお，水素化熱から求まる芳香族化エネルギーは $150.7\,\mathrm{kJ\,mol^{-1}}$ である．

多環の芳香族化合物（アントラセン，ピレン，ペリレンなど）は，π系の広がりと共に HOMO の軌道エネルギーがせり上がり，イオン化エネルギーが低下することが知られている．ヒュッケルエネルギーの HOMO のエネルギー計算値とイオン化エネルギーには，良好な相関関係が認められている（Column「環状炭化水素のイオン化ポテンシャル」）．

3.3.3　環状 π 共役系の光吸収

光合成で太陽光を吸収する役割を担うポルフィリン誘導体（**図 3.8**）は，図の

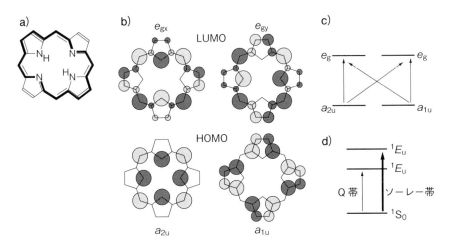

図 3.8 a) ポルフィリンの分子構造. 太線は環状 π 電子系を示す. b) ポルフィリンの縮重した HOMO と LUMO. $a_{1u}, a_{2u}, e_{gx}, e_{gy}$ は群論における対称性を表す記号. c) 縮重した HOMO，LUMO 間で四つの矢印の遷移を考えると，二つの遷移エネルギーが生ずる. d) 遷移許容で吸収強度の大きいソーレー帯と，弱い吸収強度をもつ Q 帯と呼ぶ遷移が観測される.

構造式の太線で示す 9 個の二重結合（イミンの C=N 結合を含む）からなる 18π 環状電子系（$4n+2,\ n=4$）をもつ芳香族化合物と考えることができる. ポルフィリンは 500 nm 付近に強い吸収帯をもつが，環状 π 共役系は対称性が高く HOMO と LUMO が共に縮重しているため，吸収帯の帰属は単純ではない[†]（4.1.3 項 4）にベンゼンについての詳しい解説がある）.

3.4 ヒュッケル則

環状 π 共役系のもう一つの特徴は，単環状平面電子系のエネルギーが環の員数と占有する電子数に依存する点にある. この規則は**ヒュッケル則**と呼ばれている. ヒュッケル則とは「平面構造をとる単環性の平面 π 共役系においては，軌道

[†] ポルフィリンの吸収スペクトルでは 400 nm 付近に，吸光係数（ε）が 30～60 万と非常に大きい吸収帯が観測される. この吸収帯は発見者にちなんでソーレー（Soret）帯と呼ばれる. 一方，500-700 nm の可視部には，ε が数万程度で，本来禁制遷移だが他の吸収との相互作用で弱い吸収強度を得た Q 帯と呼ばれる吸収帯が現れる. ポルフィリン単独の場合は 4 本に分裂しているが，錯体になると対称性が上がるため分裂数は減少する.

を占有する電子の個数が $4n+2$ 個の場合には電子系が安定となり，$4n$ 個の場合は不安定となる」というものであり，環状 π 共役系においては，環の員数にかかわらず，結合性軌道（軌道エネルギーが α より低い軌道）を電子がすべて埋めることで電子構造が安定化することを意味している（図 3.9）．なお，ヒュッケル分子軌道のエネルギーに関しては，Column「円環図を用いる軌道エネルギーの

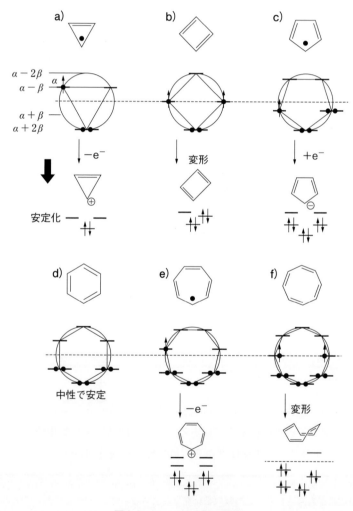

図 3.9　ヒュッケル則の原理
環状 π 共役系の軌道エネルギーと電子の占有状態．電子授受と分子構造変化による電子系の安定化．

解法とヒュッケル則」に示すように計算しないでも求められる円環式の記述法がある．一般に n 個の p 軌道が環状に共役した系の分子軌道エネルギー準位は，半径 2β の円の中心のエネルギーを α とし，正 n 角形の 1 頂点が下に向くように円に内接させたときの各頂点の位置で示される．

例えば，3 員環（シクロプロペニルラジカル）は，反結合性軌道を占有する 1 電子を放出することで，5 員環（シクロペンタジエニルラジカル）は，1 電子を取り込むことで，安定化することになる．したがってこの規則は，環状 π 共役化合物を用いて分子性の固体に導電性を付与するのに必要な**電荷移動錯体**の**電子ドナー分子**，**アクセプター分子**を設計する上で有用である（電荷移動錯体については 6.4.1 項を参照）．$4n\pi$（$n = 1$）系の化合物であるシクロブタジエンは，正方形とすると，分子レベルのフント則では固有値 α をもつ縮重軌道を占有する 2 個のスピンは平行であり**基底三重項**である．しかし実際には，矩形に変形すると共に軌道の縮重が解け**基底一重項種**で存在することが実験的に証明されている（正方形および矩形シクロブタジエンの分子軌道は付録 A3.3 を参照）．同様に $4n\pi$

円環図を用いる軌道エネルギーの解法とヒュッケル則

3 員環，4 員環，5 員環，6 員環の共役系化合物の π 軌道エネルギーは，本文の式 (3.3) で求められるが，これら環状平面構造をもつ電子系の軌道エネルギーは，本文の図 3.9 に示す方法でも求めることができる．一般に n 個の p 軌道が環状に共役した系の分子軌道エネルギー準位は，半径 2β の円の中心のエネルギーを α とし，正 n 角形の 1 頂点が下に向くように円に内接させたとき

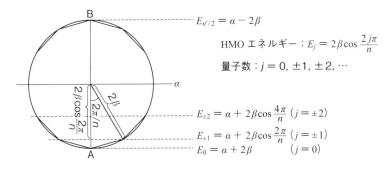

$$E_{n'/2} = \alpha - 2\beta$$

HMO エネルギー：$E_j = 2\beta\cos\dfrac{2j\pi}{n}$

量子数：$j = 0, \pm1, \pm2, \cdots$

$$E_{\pm2} = \alpha + 2\beta\cos\frac{4\pi}{n} \quad (j = \pm2)$$

$$E_{\pm1} = \alpha + 2\beta\cos\frac{2\pi}{n} \quad (j = \pm1)$$

$$E_0 = \alpha + 2\beta \qquad (j = 0)$$

図 1 円環図を用いる環状 π 電子系の軌道エネルギー

の各頂点の位置で示される.

cos は余弦であるから,円の中心と正 n 角形の頂点を結び,その余弦を縦軸となる二等分線上にとると $2\beta\cos(2j\pi/n)$ になる.

直鎖 π 共役系の場合も,原子数が n のとき中心が α で半径 2β の円に内接する正 $(2n+2)$ 角形の頂点の位置として軌道エネルギーを求めることができる.

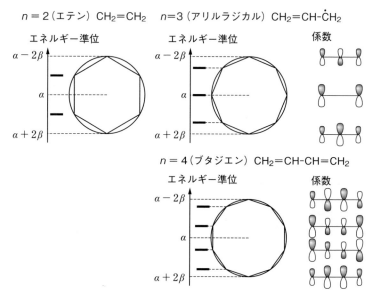

図2　円環図を用いる鎖状 π 電子系の軌道エネルギー

$(n=2)$ であるシクロオクタテトラエンは,中性の状態で平面構造を避け,分子の両端が折れ曲がったタブ型で存在することが知られている.この分子はジアニオンになると 10π 共役電子系として平面に変形する.

3.4.1　環状 π 共役系の導電性　ドナー・アクセプターの設計

分子性導電体を目指す上で,電子供与体(ドナー)・受容体(アクセプター)からなる電荷移動錯体の合成は重要である.図3.10左に示したテトラチアフルバレン(TTF と略記)は,最も代表的なドナー分子である.TTF の2個の硫黄原子は3p軌道が非共有電子対となっており,フルバレン骨格の中央の二重結合のp

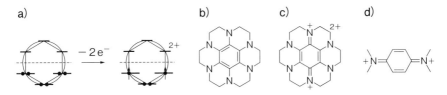

図3.10　電子授受の伴うπ電子系の芳香族化を用いたドナー，アクセプター分子の設計

電子を1個加えると7π電子系となる．これはシクロヘプタトリエニルと等電子的なので，フント則に従えば，1電子を放出することで6π電子系として安定化する．すなわち良好なドナーであることを意味する（6.4.1項）．一方，電子受容体としては，テトラシアノエチレン（TCNQ と略記，**図3.10右**）が有名である．TCNQ は強力な電子求引性置換基であるシアノ基を4個もち，電子を1個取り込むと，共鳴構造としてベンゼン環の寄与が生じ，ラジカルアニオンとして安定化する．このため，良好な電子受容体となる．

3.4.2　環状π電子系の磁性分子設計

π電子をもつ環状π系は，磁性材料としても関心をもたれている．例えば，ベンゼン環のジカチオンは縮重した HOMO から2個の電子を抜かれたことになり，分子レベルのフント則で基底三重項が期待できる（**図3.11 a**）．そこで，ジカチオン種を安定化するために，6個のアミノ基をエチレン鎖でつないで導入したベンゼン誘導体（**図3.11 b**）が合成された．この化合物のジカチオンは安定で，三重項の ESR スペクトルを与えたが，より詳しい研究により，ジカチオンではヤーン-テラーひずみにより*p*-フェニレンジイミニウムジカチオン（**図3.11 c, d**）

図3.11　a）二電子酸化によるジラジカルを与える環状π電子系．基底三重項が予想されるベンゼンジカチオン．b）ヘキサアミノベンゼン誘導体．c）ヘキサアミノ体のジカチオンの共鳴構造式．d）*p*-フェニレンジイミニウムジカチオン．

構造の寄与があるため基底状態は一重項で，観測された三重項は熱励起種であることが明らかになった．

　物性化学の新しい潮流として有機分子集合体の磁性の研究が急速に発展したが，さらなる発展のためには，新しい骨格をもつ安定ラジカルの創出が不可欠である．その点で，フェナレンは有望な化合物である（図3.12a）．フェナレンの1位のメチレン基の水素原子が抜ければ，この炭素は不対電子を担ったsp²混成軌道となり，非局在化したフェナレニルラジカルとなる（図3.12b）．しかし，ラジカルは結晶中では直ちにσ結合を形成して消滅する．そこで，かさ高い保護基としてt-ブチル基を導入したフェナレニルラジカル誘導体（図3.12c），およびその窒素置換体が合成され，磁気的性質が研究されている（図3.12d）．

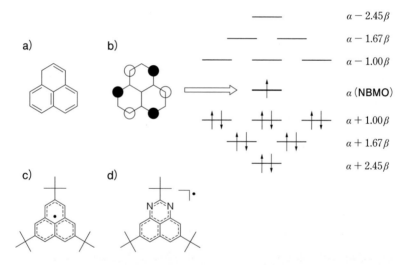

図3.12　a）フェナレンの構造式．b）フェナレニルラジカルの電子構造．非占有軌道の一番上はNBMO．白丸，黒丸はNBMOのp_z軌道を上から見たときの位相を示す．丸がない原子は分子軌道の節に当る．c）2,5,8-トリ-tert-ブチル-フェナレニルラジカルの分子構造．d）2,5,8-トリ-tert-ブチル-1,3-ジアザフェナレニルラジカルの分子構造．

3.5　交差π電子系の特徴

　最後に，図3.1の中段にある交差型のポリエンについて詳しくみてみよう（図3.13）．二つのπ共役系をつなぐ炭素原子から，第三のπ共役系が伸びている化合物を**交差共役化合物**という．π共役系としての特徴は，3組のπ結合のうち

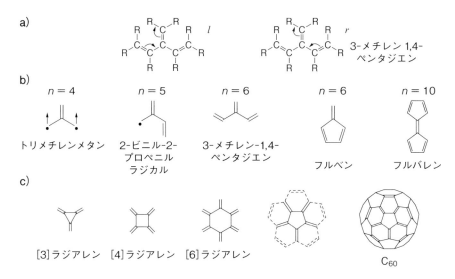

図3.13 a) 3-メチレン-1,4-ペンタジエンの共鳴構造. b) 交差 π 共役化合物 (鎖状, フルベン, フルバレン). c) ラジアレン類に属する環状化合物.

同時に 2 組しか共役に関われないところにある. 例えば, **図3.13a** に示す 3-メチレン-1,4-ペンタジエンの限界構造式 (末端は +, − になる) は, 左側 (l) と右側 (r) でしか描けない. 共役系が短い $n = 4, 5$ の場合は, 共役鎖の一方または双方が, sp^2 炭素原子からなるラジカルとならざるを得ない. ちなみに, π 共役系で二重結合と単結合が交互に現れる閉殻構造のことを, ベンゼンの構造式を思いついたケクレ (Kekulé) にちなんで**ケクレ構造**というが, これらの化合物はケクレ構造が描けないので, **非ケクレ化合物**と呼ばれる (**図3.13b**; $n = 4, 5$). 特に $n = 4$ の場合は, 不対電子を 2 個もつトリメチレンメタンと呼ばれる化合物となる. トリメチレンメタンには, エネルギーの等しい二つの NBMO があり, 分子レベルでのフント則が成り立つため, この二つの不対電子のスピンの向きは平行である. この分子の磁気的性質については, 9.6.2 項で実例を紹介する.

　交差共役系には環状の場合もある. 環状の化合物 $n = 6$ はフルベンと呼ばれ, また二つの環状 π 系が二重結合でつながれたフルバレン ($n = 10$) という化合物も知られている. 交差共役化合物の一種にラジアレン (**図3.13c**) がある. この共役系は, 環状炭化水素のすべての頂点にある炭素原子から, 環の外側に二重結合が形成された化合物 (例 $n = 3 \sim 6$) である. 炭素の同素体であるフラーレン

（C_{60}）は，サッカーボールのように5員環の周辺に6員環が，またその外側に再び5員環が縮環した構造をもち，ちょうど$n = 60$で球状に閉じたπ電子系を形成する．

　交差共役系の中でも特徴的なトリメチレンメタン（TMM）について詳しくみてみよう．アリルラジカルの中央の炭素（C_2）の水素原子がメチレンラジカルで置換されたTMMは，**図3.14a**に示すような共鳴構造で表され，どの共鳴構造式もビラジカルの構造を保っている．TMMの分子構造は炭素数が偶数でもケクレ構造が描けず，非ケクレ化合物である．ヒュッケル分子軌道で求めたTMMの分子軌道と軌道エネルギーを**図3.14b**に示す（算出法については付録A3.4参照）．非結合性軌道が2個あり，分子レベルのフント則が成り立つため，TMMは基底三重項ビラジカルとして存在する[†]．したがって，TMMは，分子性の磁性物質を設計する上での基盤となる．TMMの分子構造の求め方は付録A3.4にある．

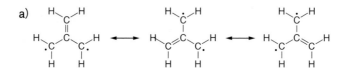

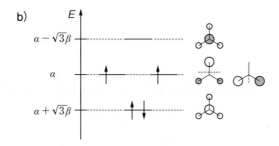

図3.14　a）トリメチレンメタンの共鳴構造．b）ヒュッケル分子軌道法による
　　　　　分子軌道，軌道エネルギーとスピン整列．

[†] フント則は原子軌道について定められた規則であるが，分子についても例外的に成立する場合がある．縮重した分子軌道においても，縮重した分子軌道の係数に共通なものが少ない場合には，フント則は成り立たない．これは，縮重した軌道において，それらの軌道を占有する電子が互いに空間を住み分けており，交換相互作用が起こりにくいためである．

3.6　π 共役系の電子構造にみられる "交互炭化水素" の偶奇性

3.6.1　交互炭化水素の電子構造

鎖状, 環状, 交差状の共役炭化水素が揃ったので, 共役炭化水素の分類法について紹介する. 環状の π 共役系の炭素骨格はすべて sp^2 混成軌道から構成されており, それらの電子構造を議論する上で有用な方法として, π 共役系を**偶と奇の交互炭化水素**および**非交互炭化水素**に分類する方法がある (図 3.15). 共役系の炭素に星印を交互に付け, 星印のあるグループとないグループに分け, 同じグループに属する原子同士が直接結合しない共役化合物を**交互炭化水素**と呼ぶ. そのうちで, 炭素原子の総数が偶数のものを**偶の交互炭化水素**と呼ぶ. 例えば, 星組と非星組が, 炭素数 10 個のナフタレンでは 5 個ずつ, 炭素数 14 個のフェナントレンでは 7 個ずつ交互に存在し, ケクレ構造が描ける. 3.4.2 項で分子性の磁性材料として, 電子構造と併せて紹介したフェナレニルは, 炭素数が奇数の共役系であり, **奇の交互炭化水素**に属す (図 3.15). なお, フェナレニルを基盤とした高次の交互炭化水素に関しては, Column「フェナレニルを基盤とした非ケクレ分子」で説明する.

偶・奇の交互炭化水素に対し, 星組炭素 (あるいは非星組炭素) 同士が直接結

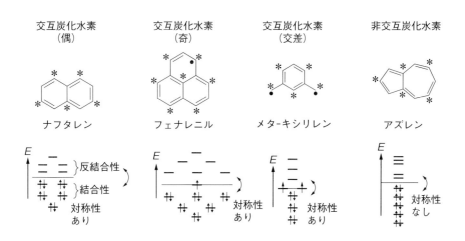

図 3.15　偶交互環状炭化水素 (ナフタレン), 奇交互環状炭化水素 (フェナレニル), 奇交互環状炭化水素 (メタ-キシリレン), 非交互環状炭化水素 (アズレン) の電子構造

交互炭化水素（偶-even）　　　　　　　　　　　交互炭化水素（奇-odd）

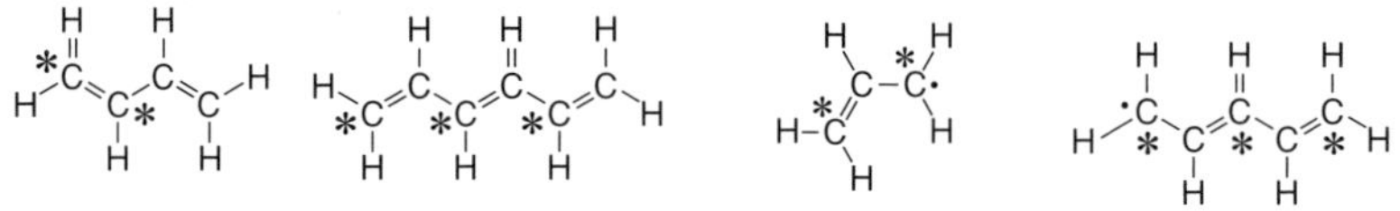

1,3-ブタジエン	1,3,5-ヘキサトリエン	プロペニル（アリル）	1,3-ペンタジエニル
星2　非星2	星3　非星3	ラジカル	ラジカル
		星2　非星1	星3　非星2

図3.16　鎖状 π 共役系の偶の交互，奇の交互炭化水素

合する共役化合物は，**非交互炭化水素**と呼び区別される．奇数員環をもつシクロペンタジエニルラジカルやアズレンでは，星組の炭素が隣接して並んでいる．

　交互炭化水素の分類は，鎖状の交互炭化水素についても適用できる．例として，1,3-ブタジエンをみてみよう（**図3.16**）．1,3-ブタジエンでは，星組と非星組が2個ずつ交互に存在し，偶の交互炭化水素であることが分かる．奇数の鎖状共役系（例えばプロペニル）は，例外なくラジカル炭素を含んでいる．

　交互炭化水素の特徴は，**図3.15**で示したように，ヒュッケル MO によって計算された π および π^* 軌道の軌道エネルギーの準位および軌道関数の位相が，エネルギー準位 α を境にして上下で対称的に配置されているところにある（付録A3.5）．アズレンのような非交互炭化水素では，このような対称性はみられない．

　一方，星の付いた炭素の数（n^*）と星が付かない炭素の数（n）に差のある交互炭化水素には，その差（$|n^*-n| = |C^*-C^o|$）に等しい数の非結合性軌道（NBMO）が存在し，その軌道に不対電子を収容している（**図3.15**．ナフタレン；5−5＝0とメタ-キシリレン；5−3＝2）（Column「フェナレニルを基盤とした非ケクレ分子」）．

3.6.2　交差 π 共役系の NBMO の数

　π 共役電子系の残りの一つである**交差 π 共役系**では，構成する炭素数の偶奇よりも，炭素原子のつながり方（トポロジー）が重要であり，炭素数が偶数でも星組と非星組の数が異なる化合物が存在する．しかし**図3.17**（p.56）に示す星組と非星組の数の差 $|C^*-C^o|$ ＝ NBMO の数の関係は成立しており，交差 π 共役

✏️ フェナレニルを基盤とした非ケクレ分子

　フェナレニル (phenalenyl；P) は π 環状共役分子の中でも奇の交互炭化水素で，ラジカルとして存在する．フェナレニルのジベンゾ縮環体の縮環位置として 6 員環の辺を a, b, c, d とすると，a, c 位で縮環が起こった場合は，偶の交互炭化水素でケクレ構造が描ける縮環体 **P2**（炭素数 20；星 10，非星 10）を与えるが，a, d 位の場合は，奇の交互炭化水素 **P3**（炭素数 19；星 10，非星 9）である非ケクレ縮環体を与える．さらに，**P3** の縮合二量体に相当する **P4** は，炭素数 38 の交互炭化水素でありながら，テトラメチレンエタンと同様の基底一重項の非ケクレ化合物となる．

　フェナレニルの縮合二量体でジベンゾテトラセンの誘導体（**P5, P6**）についてみると，**P5** は偶の交互炭化水素（炭素数 24；星 12，非星 12），**P6** も炭素数 24 の偶の交互炭化水素でありながら星 13，非星 11 であり，非ケクレ化合物となる．a 〜 d は縮環する芳香環の辺を指している．

　P2 と **P3**，**P5** と **P6** の違いは，それぞれの分子骨格における炭素原子のつなぎ方（トポロジー）の違いによると考えられる．

系がもつ NBMO の数を予想する上で大いに役に立つ．

　トリメチレンメタン（TMM）では，星組の炭素が 3 個，非星組の炭素は 1 個で，その差は 2 であり二つの NBMO が存在することになる．これは分子軌道の計算とも一致しており，ここに π 電子を詰めていくと，縮重した分子軌道があるため分子レベルのフント則が成り立つので，電子スピンがそれぞれ平行に収まり，基底状態三重項の分子となる．TMM と同様の電子構造をもつメタ-キシリレン（*m*-xylylene）の場合も，同様に NBMO の数を求めることができる．トリ

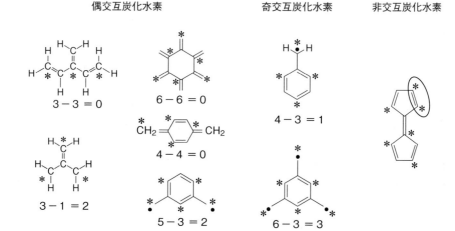

図 3.17　交差 π 共役系では炭素数の偶奇より原子のつなぎ方が重要であり，炭素数が偶数でも星組と非星組の数が異なる化合物が存在する．その際，$|C^* - C^\circ|$ は NBMO の数と一致している．

メチレンメタン（TMM）と似たビラジカルにテトラメチレンエタン（TME）がある．この分子は炭素数6で，星組炭素3，非星組炭素3で NBMO＝0 となるが，ケクレ構造が描けないという特殊な性質をもっている（Column「トリメチレンメタン（TMM）とテトラメチレンエタン（TME）の電子構造の比較」参照）．

3.7　NBMO 法による NBMO の算出

　鎖状，環状の π 共役系ではヒュッケル分子軌道の一般解が存在し，軌道の形も軌道エネルギーも得やすいという利点があった．交差型の π 共役系にも，その分子軌道に関し簡単に算出できる方法はないだろうか．NBMO をもつ交互炭化水素については，**NBMO 法**による軌道関数の簡便な解法があるので，それについて説明する．NBMO には二つの特徴がある．第一に「星の付いていない原子の原子軌道の係数はゼロである」，第二に「星の付いていない炭素原子に直結する原子の係数の和はゼロである」というものである．

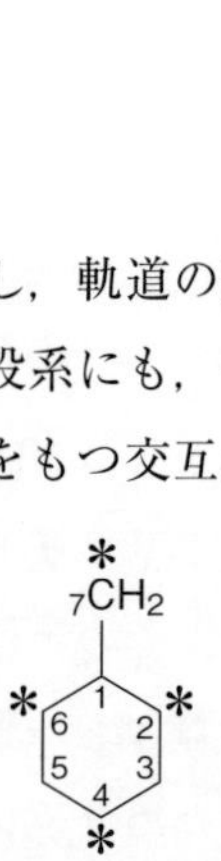

　そこで，例として**図3.18**にあるベンジルラジカルの NBMO

図3.18　ベンジルラジカル

トリメチレンメタン（TMM）とテトラメチレンエタン（TME）の電子構造の比較

　表題の話題を議論するために，鎖状，環状，交差構造をもつ共役炭化水素 a)～e) について考察を加えよう．これらの化合物 a)～e) を星組，非星組に分けると，a), b) は偶の交互炭化水素，c) は非交互炭化水素であることが分かる．d) は星組の炭素数 3，非星組の炭素数 1 でその差は 2，すなわち 2 個の NBMO が存在する非ケクレ分子である．一方，e) は星組の炭素と非星組の炭素の数の差は 0 であり，形式的には偶の交互炭化水素に分類できるが，ヒュッケル MO は 2 個の縮重軌道をもち，その NBMO 平行スピンの数を予測しようとすると，かなり厄介なことが分かる．すなわちヒュッケル MO では，TME には縮重軌道があるが，MO の係数はそれぞれ上，下のアリルラジカルに住み分けており，重なりが小さい．そのため交換相互作用が働かず，スピン逆平行が基底状態となる．

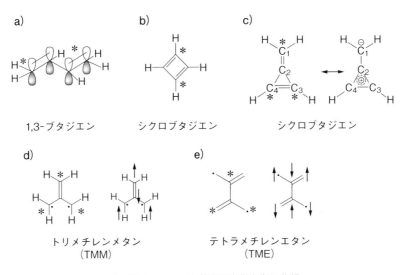

a) 1,3-ブタジエン

b) シクロブタジエン

c) シクロブタジエン

d) トリメチレンメタン（TMM）

e) テトラメチレンエタン（TME）

図　鎖状，環状，交差交互炭化水素の分類

　この問題に対する一番簡単な判別法は，π 共役炭化水素の sp² 炭素に星の代わりに交互に上向き矢印，下向き矢印（電子スピンの向き）を付け，その結果をみることである．d) は 2 個のスピンが平行な基底三重項種，e) は基底状態一重項のビラジカルとなる（図 d, e）．この予想はより精密な理論計算や実験結果と矛盾しない．

を $\Psi_{NB} = C_2\phi_2 + C_4\phi_4 + C_6\phi_6 + C_7\phi_7$ と表すと，その条件は以下のようになる.

原子 1,3,5 について，$C_1 = C_3 = C_5 = 0$

原子 1 について，$C_2 + C_6 + C_7 = 0$

原子 3 について，$C_2 + C_4 = 0$

原子 5 について，$C_4 + C_6 = 0$

すなわち，$C_2 = -C_4 = C_6$, $C_7 = -2C_2$ となる.

一方，規格化条件は，$C_2{}^2 + C_4{}^2 + C_6{}^2 + C_7{}^2 = 1$ であるから，$7C_2{}^2 = 1$

$$\therefore \quad C_2 = \frac{1}{\sqrt{7}} \quad と求まる.$$

したがって，この NBMO は，$\Psi_{NB} = (1/\sqrt{7})(\phi_2 - \phi_4 + \phi_6 - 2\phi_7)$ となる.

　ベンジルラジカルにおける π 電子の分子軌道への電子の収容については，7 個のπ電子のうちの 6 個は 2 個ずつ対になって結合性 MO に入るが，7 番目の電子は不対電子として NBMO に収容されることになる．ベンジルラジカルは，この不対電子のため常磁性を示す.

3.8　高スピン分子の設計と合成

1）高スピンカップラーとしてのメタ-キシリレン　3.6.2 項で述べたように，トリメチレンメタン TMM では，2 個の NBMO を半占有する 2 個の不対電子間に正の交換相互作用が働くため，強磁性スピンカップラーとして働くと期待される．しかし，TMM の反応性は極めて高く，磁性材料として取り扱いが難しい．そこで，TMM の中央の二重結合をベンゼン環で置換したメタ-キシリレンが利用されることが多い（図 3.19）．メタ-キシリレンは，オルト体，パラ体と異なり，2 個の NBMO を半占有する 2 個の電子スピンが強磁性的に相互作用し，基底三重項種となることは実験的にも確認されている．スピンを担った 2 個の部位をメタ-キシリレンでつなぐと高スピン分子が得られる.

　2）高スピンポリカルベンの実現　メタ-キシリレン骨格を用いて高スピン分子が得られる代表例として，高スピンポリカルベンを紹介する．**図 3.20 a** に，一中心ジラジカルの代表例として，ジフェニルジアゾメタンの光分解で発生する

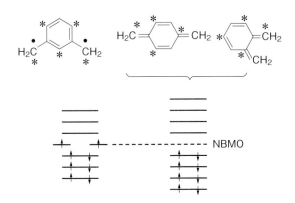

図 3.19 奇交互炭化水素としてのメタ-キシリレンとその電子構造. オルト, パラ誘導体は閉殻分子.

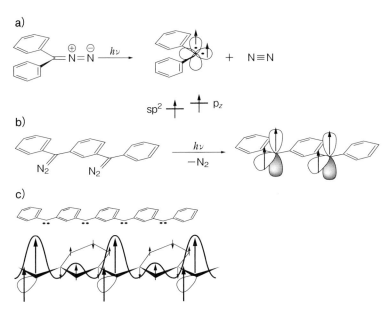

図 3.20 a) 前駆体となるジアゾ化合物の低温光分解で発生させたジフェニルカルベンの構造と不対電子の軌道占有の様子. b) メタ置換のジカルベンは基底五重項となる. c) 基底九重項のテトラカルベン. 補助線のように描いてある波の振幅はスピンの向きと密度を示している.

ジフェニルカルベンの構造と電子の軌道占有の様子を示す.

カルベンの炭素原子の2個の不対電子が占有する軌道は縮重しておらず, σ 軌道を形成する sp^2 混成軌道と直交する p_z 軌道で近似できる. しかし, その二つの軌道エネルギー差は, スピンを平行に保つ交換相互作用より小さいため, カルベンに属する二つのスピン間にはフント則が働き, 2個の電子スピンは平行になることが実験的に証明されている.

そこで, 2個のカルベンをメタ-キシリレンカップラーでつなぐと, 4個の電子スピンが平行に揃った基底五重項種が得られるはずである (**図 3.20 b**). 実際, カルベンの前駆体として互いにメタ位でつながったテトラジアゾ化合物を合成して低温で光分解すると, テトラカルベンが発生するが, その8個のスピンはすべて平行に揃っており ($S = 8/2$), 基底九重項 (スピン多重度: $2S + 1 = 2 \times 8/2 + 1 = 9$) であることが分かった (**図 3.20 c**). これは, 炭化水素でありながら, 遷移金属イオンの基底六重項 (d^5), 希土類元素イオンの基底八重項 (f^7) を上回る基底九重項種が誕生したことを意味する.

演 習 問 題

[1] 水素分子にプロトンを付加してできる $H_3{}^+$ の構造と軌道エネルギーについて, 以下の問題に答えよ (式 (3.1) の $\alpha, \beta < 0$).

1) $H_3{}^+$ が直線構造をとるときの軌道エネルギーを, 鎖状 π 共役系の一般式 (式1) を用いて求めよ.

$$E_j = \alpha + 2\beta \cos \frac{j\pi}{n+1} \quad (1) \qquad j = 1, 2, 3, \cdots, n \quad j \text{は分子軌道の番号}$$

2) $H_3{}^+$ が環構造をとるときの軌道エネルギーを, 環状 π 共役系の一般式 (式2) を用いて求めよ.

$$E_j = \alpha + 2\beta \cos \frac{2j\pi}{n} \quad (2) \qquad j = 0, \pm 1$$

3) $H_3{}^+$ の鎖状, 環状クラスターの軌道それぞれの全 π 電子エネルギーを求め, 安定性を比較せよ.

［2］　以下に示す交互炭化水素（A；a) 〜 e)）について，炭素原子に交互に星印を付ける
　　　と共に，下の分類の中から適当な略号を選び 例) のように解答せよ.

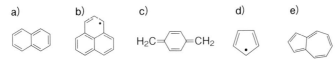

a)　　　　　　　b)　　　　　　　c)　　　　　　　　d)　　　　　　　e)

　　　　　　　　　　　　　　　H₂C＝〈　〉＝CH₂

偶交互炭化水素（EA），奇交互炭化水素（OA），非交互炭化水素（NA）；
ケクレ構造（KS），非ケクレ構造（NK）；基底一重項種（S），基底二重項種（D）
例) f) NA, NK, S

第4章 光と分子の相互作用

　光と分子の相互作用は，光エネルギーの吸収に伴い原子・分子の電子構造が変化する点で，物性化学としても重要な事象であり，光エネルギーの伝達や蛍光など広範囲に利用されている．本章では，原子・分子に電磁波である光を照射すると，電子が占有軌道から非占有軌道に励起される過程について説明する．その原子や分子が基底状態から励起状態に移行する遷移状態に生ずる過渡的な遷移双極子モーメントは，分子の吸収スペクトルの形状，強度に本質的な影響を与える．さらに，励起状態の後続過程として重要な蛍光・リン光の発光や，項間交差に伴って起こる電子スピンの反転について解説する．なお本章は，第5章に登場する光物性現象を理解する上で必要最小限の内容を説明している章なので，復習のつもりで学んでほしい．

4.1　光による原子・分子の励起

　光誘起の物性現象は，原子あるいは分子が電磁波である光を吸収することが起点となる．どのような分子がどの程度の波長の光を吸収するか，またそれに伴い，原子・分子の電子構造はどのように変化するかを理解しておくことは，光物性を議論する上でも大切である．

4.1.1　光による状態間の遷移

　光（**電磁波**）が，分子の基底状態の電子配置を励起状態の電子配置へとどのように変換するかを，古典的理論に従って考えてみよう．**図4.1**に示すように，電磁波とは交替する電場と磁場からなる進行波であり，例えば電磁波が可視光線だとすると，その波長は $350\,\mathrm{nm} \sim 650\,\mathrm{nm}$ となる．

　一方，分子（例；1,3-ブタジエン）の大きさは通常 $0.5\,\mathrm{nm}$ 程度なので，波長に比べてはるかに短い．したがって，分子は光の一波長の中にすっぽり埋まり，分

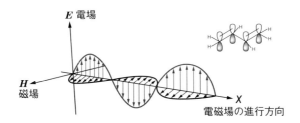

図4.1 分子に作用する交替電場と交替磁場

子内の電子は光の交替電場と交替磁場に曝されることで，電気的かつ磁気的にかく乱される．電磁波である光と分子の相互作用を考える場合，磁場との相互作用は電場と比べてかなり弱く，通常は電場の効果のみを考慮すればよい．

4.1.2 水素原子の光の吸収についての量子力学的解釈

ここで電子の波動関数を導入し，光の吸収について量子論的なイメージを得ることにしよう．1s軌道に一つ電子をもつ水素原子に紫外光を当てれば，2s軌道に励起されると考えがちだが，そうはならない（**図4.2**）．光の波（**電磁波**）が水素原子を左右に通過すると，1s軌道の電子は垂直方向（上下）に交互に揺さぶられることになる．進行する交替電場である電磁波の影響は，コンデンサーに入れた水素原子に，上下の電極から交替電場を掛けたときに1s軌道電子が受ける摂動とみなせる．したがって，電極に掛かる上下の交替電場は，核を中心に球対称である1s軌道の電子を，光の進行方向に垂直で核を含む節面の上下に分布させる（**図4.3**）．この摂動を受けた軌道は，1s軌道に励起状態の軌道2pが混ざったとして記述される．すなわち，その電子分布の時間平均は，1sと2pの混成軌道に類似しており，1s軌道から2p軌道への遷移過程を表している．光の振動数（ν）が1s軌道と2p軌道のエネルギー差（ΔE）と一致したとき（$\Delta E = h\nu$），電子は1s軌道から2p軌道に励起される．

ちなみに，光子は左右のらせん偏光からなっておりそれぞれ±1の軌道角運動量をもつので，この現象を量子力学では「光子と軌道内の電子との相互作用によ

——2s ——2p $\overset{h\nu}{\longrightarrow}$ ——2s ⇡ 2p

⇡ 1s   ——1s   **図4.2 1sから2pへの電子の光励起**

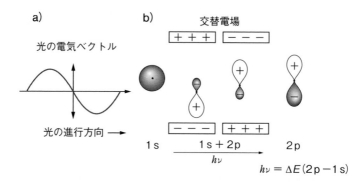

図4.3　コンデンサー内の水素原子に上下の電極から交替電場が掛かった模式図
a) 進行波である光の電場成分．b) コンデンサーの内に置かれた1s軌道は交替電場の周波数
が高まるにつれ，2p軌道成分が混ざってくる．周波数がちょうど1s軌道と2p軌道のエネル
ギー差と一致したとき，1s軌道の電子は2p軌道に励起される．

り光子の軌道角運動量が消失し，軌道角運動量をもたない1s軌道 ($l = 0$) の電
子が，軌道角運動量をもつ2p軌道 ($l = 1$) に励起された」と表現する．すなわ
ち，光子は原子と相互作用することで角運動量を失い，電子は軌道角運動量を得
るため，角運動量は相互作用の前後で保存される．

　原子・分子による電磁波（紫外可視光）の吸収は，分光器で波長ごとに分けた
紫外可視光を照射し，透過した光の強度を紫外可視吸収スペクトルにより測定で
きるので，原子・分子の電子構造の解明に必要な軌道間のエネルギー差が分か
る．水素原子の1s→2p遷移の波長は122 nm（真空紫外領域）であり，これは
1sと2pの軌道エネルギー差，978 kJ mol^{-1}（10.2 eV）に相当する．

4.1.3　π共役分子の光吸収

1）エチレンのπ電子の光吸収　水素原子について議論した光の吸収の原理
を，エチレンのπ電子が光を吸収してπ–π*遷移する場合に当てはめて考える
（**図4.4**）．なお，エチレンのπ–π*に帰属される吸収スペクトルは162 nmに吸
収極大を示す．

　π軌道に垂直の方向から光を照射すれば，π電子は交替電場で横方向に揺さぶ
られるはずである（**図4.4a**）．これは，前述のようにエチレンをコンデンサーに
入れたことに相当し，量子論的にみると，基底状態に励起状態が一部混ざること

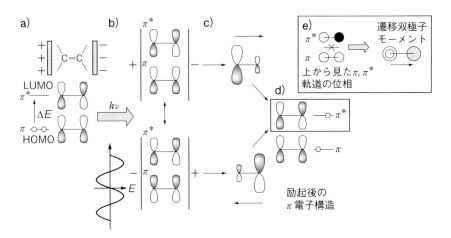

図 4.4 エチレンの π-π^* 励起と遷移モーメントの定義
a) エチレンへの π-π^* 励起と交替電場印加のコンデンサーモデル．b) エチレンの π 軌道への交替電場印加．c) 電場印加による π 軌道への π^* 軌道の混ざり込み．d) 共鳴周波数印加による励起状態への遷移．e) 遷移双極子モーメントの定義（図では基底状態 (π) と励起状態 (π^*) の波動関数で同じ炭素原子上の係数の符号を掛け，正なら◎，負なら○としている）．

になる（**図 4.4 b 上**）．例えば，励起状態（π^* 軌道）が 10 ％ 混ざると，コンデンサー内のエチレンの p_z 軌道の位相が合った左の炭素の係数は 10 ％ 増し，右の逆位相の炭素の係数は 10 ％ 減となる（**図 4.4c 上**）．ちょうど HOMO-LUMO のエネルギー差に相当する周波数の光（$\Delta E = h\nu$）を照射すると，LUMO が 100 ％ 混ざることになる．すると係数は左の炭素のみ（右は 0）となる．HOMO の π 軌道の位相が逆（上が灰色，下が白）である確率も等しいので（**図 4.4 b 下**），π^* 軌道が混ざることで左の炭素の係数が 0 になる．この二つを重ね合わせると π^* 軌道となり（**図 4.4 d**），電子が π から π^* に励起されたことになる．ただし，π^* 軌道内の電子が二つの原子のそれぞれに存在する確率（波動関数の絶対値の二乗）は等しいので，エチレンの励起種に電子的分極が生ずることはない（双極子モーメントは 0 である）．

　一方，エチレンにおける電子励起の遷移状態についてみると，共鳴する周波数の光で励起された π^* 軌道の電子分布には偏りが生じ，エチレンの炭素－炭素結合方向に過渡的な双極子モーメントが生まれる．この双極子モーメントを**遷移双極子モーメント**（μ_T）（**図 4.4 e**）と呼ぶ．この大きさから，吸収バンドの強度を

見積ることができる．一般に分極した分子の双極子モーメント μ は，$\mu = eql$（e：電気素量，q：部分電荷，l：結合長）で表されるが，遷移双極子モーメントは，電子の電荷と電子の遷移方向を示すベクトルとの積 er を，電子遷移に直接関わる二つの軌道関数（Ψ_i, initial；Ψ_f, final）で挟み，全空間で積分したものとなる（式4.1）．これらはエチレンの励起では，HOMO と LUMO に相当する．

$$\mu_T = \int \Psi_f \, er \, \Psi_i \, d_\tau \tag{4.1}$$

ここで，積分は $-\infty$ から $+\infty$ にわたって行われるから，積分が 0 でないためには $\Psi_f \times r \times \Psi_i$ を表す関数が座標軸に対して対称（偶関数）でなければならない（積分する関数が奇関数だと，積分の値が 0 になる）．ベクトル r は反転に対して反対称（符号が変わること）であるから，積分値が有意の大きさをもつには分子軌道（MO）の積 $\Psi_f \times \Psi_i$ は反対称である必要がある．例えば，電子がエチレンの HOMO（π）（二つの核を結ぶ線分の中点に関して反対称）から LUMO（π^*）（中点に関して対称）へと遷移する際には，遷移双極子モーメントが生ずる．遷移双極子モーメントは，光が誘起する物性現象で重要な役目を担っている．

2）1,3-ブタジエンの吸収　次いで，1,3-ブタジエンにおける π 電子の光吸収に伴う軌道間遷移について考えてみよう．すでに 2.2.3 項のヒュッケル分子軌道で述べたように，1,3-ブタジエンの分子軌道は，2 個のエチレン分子を接合させることで構成できる．なお，**図 4.5 a** に示す分子軌道には，p 軌道のローブの上側のみが描かれており，立体的な分子軌道の形は**図 4.5 b** に示してある．

図 4.5 c は，1,3-ブタジエンの分子軌道間で電子の遷移が起こった場合（例えば，Ψ_2 から Ψ_3 への遷移）を想定し，各原子軌道の符号の積を求め，積が正の場合はその炭素上に ◎，負の場合は ◉ を記したものである．光誘起の電子遷移において，基底状態と励起状態で同じ原子の原子軌道の位相が等しければ，その炭素上での電子の軌道間遷移は起こりやすい．一方，異符号間では禁止される．その結果，生ずる電荷分布の変化を，2 個のエチレン部の遷移双極子モーメントの線形結合（和と差）で表すことができる．分子全体としては，Ψ_2（HOMO）から Ψ_3（LUMO）へ，および Ψ_1（NHOMO）から Ψ_4（NLUMO）への励起の電子-遷移双極子の向きには点対称がなく，分子内で電子分極が起こり，遷移が許容になることが分かる．これに対し，$\Psi_2 \to \Psi_4$ と $\Psi_1 \to \Psi_3$ では 2 個のエチレン部の遷移

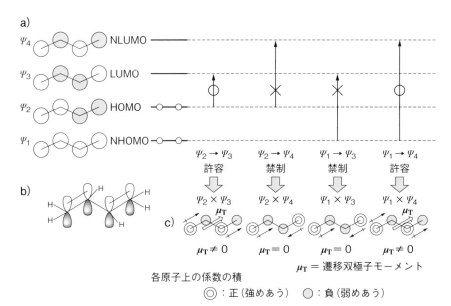

図 4.5 分子軌道間の遷移で生じる 1,3-ブタジエンの遷移双極子モーメント
a) 上方から見た 1,3-ブタジエンの p_z 軌道の線形結合からなる π 分子軌道と軌道エネルギー.
b) 1,3-ブタジエンの π 分子軌道の立体図 (Ψ_1). c) 1,3-ブタジエンの遷移双極子モーメント
はエチレンの遷移双極子モーメントの和となる.

双極子の配向に点対称があり, μ_T（分子全体）は零になるので, これらの遷移は
禁制となる. 本来は 1,3-ブタジエンの光吸収の選択律の群論的な考え方を専門書
から学び, 厳密に議論する必要があるが, ここで述べた簡便な考察で, 群論の議
論と同じ結論が得られる点を強調したい[†].

3) 鎖状 π 共役二重結合化合物の光吸収 −カロテンを例にとって−

　鎖状ポリエンの HOMO と LUMO の対称性を眺めると, 一般的に HOMO は C_2
と C_3 結合の中点に対し反対称なのに対し LUMO は対称である. 分子軌道の対称性
が異なると必ず遷移モーメントを生じるので, 鎖状ポリエンでは HOMO-LUMO
遷移の吸収強度は大きい. 一方, 対称性の等しい MO 間（例えば, HOMO と
NLUMO）では遷移モーメントは生じないため, その遷移は禁制遷移である. 分
子の吸収スペクトルにおける共鳴線の吸収強度は, 振動子強度 (f) を求める式

[†] 1,3-ブタジエンの C_2-C_3 結合には少し二重結合性があるので, 一重結合である C_2-C_3 結合に
　関する異性体が存在しうる（付録 A4.1 参照）.

(4.2) で表され，遷移双極子モーメント（ここでは μ_T を M とおく）の値が共鳴線の強度を決めていることが分かる．

$$\text{振動子強度} \quad f = 0.087532 \times \Delta E \times M^2 \quad M^2 = M_x^2 + M_y^2 + M_z^2 \qquad (4.2)$$

　ここで，ΔE は光励起に関する占有軌道と非占有軌道の軌道エネルギー差．非占有軌道の縮重度は 1 とした．遷移双極子モーメントのベクトル成分は，$M_x = \int \phi_2\,(ex)\,\phi_1\,\mathrm{d}x$ などである．

　長鎖の π 共役分子の例として，カロテノイドの母骨格であるカロテンについて触れたい．1.1 節の光合成の紹介で述べた紅色細菌のアンテナ部位の環状構造体には，カロテンの誘導体が含まれている．カロテンは，11 個の二重結合を有しており赤色を呈する（$\lambda_{max} = 443\,\mathrm{nm}$，$\varepsilon = 2.26 \times 10^3$）（**図 4.6**）．また，カロテンが分子の中央で酸化的に切断された構造をもつレチナールは，生物の視覚に重要な働きをしている（Column「レチナールの光異性化と視覚の仕組み」）．

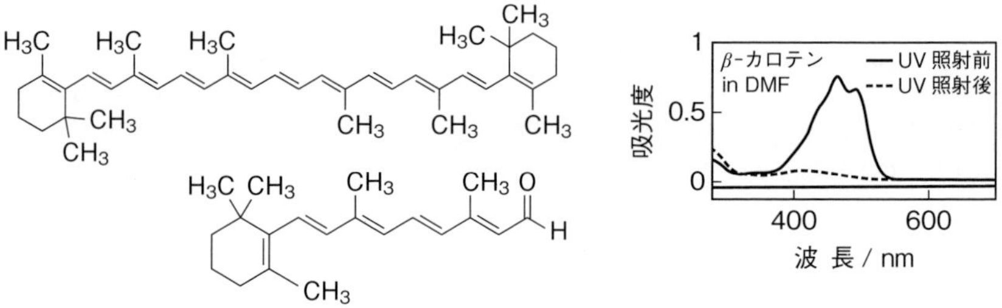

図 4.6　β-カロテン（左上）とレチナール（左下）の分子構造と β-カロテンの吸収スペクトル　UV 照射するとカロテンの中央の二重結合がシス形になるので 500 nm 付近の吸収が消える．

　4）ベンゼン　最後に環状の π 電子系として，ベンゼンの HOMO-LUMO 遷移について考える．ベンゼンは対称性の高い環状ポリエンなので，HOMO と LUMO は二重に縮重しており，吸収スペクトルの帰属はかなり複雑になる．

① HOMO と LUMO を構成する p_z 軌道を上から見た形を**図 4.7 a** に示す．ヒュッケル分子軌道法（HMO 法）の近似では，矢印で示した四つの遷移エネルギーはすべて -2β（$\beta < 0$）になるが（β は共鳴積分），ブタジエンの場合と同様に HOMO および LUMO に対応する原子軌道の係数が同位相か逆位相かで，$\oplus$ か $\ominus$ を付すと，HOMO × LUMO の位相は**図 4.7 b** に示す 4 通りとなる．

② それぞれの遷移について遷移双極子モーメントを矢印で表すと，遷移 a × c

レチナールの光異性化と視覚の仕組み

　生物が光や色を感知する上で重要な働きをするレチナールは，ニンジンなどに含まれる β-カロテンの二重結合の中央で酸化的に切断されると得られる分子で，視覚をつかさどるロドプシンというタンパク質にイミン結合で担持されている．生物の光の感知には，ロドプシンの光誘起のシス-トランスの異性化が本質的に関わっている．レチナールの末端のイミン結合は，周囲に存在するアミノ酸でプロトン化され，正電荷を帯びている．視細胞が光を感じると，可視光に強い吸収をもつレチナール誘導体が光を吸収して，励起状態となる．それに伴いレチナールをつないでいるイミン結合からみて 3 番目のシス形二重結合がトランス形に異性化する．視細胞が光を受け取ったことを脳が認識するのは，その際に生ずる巨大な遷移双極子モーメントが電場を形成し，神経細胞の膜電位に変調が加わり，その刺激が脳に伝わることによる．

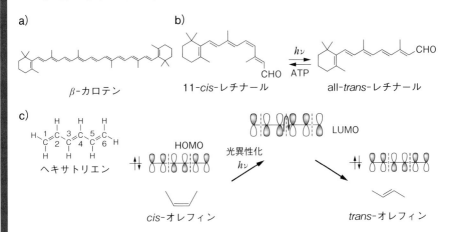

図　レチナールの光異性化と関連する分子軌道

a) β-カロテンの分子構造．b) レチナールのシス-トランスの光異性化．c) 1,3,5-ヘキサトリエンによるレチナールの光異性化のモデル化による説明．1,3,5-ヘキサトリエンが光を吸収すると，電子が HOMO から LUMO に励起され，C_3-C_4 の間の二重結合が切断されて回転が起こる．その結果シス-トランスの異性化が起こる．

　と b×d は縦の方向，また a×d と b×c は横の方向のモーメントをもつことが分かる．それぞれ上下に振動する偏光および左右に振動する偏光を吸収し，励起が起こると予想される（図 4.7 b）．

③ 電子間反発を考慮した厳密な分子軌道計算を行うと，二重に縮重した軌道エ

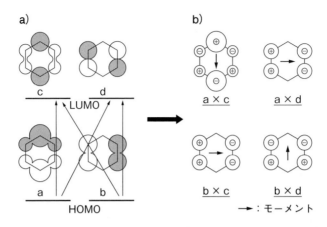

図4.7 a) ベンゼンの HOMO と LUMO の位相. b) HOMO → LUMO 電子遷移によって生じる遷移双極子モーメント. 遷移に関連する HOMO と LUMO の係数の積は, 同位相なら⊕, 逆位相なら⊖と記入する.

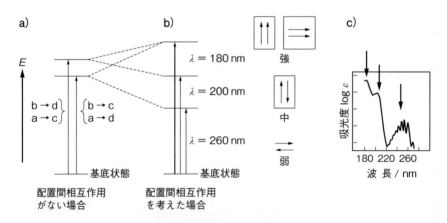

図4.8 ベンゼンの光励起に伴う電子の軌道間の遷移図
a) 電子相関を入れた HOMO-LUMO 間の二つの遷移. b) 配置間相互作用を考慮した三つの励起状態. c) ベンゼンの実測吸収スペクトルの3個の吸収帯.

ネルギーは, 遷移双極子モーメントの方向に従い二つのエネルギー準位に分裂する (**図4.8a**).

④ このような場合, 分子全体の遷移双極子モーメントは縦方向 (a × c, b × d) 横方向 (a × d, b × c) それぞれで, 二つのモーメントの和と差の状態に分裂することが知られている. これを**配置間相互作用** (configuration interaction;

CI) と呼ぶ．CI の結果，合成した遷移双極子モーメントがもとの 2 倍の大き
さになるものと，逆平行で零になるものとに分かれる．前者は許容遷移で強
い吸収を与え，後者はモーメントが零なので禁制遷移で強度の弱い吸収とな
る（図 4.8 b）．

以上の考察より，ベンゼンの吸収スペクトルには配置間相互作用により三つの
吸収帯（一番エネルギーの高い軌道は縮重している）が現れ，その吸収強度は，
エネルギーの高い方から順に許容，禁制，禁制となる．実際，ベンゼンの実測ス
ペクトルには 260 nm に弱い吸収，200 nm に中程度の吸収，180 nm に非常に強
い吸収が観測される（図 4.8 c）．禁制の吸収帯であっても光の吸収が分子振動と
連動することで分子の対称性が崩れ，ある程度の吸収強度（ε）を示す場合が多
い．特に 260 nm の吸収には，細かい振動構造が明確に現れている（図 4.8 c）．

　一般に，環状の芳香族炭化水素は高い対称性のために縮重した HOMO-LUMO
の軌道があり，配置間相互作用により三つないし四つの吸収帯が現れることが多
い．1.1 節の光合成のアンテナ部位の説明に出てきたポルフィリンやフタロシア
ニンの吸収スペクトルの吸収帯の帰属に関しても，同様の考察が必要となる．

4.2 分子の光励起とその後続過程

前節で述べた原子・分子の光吸収に続いて，この章では，励起された後の後続
過程について解説する（図 4.9）．励起一重項（S_1）からは，蛍光発光あるいは，

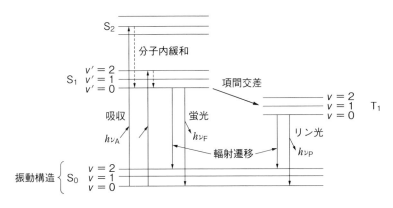

図 4.9 分子の光吸収と励起種の後続過程

無輻射遷移による基底状態 (S_0) への緩和，励起一重項からの化学反応，さらに三重項 (T_1) への項間交差が起こる．また三重項からは，リン光発光あるいは無輻射遷移による基底状態への緩和，三重項からの化学反応が起こり得る．有機物の吸収スペクトルにみられるフランク-コンドンの原理，吸収スペクトルと発光スペクトルの振動構造にみられる鏡像関係，項間交差に伴う電子スピンの振舞いについて述べる．

4.2.1　分子の光吸収と発光

1）二原子分子のポテンシャルエネルギー曲線　分子の光吸収や発光について説明するために，仮想的な二原子分子 A-B を取り上げる．分子による光の吸収は，電子の励起だけでなく分子を構成する原子核の振動と関連している．分子内の原子は化学結合により互いに結び付いているが，結合はバネでつながれているように，絶えず速やかに ($10^{-12} \sim 10^{-14}$ 秒程度) 熱振動している．一方，電子が異なるエネルギーをもつ状態間（基底状態，励起一重項状態，励起三重項状態など）を遷移する速度は振動より約 10^3 倍速く（$10^{-15} \sim 10^{-17}$ 秒程度）起こるので，電子の吸収スペクトルには核の振動の影響が反映される．

　図 4.10 に，基底状態および励起状態に当る分子内の電子のポテンシャルエネルギーと，分子 A-B の核間距離（結合の長さ）との関係を示す．この曲線はモース曲線と呼ばれ，ポテンシャルエネルギーは，A-B 間の距離が**平衡核間距離 r_e**

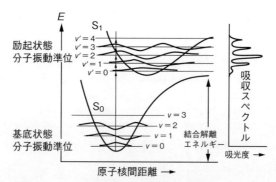

図4.10　二原子分子の電子の基底状態と励起一重項のポテンシャル曲線およびそのポテンシャル内で振動する原子核の振動のエネルギー準位吸収スペクトルには核の振動構造がみられる．（細矢治夫『光と物質 －そのミクロな世界－』大日本図書 (1995)[7] より転載）

のときに最も低く，振動で結合距離が r_e より伸びたり縮んだりするとエネルギーは増加する．A–B 間の核間距離がポテンシャルの最小付近にある間は，曲線はほぼ放物線で近似されるので，分子 A–B の振動を調和振動子（フックの法則に従う振動）とみなすことができる．

　分子 A–B の分子間距離が長くなると曲線の形は放物線から大きくずれ，さらに距離が伸びると，結合は切断される．ポテンシャルの底のエネルギー（振動の量子数 $v = 0$ の振動エネルギー）と，ポテンシャル曲線が原子核間距離の軸と平行になるエネルギー（結合が切断したとき）の差が，基底状態での**結合解離エネルギー**に相当する．分子 A–B が光を吸収すると，電子は励起状態のポテンシャル曲線に乗り移る．励起状態のポテンシャル曲線で極小値をとる核間の距離は，通常，図に示すように基底状態より長い．これは，励起状態では結合性軌道を占有していた一つの電子が反結合性軌道に励起され，結合力が弱まることによる．また，励起状態のポテンシャル曲線は放物線よりさらにずれた曲線で表され，励起状態の結合解離エネルギーは基底状態より小さい．励起状態のポテンシャル曲線に極小がなく解離型のポテンシャルの場合は，励起状態で結合は直ちに開裂する．

2）フランク–コンドンの原理と電子遷移にみられる振動構造　二原子分子 A–B 内で電子が光を吸収し，基底状態から励起状態に励起される場合を考えよう．先に述べたように，室温では基底状態の分子のほとんどすべてが，振動の量子数 $v = 0$ の準位にあり，A–B は核間平衡位置 r_e の付近に最も多く存在している．その状態で電子が光を吸収して励起状態に励起される速度は，振動による核の動きに比べて三桁も速いので，A–B の核間距離は変わらない．このことは，電子がポテンシャル図の上で真上に遷移する（**垂直遷移**）ことを意味する．これを**フランク–コンドン**（Franck-Condon）**の原理**という．このような垂直励起が起こる際，励起状態における振動準位の対応する核間距離のところに，核の存在確率（図 4.10 の振動の準位に描かれている核の波動関数の絶対値の二乗で表される）が高ければ，その遷移の起こる確率は高く，逆に存在確率が低ければ，遷移の起こる確率は低い．図 4.10 の場合は，垂直遷移が基底状態の振動量子数 $v = 0$ の準位から，励起状態の振動量子数 $v' = 2$（v' は励起状態の振動の量子数を意味する）の準位に起こる確率が高いことを示している．これは，励起状態の平衡核間

距離が長いためである.

　励起分子の状態が励起状態にある場合 $(v' > 0)$，励起分子は，余分の振動のエ
ネルギーを迅速に熱として外部の媒質に放出し，$v' = 0$（振動の基底状態）に移
る. この振動の緩和は極めて速やかに起こるので，励起された分子はいったん
$v' = 0$ の準位まで落ち，それから次の挙動を開始することになる.

3）吸収スペクトルと蛍光スペクトルの鏡像関係　励起分子が振動の量子準位
$v' = 0$ から光子を放出して基底状態に失活するときも，フランク-コンドンの原
理に従い，その核間距離を変えずに垂直に遷移する. 振動の準位 $v' = 0$ にある
励起分子の核の存在確率は，励起状態における平衡核間距離の付近で高いことを
考慮すると，**図4.11** では $v' = 0$ から基底状態の振動準位 $v = 2$ への遷移（0′
→ 2）の確率が一番高く，$v' = 0$ から $v = 1$（0′ → 1）あるいは $v = 3$ への遷移の
確率がこれに次ぐ. 遷移の確率は発光の強度に相当するので，これらの発光の振
動構造の強度分布は図4.11 の右側に示されるようになる. このようにして生じ
た吸収の振動構造と発光の振動構造は，吸収の $0 → 0'$ 遷移あるいは発光の 0′
→0 遷移を境として互いに鏡像の関係にあることが理解できる.

　励起スペクトル[†]（吸収スペクトルに相当する）における最大励起波長と蛍光

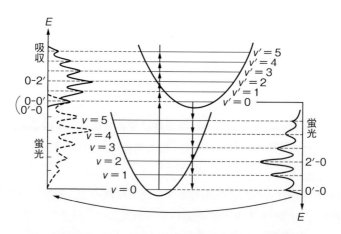

図4.11　吸収スペクトルと蛍光スペクトルにみられる鏡像関係

[†]　励起スペクトルとは，検出する蛍光波長を蛍光スペクトルの発光強度が最大になる波長に固
　定し，励起光の波長を掃引して蛍光強度を測定したものであり，試料の吸収スペクトルにほ
　ぼ一致する.

スペクトルの最大蛍光波長の差を**ストークスシフト**と呼ぶ．このシフトが起こる原因としては，先に述べたとおり，励起状態では電子が反結合性軌道に収まるため，結合が弱くなり伸びやすくなることが挙げられる．また，励起状態では極性が変化し溶媒和の受け方が異なることも原因になる．励起一重項 S_1 からの失活には，先に述べた通り発光の他に励起エネルギーが振動を介して熱的に失活する無輻射過程がある．励起エネルギーを高い効率で他の分子に伝播する必要がある場合は，無輻射遷移を起こりにくくする必要がある．

4）アントラセンの吸収・蛍光スペクトル 実例として，アントラセンの蛍光および励起スペクトルを**図 4.12** に示す．図 4.11 と比較しながら確認すると，実線（$S_1 \to S_0$；400 nm 付近）が蛍光，破線（$S_0 \to S_1$；350 nm 付近）が吸収スペクトルに対応することが分かる．アントラセンは堅固な骨格をもつが，そのスペクトルは明確な振動構造を示す．これは主に 9, 10 位の炭素が分子面の上方（下方）に折れ曲がる変形を起こすことによる．このスペクトルには，さらに蛍光スペクトルより長波長に，蛍光と比較的よく似た構造をもつ発光（$T_1 \to S_0$；700 nm 付近）が観測される．これは一重項の励起状態 S_1 に励起された電子が，項間交差により励起三重項 T_1 に移動し，励起三重項 T_1 から基底一重項 S_0 へと失活する際に発するリン光およびその励起スペクトル（$S_0 \to T_1$；550 nm 付近）である．励起一重項 S_1 から励起三重項 T_1 への項間交差も，励起三重項 T_1 から

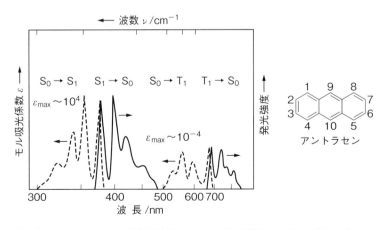

図 4.12 アントラセンの励起（吸収）スペクトルと蛍光およびリン光スペクトル

基底一重項 S_0 への遷移も，共にスピンの反転を伴うため禁制である．したがって，リン光の寿命は長く，発光強度は弱いものが多い．

4.3　項間交差とスピン反転

本節では，励起状態の一重項 S_1 から三重項 T_1 への項間交差，励起三重項 T_1 から基底一重項 S_0 への失活は，どのようにして起こるかを考える．ここでは，光を吸収した分子の発光と電子スピン間の交換相互作用が連動した現象がみられる．

4.3.1　励起一重項と三重項

光励起に伴う電子遷移が起こる際に，フロンティア分子軌道を占有する電子状態がどのように変化するかを，分子軌道間の遷移図（図4.13a）に示す．基底状態の分子では，2個の電子が電子スピンの向きを逆平行にして HOMO に収まっている．この状態を基底一重項 S_0 という．分子による光の吸収が起こると，基底状態の HOMO の電子の1個が光エネルギーを吸収し，LUMO に遷移し励起状態になる．ここでは，電子のスピンの向きは保たれるので，一重項励起状態 S_1 が生成する．しかし，時間がたつと LUMO の電子スピンは反転し，よりエネルギー的に安定な，スピンの向きが平行である三重項励起状態 T_1 へと移行する．

一般に励起状態では，励起一重項より項間交差して生成する励起三重項状態の方が安定となる．その原因は以下のように考えられる．励起三重項の二つの平行なスピンが収まる軌道には，フント則が成り立つような軌道縮重はない．しかし励起一重項でも励起三重項でも HOMO と LUMO を一つずつの電子が半占有し

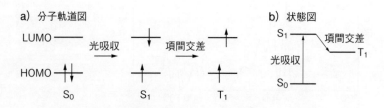

図4.13　項間交差の模式図
a）分子軌道間の遷移図，b）状態間の遷移図

ており，両者の軌道エネルギーは等しい．このような場合には，フント則と同様に交換相互作用の分だけ三重項が安定になる（Column「フント則」）．

　分子の光吸収に伴う電子構造の変化を表す別の様式として，**状態図（図4.13b）**がある．この図は，フロンティア軌道の電子構造とは異なり，ある電子状態のエ

フント則

　スピンという考え方の導入に伴い，軌道に電子を詰める際のルールとして，構成原理，パウリの原理に加えて，スピンの向きに対するルールが必要になった．フントが提唱したそのルールを**フント則**と呼ぶ．フント則とは，「エネルギーの等しい複数の軌道に複数個の電子が収まるときは，それぞれ別の軌道にスピンの向きを平行にして入る」というルールである．例えば，$2p_x$軌道は2個の電子で占有されており，$2p_y$軌道に電子が1個入っているとしよう．スピンの向きはどちらでもかまわないが，上向きであるとする．そこにもう1個電子を入れる場合を考える．フント則に従えば，2個目の電子は$2p_y$以外の軌道，例えば$2p_z$軌道に，スピンの向きを上向きにして収容される．それ以外の詰め方はなぜエネルギー的に不利になるかを考えてみよう．

　上向きのスピンが入っているp_y軌道に，逆向きのスピンをもつ電子を入れることは可能だが，同じ負電荷をもつ2個の電子が一つの軌道の中に入ると，クーロン反発でエネルギーは増加する．2個の電子が別々の軌道に入った場合のスピンの向きは，難しい問題であるが，ここでは以下のように考えておく（8.5.1項参照）．2個の電子のスピンが平行の場合は，パウリの原理「同一の空間に同じ向きをもった2個の電子が存在することはない」というルールが働くため，電子は自然と避け合い，電子間に大きなクーロン反発は生じない．一方，スピンが互いに逆向きの場合は，フント則の制約はないので，2個の電子は同じ軌道に移ることが可能となり，その結果，電子間に反発が生じてエネルギー的に不安定化するのである．

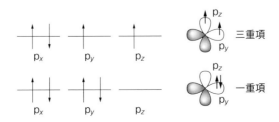

ネルギーが最も低くなるような分子構造変化を取り入れ，すべての軌道エネルギーを合計したもので，分子の基底状態，励起状態（一重項および三重項）のエネルギーが横線で表されている．

4.3.2 スピン－軌道カップリングと軌道項間交差

　光励起された分子は，励起一重項より蛍光を発するか，あるいは無輻射遷移で熱を出すことで基底状態に戻るが，その他に励起一重項の状態で化学反応を起こす，あるいは励起三重項状態に項間交差する過程があることが知られている．溶液中での励起一重項状態の寿命は数ピコ秒から数マイクロ秒だが，三重項状態から基底一重項に失活する遷移は禁制であるため，その寿命は数マイクロ秒から数秒である．では禁制遷移である異なるスピン多重度（一重項と三重項）間の遷移は，どのようにして起こるのであろうか．項間交差を議論する上で必要となるのが**スピン (S) －軌道 (L) カップリング**という過程である．ここで，L は全軌道角運動量量子数，S は全スピン角運動量量子数である．以下，項間交差が起こる三つの場合を説明する．

　第一は，電子の全軌道角運動量 (L) が作る磁場が電子スピンによる磁気双極子モーメントに作用し，反平行で対を作っている電子スピンを反転することで励起三重項に変換するものである．この際，軌道とスピンを合わせた全角運動量は保持される必要がある．ここで起こるスピン－軌道相互作用は，励起される分子，あるいは溶媒分子に「重い原子」（原子番号の大きな原子）が含まれていると，重原子の核の正電荷が大きいので軌道電子はより加速され，誘起する磁場が強くなるため，項間遷移が起こりやすくなる．この現象は**重原子効果**と呼ばれるが，軽原子からなる化合物の場合はこの機構での項間交差は起こりにくい．

　第二は，分子の中で弱い結合が熱か光で切断されても，残りの結合でつながれていたり，粘度の高い溶媒中に溶解しているので，分離せずにスピン間の相関をもったラジカル対を形成している場合を想定する．このスピン対のうちで2個の電子スピンの回転の位相が $180°$ ずれることで，励起一重項が励起三重項に移るというものである．第三は，ヘテロ原子を含む二重結合をもつ化合物，例えば，光励起によりカルボニル化合物の基底一重項が，いきなり励起三重項に励起される場合である．このような項間交差が起こる代表的な例には，カルボニル化合物

のnπ*光励起がある．カルボニル酸素の非共有電子対が占有しているn軌道（sp²混成軌道）はカルボニル基の面内にあり，p_x（あるいはp_y）軌道の寄与が大きい．一方，光励起で電子が移動するπ^*は反結合性のπ軌道なのでp_z軌道からなる．したがって，カルボニル化合物の光励起では，直交する軌道間（p_x軌道からp_z軌道）への電子移動が起こるため，軌道角運動量が変化し，それに伴いスピン角運動量も変化することで励起三重項となる．なお，p_x軌道からp_z軌道への光励起は軌道が直交しているので本来禁制であるが，面外変角振動で分子の平面性が崩れた間に電子移動が進行する．ここでは，第二の場合に相当する電子スピン対間での位相のずれによる項間交差についてより詳しく説明したい．

　第二の場合にみられる二つのスピン間の相互作用は，古典論では歳差運動（回転するコマの首振り運動に相当）する二つのスピンベクトルの和で表現され，スピンが打ち消し合った一重項（$S = s_1 + s_2 = 1/2 - 1/2 = 0$），スピンが平行になった三重項（$S = 1/2 + 1/2 = 1$）が生ずる（**図 4.14**）．一重項（$S = 0$）の場合は，互いに逆平行なスピンが逆位相で回転しており，回転軸（z軸）方向の角運

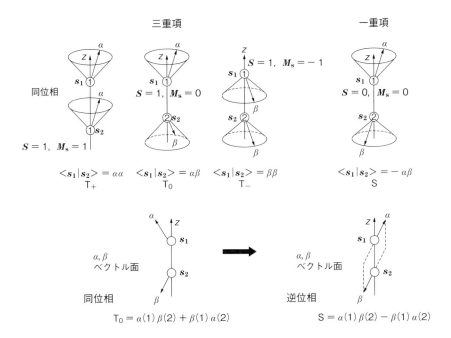

三重項　　　　　　　　　　　　　　　　　　　一重項

同位相

$S = 1,\ M_s = 1$　　$S = 1, M_s = 0$　　$S = 1,\ M_s = -1$　　$S = 0, M_s = 0$

$\langle s_1 | s_2 \rangle = \alpha\alpha$　　$\langle s_1 | s_2 \rangle = \alpha\beta$　　$\langle s_1 | s_2 \rangle = \beta\beta$　　$\langle s_1 | s_2 \rangle = -\alpha\beta$

T$_+$　　　　　　　T$_0$　　　　　　　T$_-$　　　　　　　S

α, βベクトル面

同位相　　　　　　　　　　　　　　　　　　　逆位相

$T_0 = \alpha(1)\,\beta(2) + \beta(1)\,\alpha(2)$　　　　$S = \alpha(1)\,\beta(2) - \beta(1)\,\alpha(2)$

図 4.14　スピン反転を伴う項間交差

動量の z 成分は 0，さらに x, y 面内の成分も 0 である（図右端）．一方，三重項（$S = 1$）の場合は，互いに平行なスピンが同位相で回転しており，z 軸方向の角運動量の成分は $M_s = +1, 0, -1$ となる．このうちで $M_s = 0$ の場合，z 成分は 0 であるが，x, y 面内の角運動量の成分が存在しており，$S = 0$ の一重項とは明確に区別される．もし三重項（$S = 1$）で，二つのスピンの歳差運動の速度が何らかの原因（例えば，上向きスピンと下向きスピンで水素の核スピンと結合定数がわずかに異なる）で，時間が経つにつれて"ずれ"が生じ，やがてその"ずれ"が π（180°）に達すると，x, y 成分は 0 となり，$S = 0$ に一重項遷移したことになる．これが位相のずれで起こる項間交差である．

　以上，励起状態の電子が示す後続過程について，その素過程から，分子集合体内での巨視的な物性現象が起こる様子を解説した．これらの素過程から分子集合体内での巨視的な物性現象が起こる様子については，8.5 節で説明がある．

▨▨▨▨▨▨ 演 習 問 題 ▨▨▨▨▨▨

[1]　1,3,5-ヘキサトリエンには s-トランス体，s-シス体という二つの異性体が考えられる．それらの吸収スペクトルにおいて，第一吸収帯（一番吸収波長の長い吸収帯）は HOMO から LUMO への遷移，第二吸収帯は HOMO から NLUMO（next LUMO：LUMO より一つ上の空軌道）への遷移に基づくものとする．

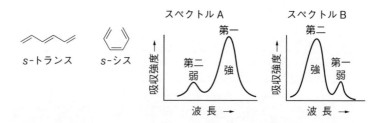

1)　s-トランス体の 1,3,5-ヘキサトリエンの HOMO，LUMO，NLUMO の形を記述せよ．

2)　s-トランス体，s-シス体において，第一吸収帯，第二吸収帯に相当する遷移に関連した二つの分子軌道［例えば HOMO（Ψ_3）と LUMO（Ψ_4）］を構成する同一炭素（例えば C_1）の原子軌道の係数（$C_{31}\phi_1$, $C_{41}\phi_1$）について係数の積［$C_{31} \times C_{41}$]

の符号を求め，正なら白丸，負なら黒を記入して，異性体分子の遷移モーメントの大きさを定性的に予想せよ．

3) その考察に基づき，吸収スペクトル A, B をこれらの異性体に帰属せよ．

[2] ヘキサアンミンコバルト（Ⅲ）錯体 $[Co^{III}(NH_3)_6](ClO_4)_3$ はオレンジ色で，その吸収極大は $\lambda = 476\,\text{nm}$ である．一方，ペンタアンミンクロロコバルト（Ⅲ）錯体 $[Co^{III}Cl(NH_3)_5]Cl_2$ は紫色で，その吸収極大は $\lambda = 530\,\text{nm}$ である．吸収極大の波長から錯体の結晶場分裂のエネルギーを求めよ（$\Delta E = h\nu = ch/\lambda$）．単位は kJ mol^{-1} とする．なお，$h = 6.63 \times 10^{-34}\,\text{J s}$, $c = 3.00 \times 10^8\,\text{m s}^{-1}$，アボガドロ数 6.02×10^{23} とする．また，この違いは何によるか．

第5章　光誘起の物性現象

　本章では，光励起状態の後続過程として，励起分子と基底状態の分子間で形成されるエキシマーについて述べた後に，光励起された分子を起点とする分子集合体の中での物性現象として，励起子の局在性・非局在性について論ずる．さらに，分子間での励起子間の相互作用によるスペクトルのシフトや分裂を，遷移双極子モーメントの相互作用で統一的に理解する．スペクトルのシフトからは，分子集合体内での分子配列についての情報が得られる．さらに分子配列に秩序性のある分子集合体内での励起子エネルギー移動や，溶液や細胞内での錯体形成の詳細を蛍光プローブ間のエネルギー移動を利用して議論することができる．光励起電子移動についても，マーカスの理論に触れることで理解を深める．なかでも，光励起電子移動は，第1章で紹介した光合成における電子輸送と深い関連がある．

5.1　エキシマー形成とその励起状態のエネルギー曲線

　溶液中に溶解している分子の濃度を濃くすると，もとの蛍光スペクトルより長波長側に新たな発光帯が見えてくる場合がある．この発光は，光励起された分子と基底状態の分子が溶液中で出会うことで形成される**エキシマー** (excimer) によるもので，エキシマー発光と呼ばれる．また，膜や結晶のように配向性のある集合体の中では，集合体内の分子配列によっては，エキシマー発光が観測される場合がある（**図5.1**）.

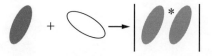

　　光励起種　　　基底状態種　　　　エキシマー　　　図5.1　エキシマー形成概念図

5.1.1　ピレンのエキシマー形成

　ベンゼン，ナフタレンやアントラセンの溶液の濃度を高めても，それらの紫外可視吸収スペクトルや蛍光スペクトルはほとんど変化しない．しかし，ピレンの蛍光スペクトルには，顕著な濃度依存性がみられる．**図5.2 a**はエタノール中におけるピレンの蛍光強度の濃度依存性を示したものである．ピレンの濃度が $0.01\,\mathrm{mmol\,L^{-1}}$（$10^{-5}\,\mathrm{mol\,L^{-1}}$）よりも低い場合（図5.2 a　濃度1）は，単量体の蛍光スペクトルが波長（λ）$= 375\,\mathrm{nm}$ 付近に振動構造をもつピークとして現れるが，ピレンの濃度を $10^{-4}\,\mathrm{mol\,L^{-1}}$ 程度（濃度2）に高めると，振動構造をもたない発光帯が，単量体蛍光の長波長側（$\lambda = 475\,\mathrm{nm}$ 付近）に出現し，濃度と共にその発光強度が増大する．これは高濃度の溶液で励起状態にあるピレンが，基底状態のピレンと相互作用してエキシマーを形成することで，スペクトルが変化したことを示唆している（**図5.2 b**）．

　長波長の発光帯の出現する理由は，ピレン結晶の蛍光スペクトルを測定することで推定できる．ナフタレンやアントラセンの結晶のスペクトルは，溶液とそれほど変わらないのに対し，ピレンの結晶では，長波長の発光帯のみが観測される

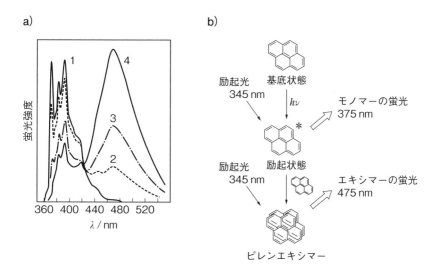

図5.2　ピレンの蛍光スペクトルの発光強度の濃度依存性
濃度 $1 \times 10^{-4}\,\mathrm{mol\,L^{-1}}$ 以上ではエキシマーの発光が観察される．a) 濃度 $1 : 2 \times 10^{-6}\,\mathrm{mol\,L^{-1}}$，濃度 $2 : 3 \times 10^{-4}\,\mathrm{mol\,L^{-1}}$，濃度 $3 : 1 \times 10^{-3}\,\mathrm{mol\,L^{-1}}$，濃度 $4 : 3 \times 10^{-3}\,\mathrm{mol\,L^{-1}}$．b) エキシマーの形成とエキシマー光を示す模式図．（C. A. Parker ら[11] より作図）

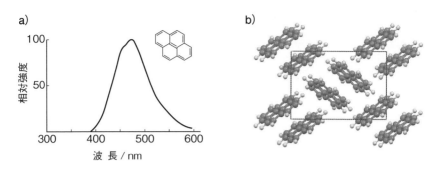

図5.3　a) ピレン結晶の蛍光スペクトル．幅広いエキシマー蛍光が観測される．
　　　　 b) ピレンの結晶構造．

（**図5.3a**）．この違いは，ナフタレンやアントラセンの結晶内での分子配列は，
ベンゼンと等しくヘリングボーン構造†であるのに対し，ピレンでは分子面が向
き合った face-to-face のダイマーが形成されており，そのダイマーがヘリング
ボーン構造となっていることによる．つまり溶液中でも face-to-face ダイマーが
できやすく，そのダイマーが長波長発光を与えていると推定される（**図5.3b**：
『超分子の化学』（裳華房，2013）[13] 第3章 3.5.5項参照）．

🔵 エキシマー（エキシプレックス）形成の原因

　ピレンの溶液の濃度が高まると長波長の蛍光が観察される原因を，分子レベ
ルで考えてみよう．本来，物性現象の解明にはその起因となる分子間相互作用
に基づく電子構造やエネルギー変化が重要である．そこで単純なフロンティア
軌道（HOMO，LUMO）をもつエチレンをモデル分子とし，その二量体のフロ
ンティア軌道間の相互作用で形成される超分子的な電子構造や軌道エネルギー
について考察してみよう．なお，エチレンはあくまで MO 間の相互作用を議
論するモデルであり，エチレンがエキシマーを形成するわけではない．
　一般に基底状態では，閉核の電子構造をもつ分子が接近すると，閉殻分子
（すべての軌道に電子が2個詰まった分子）間の反発（電子間の交換斥力）が生
じる．ヒュッケル分子軌道で記述すると，HOMO 同士が相互作用してできる
結合性，反結合性二つの軌道に4個の電子が収まり，電子間での安定化と反発
が釣り合うこととなる．しかし，通常ヒュッケル分子軌道では無視する重なり

---

† ヘリングボーンはニシンの骨という意味で，背骨のように結晶中で分子が互いに V 字形に並
んだ構造を意味する．

積分 $(S:0<S<1)$ を考慮すると，分子間の相互作用で不安定化する軌道の
せり上がりの方が，軌道の安定化より大きいため，閉殻軌道同士は不安定化す
ることが理解できる（**図a**）．

ところが，励起された分子が失活する前に励起状態にある分子が基底分子と
接近し，励起分子の半占有の SOMO (singly occupied molecular orbital) と基
底分子の 2 個の電子が占有した HOMO，および励起分子の半占有の SOMO*
と基底分子の非占有の LUMO との間でそれぞれ相互作用が起これば，安定化
した結合性の軌道に収まる電子数の方が多いので，二量体として安定化するこ
とになる（**図b**）．つまり二量体形成は，構成分子の分子軌道間の相互作用に
起因する現象であり，対象とする分子系の階層性が一段上がったことになる
（エキシマー形成の理論は付録 A 5.1 に記した）．以下，MO 間の相互作用を説
明する．

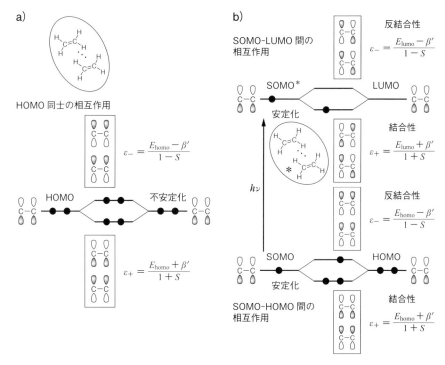

図　エキシマー（エキシプレックス）の形成
a) 基底状態の分子間の相互作用は不安定であり二量体は形成されない．
b) 励起状態の分子（＊）と基底状態の分子間では安定な二量体（エキシマー）が形成
される．E_{homo}：エチレンの HOMO のエネルギー，E_{lumo}：エチレンの LUMO のエネ
ルギー，$\varepsilon_{\pm}$：エキシマーの軌道エネルギー，分子軌道間の共鳴積分（移動積分）$= \beta'$，

エキシマー形成が電子供与性分子（ドナー D）と電子求引性分子（アクセプター A）間で起きた場合，ドナーの励起種 D^* がアクセプター性のある基底状態の分子 A に近づくと，電荷移動（CT）相互作用により励起状態で**電荷移動型錯体**（**エキシプレックス** $[DA]^*$）が形成される．$[DA]^*$ では電荷移動の安定化が加味されるため，エキシプレックスは比較的長い寿命をもつことが多い．

5.1.2　エキシマー・エキシプレックス形成のエネルギーランドスケープ（景観）

図 5.4 上段に示すのは，分子 A と励起種 A^*（$A^* + A$）および，基底状態の A 同士（$A + A$）の接近に関するポテンシャルエネルギーの変化を表す曲線である．基底状態では A 同士が互いに近づくにつれて，閉殻の電子構造をもつ両者は反発を受けるため，曲線は距離の接近に従い単調増大する（$A + A$ のエネルギー曲線，**図 5.4 a**）．

一方，片方が励起状態の A^* の場合は，基底状態の A に近づくにつれてエキシマーが形成され，最適な分子間距離にエネルギーの極小が生じる（$A^* + A$ のエネルギー曲線，**図 5.4 a**）．先に分子軌道を用いて論じたように，エキシマーの

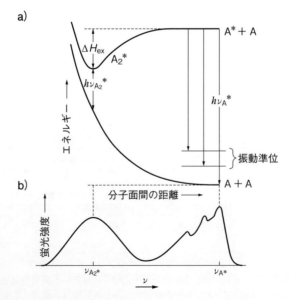

図 5.4　基底状態と励起状態における二量体（エキシマー）のエネルギー曲線形成（a）と蛍光発光（b）

生成に際して生成のエンタルピー ΔH_{ex} が減少し安定化するためである（$\Delta H_{ex} < 0$，ex は excimer の略）．一方，エキシマーの形成で分子構造の自由度が減少するので，エントロピーは減少する（$\Delta S_{ex} < 0$）．したがって，エキシマーが形成されるためには，エンタルピーの安定化がエントロピーの減少による不安定化より大きくなければならない（$\Delta G_{ex}^{\ddagger} = \Delta H_{ex}^{*} - T\Delta S_{ex}' < 0$）．

　図 5.4 b の下段にピレンの蛍光スペクトルを示す（横軸は振動数 ν．図 5.2 とエネルギーの増減が逆なので要注意）．低振動数側に観察されるエキシマーからの発光（ν_{A_2*}）は，フランク-コンドンの原理に従って励起状態の極小位置から垂直遷移 ΔH_{ex} で起こる．この際，励起状態の極小位置が基底状態のポテンシャル曲面では解離的（分子間距離が近づくにつれて不安定化し極小値をもたない）なので，基底状態に落ちた A はすぐに解離する．したがって，エキシマーやエキシプレックスの発光スペクトルは，振動構造のない幅広いピークを与える．一方，エキシマーが形成されない孤立した励起ピレン分子（A*）からは，振動構造を備えた蛍光スペクトル（ν_{A*}）が得られる．

5.2　励起子が関与する物性

5.2.1　励起子（エキシトン）の局在性と非局在性

孤立分子が光を吸収し分子が励起状態になると，HOMO には電子が抜けた穴（正孔）が残り，LUMO を電子が占拠することになる．LUMO に励起された電子は，HOMO に生じた正孔と静電的に結ばれており，電子と正孔は独立に振舞うことはできない．このような電子と正孔の束縛ペアを**励起子（エキシトン）**と呼ぶ（**図 5.5**）．

　半導体の分野では，固体内にできた電子と正孔で形成されるポテンシャル面で，電子が原子間を移動してどのように非局在化するかの研究が行われている．

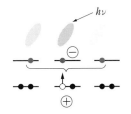

図 5.5　エキシトンの模式図
　　　　励起された電子が 3 分子にわたり非局在化する場合．

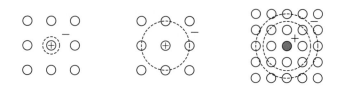

フレンケルエキシトン　電荷移動 (CT) エキシトン　　ワニエ型エキシトン

図 5.6　各種のエキシトンの模式図 (J. D. Wright[10] を元に作図)

固体を光励起したときに生成する励起子は，同じ原子あるいは分子上で電子-正孔対を生成する**フレンケル (Frenkel) エキシトン**，電子が隣接原子・分子に非局在化する**電荷移動 (CT) エキシトン**，結晶中で電子が正孔から平均して数分子の距離にあり，電子-正孔対が結晶空間の中で広がりをもつ**ワニエ型エキシトン**に分類される（**図 5.6**）.

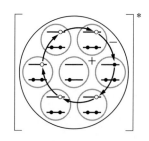

図 5.7　エキシトンの水素原子型電子構造

半導体内の励起子は一般的にワニエ型であり，その束縛状況は陽子（+e）と電子（−e）がクーロン相互作用している水素原子の電子構造と類似しており，エネルギー状態は水素原子型エネルギー系列（リュードベリ系列）で表される（**図 5.7**, 式 (5.1)）.

$$E = E_\infty - \frac{E_1}{n^2} \quad n = 1, 2, 3, \cdots \tag{5.1}$$

E_∞ ＝ 固体中で電子と正孔を無限に引き離すに要するエネルギー
　　　（イオン化電位）

E_1 ＝ ワニエ型エキシトンの最低準位のエネルギー

5.2.2　励起子相互作用の励起状態への影響

励起子の相互作用は半導体の電気的性質だけではなく，絵の具の色合いにも関連がある．絵の具には染料と顔料があり，染料は溶媒に可溶，顔料は不溶である．有機染料は紙や布に吸着し，その発色は原則として分子固有の吸収による．これに対し，顔料は乾くと微粒子状態になるため，溶液の色と異なり色合いが変化したり，深みが増したりする場合が多い.

分子配列に秩序性のある分子集合体（結晶，液晶や配向した膜）に光照射すると，励起状態は一つの分子に閉じ込められてはおらず，分子間に広く非局在化する．これを式で表すと，仮に3個の分子が並んでおりそこに光を照射した場合（図5.5），その中の1分子のみが励起状態になるのではなく，励起エネルギーは3個の分子に非局在しており，いわば共鳴状態にある．

$$\Psi_1\Psi_2\Psi_3 \xrightarrow{h\nu} c_1\Psi_1{}^*\Psi_2\Psi_3 + c_2\Psi_1\Psi_2{}^*\Psi_3 + c_3\Psi_1\Psi_2\Psi_3{}^* \tag{5.2}$$

分子の波動関数が重なるほど接近していなくても，遷移双極子の間の相互作用で，吸収スペクトルに大きな変化が認められることが多い．これを**励起子相互作用**と呼ぶ．単一分子の吸収と比較し，結晶のスペクトルにみられる吸収帯は，短波長あるいは長波長のいずれかにシフトする，あるいは分裂する場合があり，これらが発色の変化をもたらす（**図5.8**，**図5.9**）．その変化の様相は，エキシマーの場合と同様に，**二量体モデル**で矛盾なく説明できる（付録A5.2）．

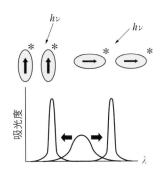

図5.8 エキシトン相互作用により孤立状態の吸収（中央）から，より短波長あるいは長波長に吸収がシフトする．

基底状態で二つの単量体が分子間力により二量体を形成したとする．励起状態では2個の分子のうち分子1のみが励起された状態と分子2のみが励起された状態との間で励起子相互作用が生ずる．**図5.9**をみると，光励起と連動する遷移双極子の相互作用には，三つの様式があることが分かる．a）垂直平行型（parallel）の場合，軌道のエネルギーは双極子が逆平行だと静電的には安定化し低下するが，遷移双極子の向きが相殺しているので光遷移は禁制となる．これに対し，相互作用する遷移双極子の方向が垂直で平行の場合は高エネルギー遷移となるが，双極子が相殺しないので遷移は許容となる．b）水平平行型（head-to-tail）の場合は，双極子が同方向に平行に並んで低エネルギーとなる遷移が許容となる．c）斜線配向（oblique）の場合は，二つの双極子モーメントの和と差で生ずるベクトルの縦（M）および横成分（M′）が相殺されず残るため，共に許容遷移になる．したがって吸収帯は二つの許容遷移に分裂する．この分裂をダビドフ（Davydov）分裂と

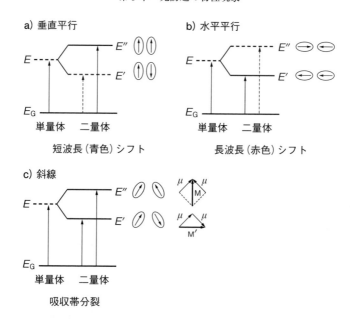

図5.9　遷移双極子モーメントの相互作用の様式と吸収帯のシフト・分裂
a) 垂直平行（parallel）短波長シフト，H-会合体．b) 水平平行（head-to-tail）長波長シフト，J-会合体．c) 斜線配向（oblique）短波長と長波長に分裂（ダビドフ分裂）．M, M´ は二つの双極子ベクトルの和を表す．

呼ぶ（Column「遷移双極子相互作用の角度依存性」）．

5.2.3　分子間の相対配置と励起子相互作用

　遷移双極子モーメントと分子配列の関係が分かると，吸収あるいは蛍光スペクトルから，分子配列に秩序性のある集合体内部での分子配列を推定することができる．これは，結晶構造が分からない液晶や膜内での分子配列を推定する上で極めて有用である．

　まず，分子の形状から定義される長軸と，電場で生成する遷移双極子モーメントの向きがほぼ一致している場合について述べる．分子配列が長軸方向に平行に配列している結晶では，高エネルギー側の遷移が許容となり（**図5.9a**），スペクトルは短波長側にシフトする．この分子配列を**H-会合体**と呼ぶ[†]．一方，分子

[†] これは H-会合体が浅色（短波長）シフトすることから，浅色（hypsochromic）の H をとったものである．

遷移双極子相互作用の角度依存性

　励起子相互作用は，近接した分子間での遷移双極子間の相互作用により引き起こされる．遷移双極子をベクトル（矢印：**図右**）で表すと，遷移双極子間の相互作用には明瞭な角度依存性があることが分かる．エネルギーシフト値 ΔE は，相互作用する遷移双極子モーメント（μ）間の距離（r）と会合軸となす角（θ）を用いて下式で表される．

$$\Delta E \propto \frac{\mu^2}{r^3}(1 - 3\cos^2\theta)$$

　この式から分かるように，許容な遷移のエネルギーは分子の配列により変化する．平行な矢印が水平に直線状に並んでいれば（$\theta = 0°$；J-会合体），前の矢印の根元（－）と後ろの矢印の先（＋）が近づくので最安定であり（**図左**；下段左端の矢印），遷移双極子モーメントの中点を結ぶ線分に対する遷移双極子モーメントの傾きが 54.7° のところで，双極子相互作用は 0 となる（この角度は magic angle と呼ばれる；$1 - 3\cos^2\theta = 0$）．$\theta = 90°$ では 3 個の遷移双極子モーメントが縦に平行になり不安定化する（図；太い曲線）．$\theta = 0°$ に当る 3 個の双極子のうちの中央の双極子（矢印）が反時計回りに 180° 回転している場合は，双極子の＋同士，－同士が接近するため不安定化するが，θ が増大するに従いエネルギーは低下し，$\theta = 90°$ ではエネルギーが最低となり，H-会合体が出現する（図；細い曲線）．

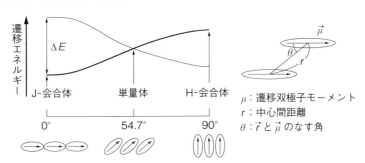

図　色素分子会合体のエネルギーシフトの角度依存性
　図の太い曲線に対する遷移双極子間の相互作用を示す．
（瀬川浩司ら：日本写真学会誌，70 巻 5 号，260-267 (2007)[14] より転載）

が長軸を水平にして一列に並んだ結晶では，低エネルギー側が許容となり，スペクトルは長波長シフトする（**図5.9 b**）．この配列を，発見者ジェリー（Jelley）の名に因んで**J-会合体**と呼ぶ．なお，分子の短軸方向に遷移双極子モーメントが誘起される分子では，分子配列とスペクトルのシフト方向の関連は逆となる．例えば4-ニトロアニリンの2,5-位に長鎖アルキル基を導入した化合物は，分子の形状からみて分子の短軸方向に遷移双極子モーメントをもつ（**図5.10**）．ここでは詳細を省くが，4-ニトロアニリンは非線形光学材料として関心をもたれている．

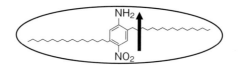

図5.10　長鎖アルキル基を導入した4-ニトロアニリンの分子の長軸と遷移双極子（矢印）

5.2.4　励起子相互作用の実例

1）シアニン色素のJ-会合体　シアニン色素の水溶液の吸収スペクトルは，**図5.11**に示すような顕著な濃度依存性を示す．水溶液中の可視スペクトルは $19.5 \times 10^3 \, cm^{-1}$（523 nm）に吸収をもつが，濃度を濃くしていくと低波数（長波長）側 $17 \times 10^3 \, cm^{-1}$（588 nm）に鋭い吸収が現れ，濃度を高め長波長の吸収が増大す

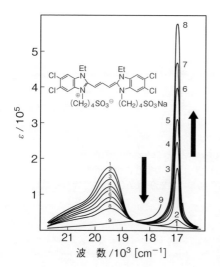

図5.11　シアニン色素水溶液の吸収スペクトルの濃度依存性
1→9と濃度が高くなるに従い吸収スペクトルが大きくなることが分かる（横軸は波長なので波数の減少方向は長波長側に相当）.

るのに伴い，523 nm の吸収は減少する．図 5.9 の遷移双極子モーメントと吸収
体のシフト図で明らかなように，長波長の吸収は水平平行型の J-会合体に帰属
する．この色素分子がイオン性であるために，対イオンを介して直線状に並んだ
会合体を形成し，構成分子間で励起子相互作用したと解釈される．水中で色素の
励起子が核となり，会合体が形成されたことは興味深い．

2) アゾベンゼン発色団をもつ両親媒性分子の吸収スペクトル

a) J-会合体 希薄溶媒中で分子分散しているアゾベンゼン発色団の吸収極大
は，340 nm 付近に現れる（**図 5.12** 吸収帯 a）．アゾベンゼンを発色団としても
つ両親媒性分子（Azo：一般式 $C_nAzoC_mN^+Br^-$）が合成され，それらの吸収スペ
クトルが測定された．$C_{12}AzoC_5N^+Br^-$ のアゾ基の吸収は，キャスト膜[†]では
390 nm 付近に長波長シフトしており（**図 5.12** 吸収帯 b），head-to-tail 配向した
いわゆる J-会合体を形成していると予測される．

$C_{12}AzoC_5N^+Br^-$ の結晶構造の模式図（**図 5.13 a**）より，分子は疎水基同士を
向い合わせて疎水相を形成し，両端の親水基は隣の二分子膜の親水基とイオン結
合および水素結合によって固定されていることが分かる．なお，この 2 分子膜は

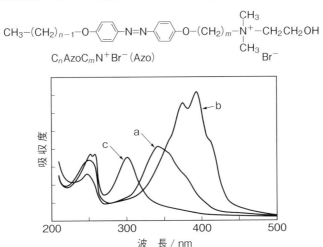

$$CH_3-(CH_2)_{n-1}-O-\!\!\!\!\bigcirc\!\!\!\!-N{=}N-\!\!\!\!\bigcirc\!\!\!\!-O-(CH_2)_m-\overset{CH_3}{\underset{CH_3}{N^+}}-CH_2CH_2OH$$
$$Br^-$$

$C_nAzoC_mN^+Br^-（Azo）$

図 5.12 アゾベンゼン型両親媒性分子の二分子膜の吸収スペクトル
a：$C_{12}AzoC_5N^+Br^-$ 希薄溶液，b：$C_{12}AzoC_5N^+Br^-$ キャスト膜，
c：$C_8AzoC_{10}N^+Br^-$ キャスト膜

[†] キャスト膜とは，試料を溶剤に溶かし容器内に薄く広げ，溶剤を蒸発させて作る薄膜である．

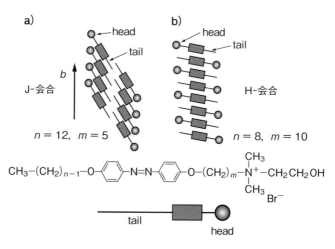

図 5.13 a) $C_{12}AzoC_5N^+Br^-$ の結晶構造. J–会合の模式図. b) $C_8AzoC_{10}N^+Br^-$ の
キャスト膜中での分子配列の H–会合の模式図.

単結晶の b 軸に対して約 30° 傾いており，そのためにアゾベンゼン発色団は
head-to-tail 配向の J–会合体に近い構造となっている．これは，スペクトルから
の予想通りの配列であり，吸収帯のシフトは励起子相互作用によることが確かめ
られた（図 5.9 参照）．

  b）H–会合体　前述の化合物とはアルキル鎖長の異なる $C_8AzoC_{10}N^+Br^-$ の
キャスト膜では，アゾ発色団の吸収は短波長シフトして $\lambda_{max} = 300\,nm$ に現れ
（**図 5.12** 吸収帯 c），この両親媒性分子が H–会合していると推定される．集合体
の構造が，**図 5.13 b** で示されるように，分子鎖の交互入れ子型構造であること
は，X 線回折から求めた繰り返し周期とも矛盾しない（Column「会合体の構造変
換」）．

5.3 光誘起分子間エネルギー移動

　結晶，液晶，膜など分子配向が定まっている分子場では，光合成の光反応系の
アンテナ部位でみたように，励起子移動により遠距離にエネルギーを伝播するこ
とができる．以下に，分子間で色素部位が接近している場合の励起エネルギー移
動の機構について述べる．また，分子が無配向な状態にある溶液中や細胞内で

会合体の構造変換

J-会合する $C_nAzoC_mN^+Br^-$ では，スペーサー部（m），テイル部（n）のアルキル鎖長が変わると，膜内での会合構造も異なることを本文で述べた．さらに，**H-会合体**を形成する化合物では，アルキル基の長さが変わらなくても，熱により**J-会合体**に変換されることが見つかっている．典型例として本文で紹介した $C_8AzoC_{10}N^+Br^-$ のキャスト膜がある．

室温で H-会合する $C_8AzoC_{10}N^+Br^-$（$\lambda_{max} = 300$ nm）は，加熱すると T_c（臨界点）† $= 115\,℃$で結晶-結晶の転移を起こし，吸収極大が長波長側にシフトした J′-会合体（$\lambda = 360$ nm）を経て T_m（融点）$= 177\,℃$で融解し（Isotropic；等方的液体），その後冷却することで J-会合体（$\lambda_{max} = 370$ nm）に変換される（J′-会合体と J-会合体は傾き角が異なる）．J-会合体になった試料を再び加熱すれば $T_c = 60\,℃$で J′-会合体となり，この過程は可逆である．J-会合した試料は乾燥状態では安定であるが，湿気によりもとの H-会合体に戻る．乾燥状態においても，360 nm の紫外光照射によりこの転移は起こり，水や紫外光が転移のトリガーになっている．

構造解析や分光学的な挙動を通してみると，水中で形成される二分子膜の中でも，分子がかなり高度に配向していることが理解できる．このように，温度や湿度で吸収波長が大きく変わる分子集合体は，機能発現につながる可能性が高い．

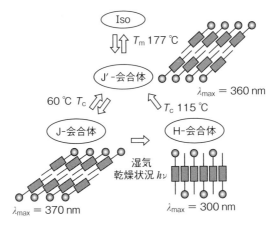

図 $C_8AzoC_{10}N^+Br^-$ 会合体の構造

---

† ここでは相転移点を指している（c は critical の c）．

図5.14 光励起分子間エネルギー移動

励起エネルギーが他の分子に移動し，エネルギーを受け取った分子は蛍光を発する．

も，錯体を形成する分子対にそれぞれ励起エネルギーの異なる色素を担持させ，高い励起エネルギーをもつ色素を励起すると，両者の分子認識による接近に伴いエネルギーの分子間移動が起こり，低い励起エネルギーをもつ色素からの蛍光が観察される例が知られている．その分子間励起移動の機構についても紹介する（図5.14）．

5.3.1　分子集合体内でのエネルギー移動

　分子配列に規則性のある場合は，光照射で発生した励起子が分子間を励起子移動することでエネルギーの移動が起こる．励起子移動の例としては，1.1 節で述べた光合成中心のアンテナ複合体における光エネルギー伝達がある．

　ここでは，アンテナ複合体における光エネルギー伝達の最も簡単なモデルとして，分子性結晶での光エネルギー移動を紹介する．アントラセンの結晶にわずか 10^{-6} mol% のテトラセンを混入した結晶に，アントラセンのみが吸収する波長の光を照射し，この結晶の蛍光スペクトルを観測すると，テトラセンの蛍光スペクトル（発光極大波長 963 nm）のみが得られる．この現象は，励起状態のアントラセンが蛍光（発光極大波長 722 nm）を発して基底状態へと失活する前に，励起エネルギーが長距離にわたって移動してテトラセン分子に到達すると（図5.15），テトラセンの励起エネルギーはアントラセンより低いため過剰のエネルギーを失い，励起状態の最低振動レベルに落ちてから蛍光を発して失活したと解

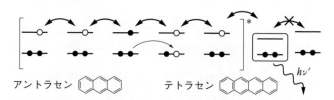

図5.15 アントラセン結晶（含テトラセン 10^{-6} mol%）からのテトラセン蛍光発光の模式図．ワニエ励起子が迅速に結晶内を移動するが，テトラセンに到達し失活する．励起子移動に伴うフロンティア軌道内の電子構造の動的変化．

釈される．なお，長距離の励起子移動が起こるには，図5.15に示すように正孔の移動が連動する必要がある．

5.3.2　励起エネルギーの分子間移動の機構

　次いで，溶液や細胞内の秩序性のある分子集合体，あるいは分子の拡散移動に伴う分子接近に伴い引き起こされる励起エネルギーの分子間移動の機構についてみてみよう．

　1）デクスター機構　近距離のエネルギー移動である**デクスター**（Dexter）**型エネルギー移動**では，ドナーの励起種のLUMOの電子がアクセプターのLUMOに移り，一方で励起種のHOMOにできた正孔にアクセプターのHOMOの電子が移動し，アクセプターの励起状態が生成する（**図5.16a**）．この機構は電子交換を伴うため，ドナーおよびアクセプターの距離が2〜5Åと接近し，波動関数が大きな重なりをもつ必要がある．交換相互作用の大きさはドナーとアクセプター間の距離が離れるに伴い指数関数的に減少するため，励起エネルギー移動速度も距離に対して指数関数的に減衰する．このデクスター機構は一重項および三重項励起エネルギー移動のいずれの場合にも見出されている．

　2）フェルスター機構　長距離のエネルギー移動は，**フェルスター型共鳴エネルギー移動**（Förster-type resonance energy transfer；通称FRET）と呼ばれる（**図5.16b**）．注目する二種の化合物に，高い励起エネルギーをもつドナーの発色団（クロモフォア）および低い励起エネルギーをもつアクセプターのクロモフォア

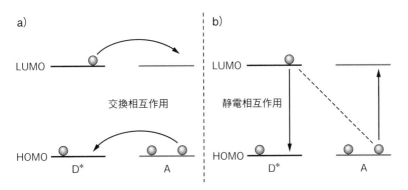

図5.16　デクスター型（a）とフェルスター型（b）の励起エネルギー移動機構

をそれぞれ担持しておく．ドナー側のクロモフォアを光励起するとアクセプター側のクロモフォアへのエネルギー移動が起こり，アクセプターからの蛍光発光を観測できる．

この機構でのエネルギー移動は，ドナーの発光を引き起こす遷移双極子モーメントと，アクセプターの吸収に関わる遷移双極子モーメントとの相互作用により進行する．すなわち，ドナーのクロモフォアの励起を引き起こす遷移双極子モーメントが失活して基底状態に戻るのと同期して，アクセプターとなるクロモフォアの遷移双極子モーメントが立ち上がり，アクセプターが励起される（図5.17a）．そのためには，ドナーの発光スペクトルとアクセプターの吸収スペクトルに十分な重なりが必要である．このエネルギー移動速度定数は，ドナーとアクセプターの距離の6乗に反比例し，10 nm程度に及ぶ長距離のエネルギー移動が可能である．

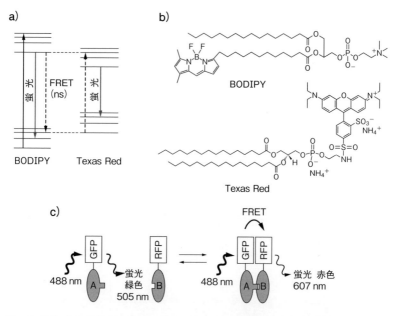

図5.17　a) 蛍光プローブドナーからアクセプターへの励起エネルギー移動の図．b) 色素を用いた蛍光プローブを担持させたリン脂質：ドナー性蛍光プローブ（BODIPY）とアクセプター性蛍光プローブ（Texas Red）．c) フェルスタータイプの異なる蛍光プローブ（ドナー：GFP緑色蛍光タンパク質とアクセプター：RFP赤色蛍光タンパク質）をそれぞれ担持した抗原Aと抗体Bが複合体を形成すると，プローブ間での光エネルギー移動が起こり，アクセプター型蛍光プローブからの発光が観測される．

FRET機構で観測される蛍光強度は色素間の距離に依存するので，FRETは溶液中で活性部位をもつ分子同士が接近し，錯体を形成しているか否かの判定に用いられる．例えば，高い励起エネルギーをもつドナー色素（例えばBODIPY）を錯体形成能のある基質に担持しておけば，アクセプターとなる蛍光プローブ（例えばTexas Red）を担持した相手方の基質分子との間でのエネルギー移動が起こり，アクセプター色素からの蛍光発光が観察されるなど，活性部位間の接近の有無を判断する実験に利用されている（**図5.17b**）．生体系においても，タンパク質の構造変化に伴い二つの活性部位（例えば抗原と抗体）が互いに接近するかどうかを探るプローブとして活用されている（**図5.17c**）．

5.4 光励起電子移動

1.1.3項の光化学系IIにおける電荷分離で述べたように，光合成では光エネルギーにより電子と正孔が独立に移動することで，高エネルギー分子の生成と酸素発生を可能にしている．ここでは電子移動を中心にして，より踏み込んだ議論を展開する．

5.4.1 光励起電子移動の仕組み

光励起電子移動とは，基底状態からは熱力学的に達成が困難な電子移動状態を光エネルギーにより実現する素過程である．電子ドナー（D）と電子アクセプター（A）のいずれかが光捕集により励起状態（D*あるいはA*）になり，引き続き電子移動が進行する機構を検討する．この場合は，電子移動前後で系の自由エネルギー ΔG は変化する．

$$D^* + A \quad \rightleftharpoons \quad (D^* \cdots A)^{\ddagger} \quad \longrightarrow \quad D^{\ddagger} \cdots A^- \quad \longrightarrow \quad D^+ + A^-$$

なお，D* + Aは励起状態にあるドナーとアクセプターが溶液中で離れて存在する状態，$(D^* \cdots A)^{\ddagger}$ はドナーとアクセプターが接近して電子移動ができる状態（衝突錯体），$D^{\ddagger} \cdots A^-$ は電子移動直後のイオン対，$D^+ + A^-$ は電荷分離状態を表す．イオン対は，電荷の再結合が起これば，基底状態のドナー・アクセプター対に戻る．

基本的な光励起電子移動の例として，2価の鉄イオンから3価の鉄イオンへの

電子移動を取り上げる（式5.2）.

$$Fe^{2+}* + Fe^{3+} \rightleftharpoons Fe^{3+} + Fe^{2+}* \qquad (5.2)$$

図5.18aに示す二つの放物線（A, B）は，4.2.1項 図4.10に出てくるポテンシャルエネルギー曲線の上部に描かれた励起状態の自由エネルギー曲線に相当し，反応座標に沿って d だけ離れて描かれている．ここでは，モデル系としてのビフェロセンの一電子酸化体（**図5.18b**）のように二種のイオン（$Fe^{2+}*$, Fe^{3+}）あるいは（Fe^{3+}, $Fe^{2+}*$）をまとめて一つの化学種として扱う．二つのイオンのうちの Fe^{2+} は励起状態（*で表す）にあり，二つのエネルギー曲線は弱く相互作用しているとする（Column「フェロセンとビフェロセン」）．電子交換が起こる前のエネルギー曲線の最安定な位置（原点）から移動後の放物線に電子を垂直励起するのに要するエネルギーを**再配向エネルギー**（λ）と呼ぶ．再配向エネルギー λ は，$y = (x - d)^2$ の放物線Bに $x = 0$ を代入することで $\lambda = d^2$ と表されることが分かる.

　図5.18aをみて分かるように，二つの放物線は反応座標 $d/2$ の位置で交わる（交点の座標：$d/2$, $d^2/4$）．この交点では**交差回避**（擬交差，avoid crossing）が起こることが知られており，二つの放物線が分離するので，電子移動の活性化エネルギー $\Delta G^{\ddagger}$ は再配向エネルギー λ の四分の一（λ/4）とかなり低下するところ

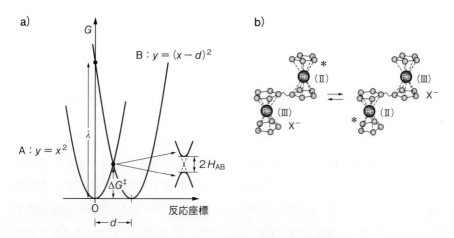

図5.18　a) 酸化数の異なるイオンからなる超分子系間の電子交換における始状態と終状態の自由エネルギー曲線，曲線の交点での交差回避．（G. J. Kavarnos[15]より作図）
b) Fe（II）と Fe（III）の超分子モデル系.

🔮 フェロセンとビフェロセン

　フェロセンは有機金属化合物と呼ばれ，金属原子と炭素原子が共有結合で結ばれた特異な化合物である．フェロセンの鉄は2価イオンであり，配位子であるシクロペンタジエニルは，3.4節で述べたヒュッケル則の6π電子系を満たす安定なアニオンであり，$Fe(II)$が2個のシクロペンタジエニルでサンドイッチされることで，安定な中性の化合物を与える．フェロセンの1電子酸化体はフェリシニウムと呼ばれ，1価の塩として単離されている（**図 a, b**）．

　ビフェロセンは2個のフェロセンが炭素－炭素結合で直結された化合物であり，フェロセン間の電子的相互作用が強く，その一電子酸化種は混合原子価状態 [Fe(II, III), Fe(III, II)] として存在する（**図 c**）．極低温では電子構造の相転移が起こる結果，2価と3価の速い平衡状態に変化する．連結部の構造を変えることで，光誘起電子移動に適した化合物になる可能性がある．

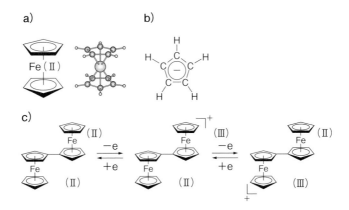

図　フェロセンとビフェロセンの分子構造
a) フェロセン，b) シクロペンタジエニルアニオン，c) 混合原子価状態にあるビフェロセンの一電子酸化状態
混合原子価には以下の三種がある．1) 二つの状態が区別できる．2) 迅速な平衡が成り立つ．3) 完全な共鳴状態にある．上記の例は2)に相当すると考えられる．

に特徴がある（$\because \Delta G^{\ddagger} = (d/2)^2 = \lambda/4$）．なお，交差回避で分裂するエネルギー幅は$2H_{AB}$と表される（付録 A5.2）．

5.4.2 溶媒分子の関与

次いで分子Aと分子Bの間での電子移動に伴う溶媒和分子の配向変化が果たす役割について，図5.19に示す溶媒和の配向変化の模式図を基に論ずる．この電子移動の始状態と終状態の電子エネルギー変化を表すエネルギー曲線を上図に示す．分子Aを選択的に励起した直後 (a:A*…B) は，溶媒和にそれほど特徴は生じていないが，中性状態での溶媒分子の配向が，たまたまイオン対 A⁻ B⁺ の安定化に適した配向に近くなった瞬間が，**反応座標上の遷移状態** (c) に相当し，速やかに電子移動が進行する (b から c)．その後，溶媒の配向はさらに進み，イオン対は最安定化する (d)．

光励起電子移動と溶媒の再配向で大切なのは，電子移動が起こってイオン対が生成してから，イオン対を安定化すべく極性溶媒の再配向が起こるのではなく，「極性溶媒の熱揺動が起こっている中で，イオン対の安定化に適した配向が実現したところで電子移動が起こる」と理解した方が真実に近いという点である．極性溶媒中の分子間電子移動は，電子の動きと溶媒和分子の動き (核の動き) が連動して起こるので，交差回避で低下している活性化エネルギーは，さらに安定化する．

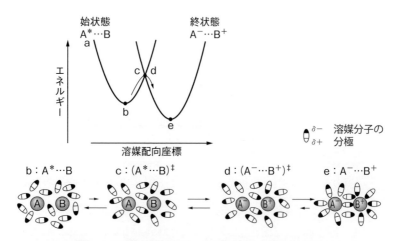

図5.19 電子移動と連動する溶媒分子の変化の模式図
反応座標に対する始状態 (中性) と終状態 (イオン対) の自由エネルギー曲線．
(垣谷俊昭『光・物質・生命と反応 (下)』丸善 (1998)[1] に一部加筆)

5.4.3 マーカスの理論

　化学反応速度論では，発熱的な反応（$\Delta G° < 0$：$\Delta G°$ は標準状態での反応前後の系の自由エネルギー差）ほど，活性化エネルギー $\Delta G^{\ddagger}$ が小さくなるという原理が知られている．この原理は，反応系と生成系のギブズの自由エネルギー曲線に当る放物線を，形と横位置を変えずに上下すると，それに伴って交点が上下することから理解できる．

　マーカス（Marcus）は，光励起電子移動反応（$R \xrightarrow{h\nu} P : D + A \rightarrow D^+ + A^-$）について，放物線で表される電子移動前後のギブズ自由エネルギー曲線（R, P）の交点の位置（黒丸）と電子移動前の放物線の底との差を電子移動の活性化の自由エネルギー $\Delta G^{\ddagger}$ とし，電子移動速度定数 k_e と関連づけた．図 5.20 a は，電子移動前の放物線を固定しておき，電子移動後の曲線の最小値の位置を垂直に下げたときのポテンシャルエネルギー曲線の変化を，四つの典型的な状態について示したものである．$\Delta G°$ 値（電子移動前後におけるポテンシャル曲線の底の値の差）が負の方向へ増大すると，電子移動速度定数 k_e が増加する領域は，電子移動の**正常領域**［図 a）の a～b］と呼ばれ，この領域では $-\Delta G° < \lambda$（$-\Delta G° \geq 0$：両放物線の底の差）である．また λ は，電子移動前の放物線の底から垂直励起で電子移動後の放物線に乗り移るに要するエネルギーで**再配向エネルギー**と呼ばれる．

　図 a）の c に達したとき，交点は反応原系のエネルギー曲線の最小点を通過す

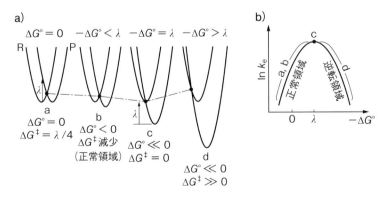

図 5.20　a）電子移動前後の自由エネルギー差とエネルギー曲線の相対位置の関係
　　　　　（λ は再配向エネルギー），b）マーカスの逆転領域の出現
　　　　　（垣谷[1]）より作図）

る．この特別な $\Delta G°$ のときは電子移動のエネルギー障壁がなくなり，電子移動速度定数は最大になる．マーカスはこの図形から，「$\Delta G^{\ddagger}=0$ のとき $-\Delta G°$ はλに等しい」ことを示した．さらに，反応の発熱性 $(-\Delta G°)$ が増大してλより大きくなると（図 a の d），生成系の自由エネルギーは，反応原系の最小値の左上で交差するようになり，$\Delta G^{\ddagger}$ がふたたび有意の値をもつようになる．それに伴い k_{e} はむしろ低下して，**マーカスの逆転領域**と呼ばれる予想外の領域が出現すると主張した．

マーカス理論の要点は，単純な放物線の交差する位置関係から式を導き，電子移動の再配向エネルギーλと電子移動の $\Delta G^{\ddagger}$ および $-\Delta G°$ を関連づけたことにある．もともと，反応の k_{e} は $\Delta G^{\ddagger}$ の関数なので，結果的にλと k_{e} とが関連づけられ，「$\Delta G°$ がさらに負になると $\Delta G^{\ddagger}$ がふたたび増大する」という電子移動の逆転領域の存在を提言した．この提言は一見常識と異なるものであったため，彼の理論の正当性が理解されるまでかなりの歳月を要した．

5.4.4　逆転領域の実験的検証

マーカスによる逆転領域の主張の検証に関しては，溶液中で自由に拡散する錯体分子を用いた実験が行われた．アクセプター（A）の蛍光寿命を測定し，そこにドナー（D）を添加すると，D から A* への電子移動が起こり，A* からの蛍光が消光される．この消光速度 k_{q} が電子移動速度定数 k_{e} に相当するとして，k_{q} を $\Delta G°$ でプロットしたのが **図 5.21** である．

図 5.21 の零から左側の領域 $(-\Delta G°<0)$ では，観測された k_{q} は拡散速度 (k_{dif})

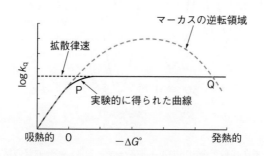

図 5.21　アクセプターの蛍光の消光実験から求めた k_{q} の実験値（実線）と
マーカスの逆転領域のプロットの理論曲線（破線）

より遅く電子移動が律速過程になっており，$\Delta G°$ の減少と共に k_q が増大する正常領域である．しかし，等エネルギー（$\Delta G° = 0$，P 点）を経て $\Delta G°$ が負になると，k_{dif} の方が律速過程になり，k_q が律速となるくらい遅くならないと（Q 点），逆転領域はみえてこない．しかしその条件を満たすようなアクセプター（$\Delta G° \ll 0$）が見つからなかったため，逆転領域そのものが存在しないのではないかとの疑問が出され，問題は未解決のままであった．

　逆転領域の説得力ある証明に成功したのは，剛直な有機分子をスペーサー（spacer）として用いて芳香族分子間を連結した分子群 [D(Sp)A] の電子移動速度を測定した実験である．スペーサー（Sp）として，配座が固定されているステロイド 5α-アンドロスタンを用い，有機ドナー（D）はビフェニルに固定し，種々の有機アクセプター（A）を選んで連結分子を合成した．この実験では，ドナー性を高めるために，パルスラジオリシス法を利用してビフェニルを一電子還元してアニオンラジカルとしている．すなわち，前駆体 D(Sp)A から D$^-$(Sp)A を生成させておき（式 5.3），D$^-$ から 8 種の異なる受容体 A へ電子が移動する反応（式5.4）の電子移動速度定数 k_e を，パルスレーザーを用いた迅速測定で求めた．

$$D(Sp)A + e^- \longrightarrow D^-(Sp)A \tag{5.3}$$

$$D^-(Sp)A \xrightarrow{k_e} D(Sp)A^- \tag{5.4}$$

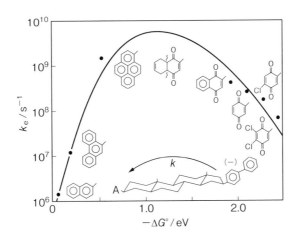

図 5.22　分子内電子移動速度 ΔG の値の相関のプロットによりマーカスの逆転領域が出現している．（J.R.Miller ら[12] より作図）

　図 5.22 は，この実験で得られた k_e の実験値と $\Delta G°$ をプロットした結果を示している．ここで実験値とベル形（上に凸）の理論曲線との最適化から，$-\Delta G°$ が 1.2 eV 付近で k_e は極大を示すこと，すなわち，λ が約 1.2 eV（〜28 kcal mol^{-1}）であることが判明した．この極大の左側の $-\Delta G° < 1.2$ eV の領域では，$-\Delta G°$ の増大と共に k_e が増加するので正常領域である．一方，極大の右側の $-\Delta G° > 1.2$ eV の領域では，$-\Delta G°$（>0）の増大と共に k_e は減少し始めており，マーカス理論でいうところの逆転領域が実験的に観測されたことになる．この研究は純粋な光化学反応ではないが，電子移動反応の逆転領域を見事に実証したものといえる．

5.5　光合成における電子移動と太陽電池

5.5.1　光合成反応中心の超分子系

　一般に光によって生成した電荷分離状態が，電荷の再結合によって元の状態に戻ってしまうと光エネルギーの損失になる．しかし光合成では，そのような過程は抑制され，光励起から電荷分離，さらに後続の電子移動過程まで，極めて高い効率で進行する．光合成については 1.1 節で説明したが，ここでは時間分解レーザー分光で得られた迅速な電子移動速度を基に，より定量的な考察を行う．

　励起されたバクテリオクロロフィル二量体 $(BChl)_2$ から，電子がバクテリオフェオフィチン BPhe，次いでユビキノン Q へと伝達される電子移動はいずれも発熱的過程（$\Delta G° < 0$）で，電子の移動時間（電子移動速度定数の逆数）は ps（10^{-12} s）のオーダーである．これらは $\{(BChl)_2{}^* BPhe\, Q\}$ や $\{(BChl)_2{}^{\dot +} BPhe^{\dot -}\, Q\}$ から基底状態である $(BChl)_2$ への逆電子移動速度（図 5.23；括弧内の数字）より，それぞれ 10^3 s 程度速いことが分かる．光合成反応中心における光励起電子移動反応が高効率的に進行するのは，電子移動を担う超分子系において，電子は逆戻りするよりも速く前方に移動するように分子が配列されているだけでなく，逆転領域になるような強いアクセプターを用いていないことによる．

　光合成系をエネルギー変換の観点から眺めてみると，光合成は発電と蓄電機能を兼ね備えたエネルギー変換装置とみなすことができる．光合成反応過程では，光化学系 II および I 複合体で光エネルギーから変換された電気エネルギー（光電

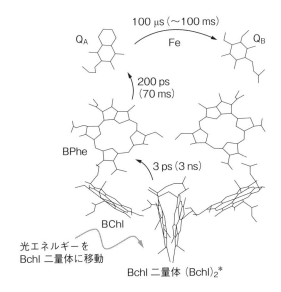

図 5.23 光合成細菌の反応中心における色素間の電子移動時間
カッコ内はそれぞれ $(BChl)_2{}^*$, $(BPhe)^*$, $(Q_A)^*$ から, 基底状態の $(BChl)_2$ への
逆電子移動に要する時間. ＊は励起状態を表す.

変換) を用い, $NADP^+$ から NADPH を合成したり, チラコイド膜の外側から内側にプロトン輸送 (充電) している. こうして充電された電気化学エネルギーは, ATP 合成酵素を駆動するために消費 (放電) される.

5.5.2 光合成に学ぶ光エネルギー変換 －半導体を用いた太陽電池－

最後に, 光合成に学ぶ光エネルギー変換の例として, **色素増感太陽電池**について述べる. この太陽電池の発電過程には, 光励起電荷分離過程や電子移動過程, 酸化還元反応過程を含むなど, 光合成系と類似の機構が存在する. 色素増感太陽電池の主な構成要素は, 光電極と対極, それらをつなぐ電解質溶液である. 光電極は, 透明導電性基板上に形成した酸化チタンナノ粒子 (粒径 20 nm 程度) からなる多孔質膜 (膜厚 20 μm 程度) に, 光捕集の役割を担う色素分子が吸着したものである (**図 5.24 上**). さまざまな色素が開発されているが, その中には葉緑体に含まれるクロロフィルの類縁体であるポルフィリン誘導体 (**図 5.24 下 c**) も含まれている.

色素増感太陽電池の発電する仕組みは次の通りである. ① 色素分子 (S) が光

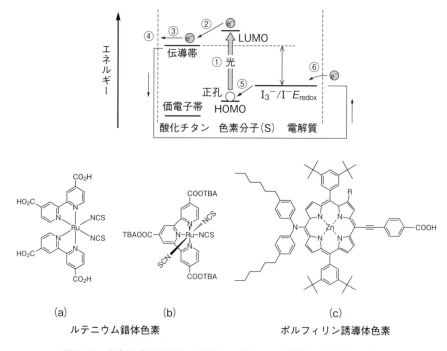

図5.24　色素増感太陽電池の発電する仕組みと光捕集の役割を担う色素
（濱田嘉昭・菅原　正 編『現代化学』放送大学教育振興会（2013）[16)] より転載）

を吸収して励起状態（S*）となる．②S* から酸化チタンへ電子移動が起こり，
③色素は酸化状態（S$^+$）となる．④電子は酸化チタンの伝導帯を拡散し，太陽
電池外部に取り出される．⑤S$^+$ は電解液中のヨウ化物イオン（I$^-$）から電子を受
け取り中性状態に戻る．⑥一方，酸化されて生じたI$^•$は，対極で還元されてI$_3^-$
に戻る（**図5.24上**）．この一連の反応を繰り返し行うことで，色素増感太陽電池
は発電をすることができる．電解質の中には，I$^-$ とI$_3^-$ が存在しており，光電極
と対極の間の電荷輸送を行っている．図5.24上 の⑤で行っている反応は下記の
通り．

$$I^- + S^+ \longrightarrow I^• + S, \quad 2I^• \longrightarrow I_2, \quad I_2 + I^- \rightleftharpoons I_3^-$$

演 習 問 題

[1]　配列秩序をもつ分子集合体内の分子配列と励起子相互作用による吸収波長のシフトについて，以下の設問に解答せよ．

　　発色団（クロモフォア）が組み込まれた両親媒性分子の分子集合体の吸収スペクトルは，単分子で溶液に分散している試料の吸収スペクトルと比較し，分子配列に応じて吸収波長が短波長あるいは長波長にシフトする場合がある．遷移双極子の方向が分子の長軸方向と一致しており，集合体内の両親媒性分子の長軸方向が水平方向に平行（水平配列），あるいは垂直方向に平行（垂直配列）に並んでいる場合について，本文図 5.9 を参考に以下の設問に答えよ．

　1）水平配列，あるいは垂直配列の集合体において，励起子相互作用による励起状態のエネルギー分裂でより安定なエネルギー準位となるのは，遷移双極子モーメントのベクトルが（a）平行（b）反平行のいずれの場合か．

　2）水平配列，垂直配列それぞれについて，最長波長の吸収は許容か，禁制か．

　3）溶液中の吸収波長と比較して，より強い強度をもつ吸収が長波長側に観測されるのは，水平配列，垂直配列のいずれか．

[2]　光合成系をエネルギー変換の観点から眺めて，以下の語句を説明せよ．

　1）電荷分離の機構　　2）電位差形成の機構　　3）プロトン濃度勾配の機構

　4）化学エネルギーによる還元種・酸化種の生成

　5）運動エネルギー（モータープロテインの回転）によるエネルギー貯蓄

第6章　導電性を示す物質

電圧を掛けると電流が流れる物質を電気伝導体という．金属はその代表例であるが，半導体と呼ばれるシリコンのような物質は，さらに加工することで，電気回路になくてはならない素子となる．本章ではまず，金属，半導体，絶縁体の特徴を物質の電子構造の違いから明らかにする．これらは無機物質であるが，分子性物質である遷移金属錯体の結晶や，電気をまったく流さず，絶縁体であるとされてきた有機物質でも，半導体や金属の性質を示すことが見出された．物質が電気を流す仕組みを原子・分子のレベルで理解することで，有機物がどのような電子構造と分子配列をとれば導電性を示すようになるかを学ぶ．

6.1　電気を流す物質

6.1.1　電気伝導性とは　－金属，半導体，絶縁体－

物質の電気伝導度を図 6.1 に示す．銀や銅のような**金属**（metal）は室温において $10^5 \, \Omega^{-1} \, cm^{-1}$ 以上の高い電気伝導度（以下，伝導度）を示し，シリコン，ゲル

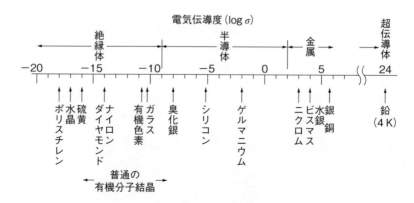

図 6.1　物質の電気伝導度

マニウムなどの**半導体** (semiconductor) の伝導度は，それぞれ $4.3 \times 10^{-6} \Omega^{-1} cm^{-1}$，$2.2 \times 10^{-2} \Omega^{-1} cm^{-1}$ である．これに対し，**絶縁体** (insulator) であるプラスチックやガラスの伝導度は $10^{-10} \Omega^{-1} cm^{-1}$ 以下の値であり，有機物質も一般に $10^{-8} \Omega^{-1} cm^{-1}$ 以下である．この図から，物質の伝導度は $10^{24} \sim 10^{-18} \Omega^{-1} cm^{-1}$ と極めて広い範囲にわたっていることが分かる．

6.1.2 金属と半導体の違い

では，金属と半導体との違いはどこにあるのだろうか．図 6.1 をみると，伝導度 $10^{2} \Omega^{-1} cm^{-1}$ 以上が金属で，$10^{2} \Omega^{-1} cm^{-1}$ 以下が半導体のようにみえるが，このような区別には曖昧さが残る．金属と半導体の明確な違いは，伝導度の温度依存性にある．金属は温度を下げるに従い伝導度が大きくなるのに対し，半導体では逆に，伝導度は減少する．

金属，半導体と絶縁体との電子構造の比較を，バンド構造の違いから眺めるために，まず金属の例として，ナトリウム (Na) 原子からなる結晶を考える．結晶中で，1 個の Na は 8 個の Na に 3.73 Å の距離で取り囲まれている（体心立方格子）が，ここでは説明を簡単にするために，Na が一次元鎖に配列した場合の電子構造を議論する（**図 6.2 a**）．

すでにヒュッケル分子軌道法で学んだように，原子内の電子が原子間で相互作用すると，軌道エネルギーの幅は広がるが，原子数が増大しても，占有軌道のエネルギーの底と非占有軌道のエネルギーの頂上までのエネルギー差は，4β（β は共鳴エネルギー）に収斂する．このエネルギー幅（4β）の間に原子数 n に等しい

a)

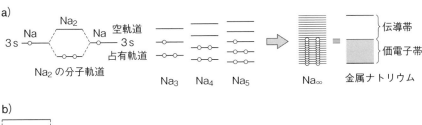

b)

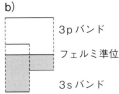

図 6.2　a) ナトリウム原子の配列と電子構造，
b) マグネシウムの電子構造

n 個の線形結合した原子軌道が存在することになるので，n の増加に伴い軌道エネルギーの差は次第に狭まり，ついに連続的に分布するようになる．軌道間の相互作用によって形成される一定の幅で連続的なエネルギーをもった電子構造を**バンド**という．このバンドには $2n$ 個の電子を収容することができるが，Na では1個の原子が1個の3s軌道電子をもつので，n 個からなる3s軌道の一次元鎖では，バンドのちょうど半分まで電子が満たされる．これを**価電子帯**といい，それと連続的に続いた幅のある空軌道を**伝導帯**と呼ぶ．そのため価電子帯の電子は励起エネルギー0で伝導帯を占有することができ，金属的導電性を示す（**図6.2a**）．アルカリ土類金属であるマグネシウム Mg では，3s軌道を2個の電子が占有するので，絶縁体になりそうである．それにもかかわらず，Mg が金属的導電性を示すのは，空の3p軌道が作るバンドが3s軌道のバンドと一部重なり，3s電子が3pバンドに流れ込んで，3sバンドに空隙が生ずるためである（**図6.2b**）．

　一方，半導体には価電子帯と伝導帯の間に電子エネルギーの空隙（禁制帯と呼ぶ）があるが，そのエネルギーは約 $1\,\mathrm{eV}$（$1\,\mathrm{eV} = 1.602 \times 10^{-19}\,\mathrm{J} = 23\,\mathrm{kcal\,mol^{-1}}$）程度なので，室温の熱エネルギー（$24\,\mathrm{meV}$）でも，価電子帯の電子はある程度伝導帯に熱励起するため伝導性を示す（**図6.3b**）．それに対し，エネルギー空隙が $2\,\mathrm{eV}$ 以上ある絶縁体の伝導度はきわめて低い（**図6.3c**）．金属，半導体，絶縁体のバンド構造の違いを図6.3に示す．

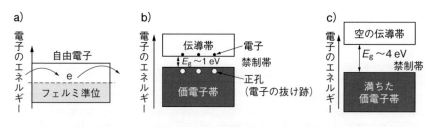

図6.3　金属（a），半導体（b），絶縁体（c）のバンド構造の違い

　次に，金属，半導体，絶縁体の電気伝導度の温度依存性についてみてみよう．**図6.4a** は電気伝導度の値を温度の逆数でプロットしたものである．金属では温度を下げると伝導度が増大するのに対し，半導体は伝導度が減少し，絶縁体ではその傾向がさらに大きくなる．以下その理由を考えてみる．

　まず金属の伝導度の温度依存性であるが，結晶内で一定の間隔で並んでいる原

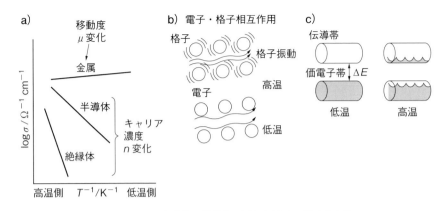

図6.4 金属，半導体，絶縁体の電気伝導度の温度依存性
a) 金属における電子・格子相互作用．b) 電子の流れと格子の振動（上段は高温，下段は低温）．
○はイオン，波線の矢印は電子の流れを表す．c) 半導体の電子構造．二本の筒は上が伝導帯，
下が価電子帯を表す．電子帯の部分（灰色の部分）は，左は低温，右は高温における電子充填の
様子示す．

子（イオン）は，平衡位置の周りで熱振動している（**図6.4b上**）．したがって，
原子間の距離は，瞬間，瞬間に長くなったり短くなったりする．このため，結晶
の中を電子が波動となって伝播するときに散乱が起こり，これが電気抵抗の原因
となる．温度が低下すると，原子（イオン）の振動が収まるため散乱が減少し，
伝導度の温度依存性は $1/T$ に対し正の傾きをもつ（**図6.4a**）．これに対し，シ
リコンやゲルマニウムのような半導体では，原子が sp^3 混成により4配位の結合
を形成している．そのため，価電子帯は完全に充填されており，電子が隣の原子
に移動することはできない（**図6.4c左**）．しかし，熱励起できる付近（～1 eV）
に，空軌道が相互作用してできた伝導帯があれば，温度が高くなると電子が熱励
起により伝導帯を占有するようになる（**図6.4c右**）．その結果，一杯に埋まっ
ていた価電子帯のバンドに隙間ができ，電気が流れるようになる．したがって，
温度が高くなると伝導度は上昇する．すなわち伝導度の温度依存性は $1/T$ に対
し，負の傾きをもつ（**図6.4a**）．なお，この傾きは伝導を担う**担体（キャリア）**
の濃度に依存する．一方，絶縁体では価電子帯と伝導帯のエネルギー差は
2～3 eV，あるいはそれ以上になるため，温度依存性の傾きは負で絶対値が大き
くなる．

　伝導度の温度依存性を理解するには，一般道路の上に利用料金の高い高速道路

があると仮定するとよい．その料金は1000円と高い（エネルギーが高い）ため，料金のかからない一般道路は完全に詰まって渋滞している．そこで100円玉（熱エネルギー）を支給すると，料金の差額に当る100円玉を10枚以上獲得した電子は料金の高い高速道路に移り，一般道路に空隙ができるので，車がスムーズに流れる状況になる．

6.1.3　電気伝導度とその異方向性

1）固体の電気伝導度　固体に電圧 V（単位 V：ボルト）を与えたとき，電流 I（単位 A：アンペア）が流れたとすると，その間にはオームの法則（式 6.1）が成り立つ．

$$V = IR \tag{6.1}$$

R は電気抵抗（単位 Ω：オーム）と呼ばれ，固体の電気の流れにくさを表す．R は固体の長さ ℓ と断面積 S に依存する．そこで試料のサイズを規格化するために，式（6.2）で $\overset{\text{ロー}}{\rho}$ を定義する．

$$R = \rho \frac{\ell}{S} \tag{6.2}$$

ρ は物質に固有の値となり，**電気抵抗率**（electric resistivity, $\Omega\,\mathrm{m}$），あるいは**比抵抗**（specific resistance）と呼ばれる．ρ の逆数は**電気伝導度（率）**（electric conductivity, $\Omega^{-1}\,\mathrm{m}^{-1}$）と呼ばれ，$\overset{\text{シグマ}}{\sigma}$ で表す（式 6.3；**図 6.5**）．

$$\sigma = \frac{1}{\rho} \tag{6.3}$$

σ は，物質の電気の流れやすさを示す量であり，σ の単位は $\Omega^{-1}\,\mathrm{cm}^{-1}$ となるが，Ω^{-1} を S（ジーメンス）と表記し，$\mathrm{S\,cm}^{-1}$ を σ の単位として用いることが多

抵抗　　$R = \dfrac{V}{I}$ （Ω）

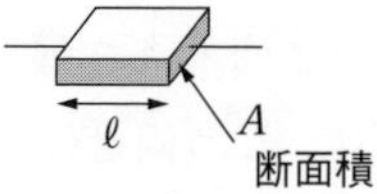

ℓ　A
断面積

比抵抗　$\rho = \dfrac{1}{\sigma} = \dfrac{RA}{\ell}$ （Ω cm）　$\left[R = \rho \dfrac{\ell}{A} \right]$
　　形状規格化

伝導度　$\sigma = \dfrac{1}{\rho} = \dfrac{\ell}{RA}$ （$\Omega^{-1}\,\mathrm{cm}^{-1}$）

図 6.5　抵抗，比抵抗，伝導度

い．電気伝導度 σ は，電子の動きやすさ（波動関数の重なる度合いによる）を表す**電子移（易）動度** μ $(cm^2 V^{-1} s^{-1})$ と，伝導を担うキャリアの濃度 $n (cm^{-3})$ および電荷 $q = It$ $(V\Omega^{-1}s)$ の積で表すことができる（$\sigma = q\mu n$）．移動度は物質によって決まっているが，キャリアの濃度は，金属の場合はほぼ一定，半導体の場合は温度により大きく変化する（Column「電子移動度」）．

2）電気伝導度の異方性　伝導度の**異方性**についてグラファイトを例に説明する．グラファイトは 2.2 節で紹介したように，ベンゼン環が二次元に縮環した平面が上下に積み重なった層状の化合物で，結晶を層に平行な面でピンセットにより剥がすことができる（**図 6.6**）．結晶の伝導度を面に平行に測定すると $\sigma_{//} = 2.3 \times 10^4\,\Omega^{-1}\,cm^{-1}$ と大きいが，垂直の方向で測定すると $\sigma_{\perp} = 5.9\,\Omega^{-1}\,cm^{-1}$ と 4 桁も小さい．このように伝導度が結晶の方向で異なることを異方性という．結晶内でどのように分子

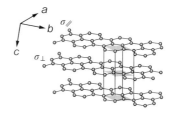

図 6.6　グラファイトの伝導度の異方性

電子移動度

　固体中を運動している電子を電界（電界の強さ E）の中に置くと，電子は周囲の原子（分子）と衝突しながらも，ある平均的な速度（電界方向の成分を v）で電界の向きと逆方向に移動するようになる．この速度 v は，E があまり大きくない限り $v = \mu E$ と書ける．μ は定数でこれを**電子移動度**（μ_e）と呼ぶ．また電子易動度と呼ばれることもある．電子移動度 μ の単位は $cm^2 V^{-1} s^{-1}$ である．なお，正孔についても正孔移動度（μ_h）を定義することができる．

　電気伝導度 σ は，この電子移動度を使い，単位体積中の電子の数を n，電荷を e とすると，$\sigma = n\mu e$ で与えられる（**表**）．移動度は物質が変わってもそれほど変化しないが，単位体積あたりの電子数は大きく変化することが分かる．

表1　金属，半導体および絶縁体の電気伝導率 σ，キャリア密度 n と移動度 μ のおおよその値

	$\sigma/\Omega^{-1}\,cm^{-1}$	n/cm^{-3}	$\mu/cm^2\,V^{-1}\,s^{-1}$
金　属	$>10^3$	$10^{22} \sim 10^{23}$	$10 \sim 10^2$
半導体	$10^3 \sim 10^{-5}$	$10^{10} \sim 10^{17}$	$10^2 \sim 10^5\,(\mu_e), 10 \sim 10^3\,(\mu_h)$
絶縁体	$<10^{-5}$	$10^2 \sim 10^4$	$10 \sim 10^3$

が配列しているかは，X 線結晶構造解析で調べることができる．物性と結晶構造の相関は，物性発現の機構を解明する上で重要である．

6.2　遷移金属イオン錯体の導電性

　従来，導電性は無機物質である金属に特有の性質と考えられてきたが，近年，金属錯体や有機物質のような分子性物質であっても，金属や半導体的導電性を示す物質が見つかり，現在では膨大な数に上っている．ここでは，d 軌道の電子が導電性を担う遷移金属錯体を紹介する．導電性分子性物質の特徴は，無機の金属では得られにくい低次元導電体を構築できる点にある．低次元導電体とは，グラファイトの異方性で説明があったように，伝導度が特定の方向のみ高い物質で，一次元性の場合は，一方向にのみ電気が流れるものをいう．

　一次元で金属的な導電性を示す遷移金属錯体の例として，白金 (Pt: [Xe] $4f^{14} 5d^9 6s^1$) の 2 価錯体 [Pt(II) d^8] で，シアノ基を配位子とする平面 4 配位の $K_2[Pt(CN)_4] \cdot 3H_2O$ を取り上げる（図 6.7 a）．結晶内で正方形の Pt 錯体は，撓れ型で積層している．Pt 錯体の d 軌道は，平面 4 配位の配位子との相互作用で分裂を起こしており，そこに 8 個の d 電子が収容される（図 6.7 b）．配位子場理

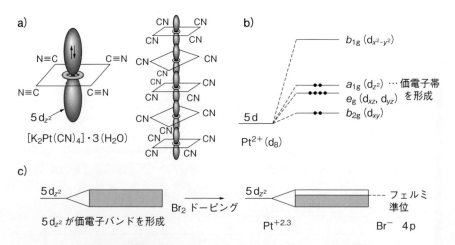

図 6.7　遷移金属錯体 $K_2[Pt(CN)_4]$ からなる（擬）一次元導電体
a) Pt 錯体の構造，b) 正方形錯体形成による 5d 軌道の分裂，c) $5d_{z^2}$ からなる価電子バンド形成と Br_2 による p-ドーピング

論によるシアノ錯体の電子構造は，平面正方形錯体の分子軌道で表され（Column「配位子場理論による平面正方形遷移金属錯体の分子軌道形成」），d_{z^2} 軌道がHOMO 軌道（d_{z^2}）として一次元鎖を形成する．完全に d_{z^2} 電子で充填した価電子帯にはキャリアが存在しないので，この結晶は絶縁体であるが，臭素で p-ドープすると，室温付近で金属的導電性を示すことが明らかになった（図 **6.7 c**）．

　ドープされた塩においては，Pt 1 個につき Br が 0.3 個取り込まれており，Pt が部分酸化され $Pt^{+2.3}$ となっている．Pt 原子間の結合距離は，絶縁体結晶中では 3.60 Å であるが，部分酸化された塩においては 2.88 Å に収縮している．伝導度は白金鎖の方向で 300 S cm^{-1} であるが，垂直方向の伝導度は 10^{-5} S cm^{-1} と大きな異方性を示す．したがって，この白金錯体は一次元金属とみなすことができる．より正確には，鎖間に弱い作用があるため擬一次元金属という．

配位子場理論による平面正方形遷移金属錯体の分子軌道形成

　正八面体型錯体の分子軌道については，金属イオンと配位子の相互作用により錯体の分子軌道を形成する配位子場理論ですでに説明している（第 2 章Column「配位子場理論」）．本文に出てくる $K_2[Pt(CN)_4]$ は平面正方形錯体であり，その金属の d 軌道の配位子場による分裂は，正八面体型錯体の z 軸から 2 個の配位子を除去すると x-y 平面に 4 個の配位子が残り，平面正方形錯体となることから容易に導出できる（図）．z 軸上の 2 個の配位子がなくなると，配位子との電子反発がなくなるので d_{z^2} 軌道のエネルギーが低下し，$d_{x^2-y^2}$ 軌道のエネルギーは上昇する．中心金属が Pt^{2+} [5 d^8] の d^8 錯体では d_{z^2} 軌道が HOMO となり電子が対になって収まり，$d_{x^2-y^2}$ 軌道が空になる．これらの化合物は通常，16 個の価電子をもつ．そのうち 8 個は配位子由来（この錯体では配位子 C≡N：の非共有電子対）である．

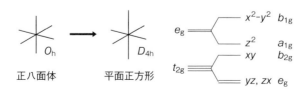

図　平面正方形錯体の分子軌道を，正八面体型錯体の z 軸から配位子を除去することで導出
　　記号（$a_{1g}, b_{1g}, b_{2g}, e_g$）は配位子の分子軌道の対称性を意味する．

　なお，このドープした白金錯体の伝導度は，150 K に温度を下げると錯体間の距離が均一な状態から周期構造のあるユニットが並んだ構造へと変形し，それに伴い絶縁化する．これは Pt 錯体の一次元性の塩の電子構造が不安定であることを示唆している．

　一次元電子系では，鎖間で均一な原子間距離を保つような相互作用が働かないため，より安定な電子構造があると，均一な原子間の距離をゆがめて安定な電子系に低温で転移してしまう場合がある．この現象は，分子レベルでは遷移金属錯体で知られているヤーン−テラーゆがみ（Column「ヤーン−テラー効果」）と類似した現象で，結晶においては一定の温度で協同効果として一斉に進行する．これか

ヤーン−テラー効果

　分子が高い対称性をもつ幾何学的配置をとると，縮重した分子軌道が出現することがある．このような状態は一般に電子エネルギー的には不安定であり，より低い対称性の配置になり，軌道エネルギーの縮重を解くことで電子エネルギーを安定化することが知られている．これを**ヤーン−テラー効果**という．

　例として，正八面体型の銅（II）錯体を取り上げる．この錯体の五つの d 軌道は，結晶場によって，三重縮重した t_{2g} 軌道 d_{xy}, d_{yz}, d_{zx} と，二重縮重した e_g 軌道 d_{z^2}, $d_{x^2-y^2}$ に分裂している．三重縮重した t_{2g} 軌道はすべて電子で占められ，二重縮重した e_g 軌道は d_{z^2} に 2 個，$d_{x^2-y^2}$ に 1 個の合計 3 個の電子で占められている．このような錯体は z 軸方向の結合が伸び，正八面体をゆがめて e_g 軌道の縮重を解くことで，電子エネルギーを低下させる．

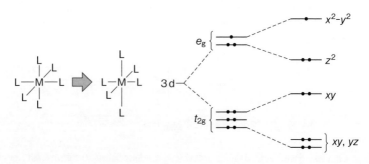

図　ヤーン−テラー効果：正八面体型錯体構造の対称性の低下に伴い e_g 軌道の縮重が解け電子エネルギーが安定化する

ら述べる共役π電子系であるポリアセチレンや，電荷移動錯体の有機ドナー（アクセプター）の積層カラムにおいても，相同な現象が起こることが知られている．

6.3 導電性高分子

6.3.1 ポリアセチレンの異性体の構造に依存するソリトンの発生

1.2.2項で，ポリアセチレンは金属光沢をもつ良質のフィルムを与えることを紹介した．アセチレンの重合反応を−78℃で行うと，トランス体が5.5%，シス体が94.5%とシス体が優勢に生成し，150℃では，トランス体が95%，シス体が5%とトランス体の生成が優勢になる（**図6.8**）．

	trans	*cis*
−78℃	5.5%	94.5%
150℃	95%	5%
ESR測定	スピン検出	スピン非検出

図6.8 ポリアセチレンのトランス体とシス体の優先的生成条件と不対電子検出の有無

　ポリアセチレンのトランス，シスそれぞれの異性体を単離・精製し，電子スピン共鳴装置（ESR）という物質中の不対電子を高感度で検出する装置で測定すると，トランス体にはラジカルの信号が検出されるのに対し，シス体からは信号がまったく検出されない．その原因は，以下のように説明されている．

　トランス体（*trans, s-trans*，ここで*s*はsingle bondを意味する）では，共役二重結合を左から描いても右から描いても等価な構造が得られる（p.121図**6.9a**上）．それぞれは原子価異性体と呼ばれる（Column「原子価異性と*s-trans, s-cis*異性体」）．このような系では，左右から二重結合を描いたときに不対電子が取り残される可能性がある（$10^{-3} \sim 10^{-4}$程度の確率）．例えば，「ドン，じゃんけんぽん」遊戯で子供の数が奇数のとき必ず一人が取り残されるようなものである．ポリアセチレンの共役鎖に生成する非局在性のある不対電子は**ソリトン**（soliton）と呼ばれ（Column「ソリトンとポーラロン」），p-ドープされやすいため導電性と深い関わりをもっている（**図6.9a**下）．

⬡ 🔵 原子価異性と *s-trans, s-cis* 異性体

　原子価異性とは，σ 結合と π 結合の組換えを伴って炭素の骨格構造が変化する異性化現象をいう．可逆的な異性化である場合が多いので，原子価互変異性化（valence tautomerization）と呼ぶこともある．

　環状 π 共役化合物の例としては，ベンゼンの光異性化反応で生成する異性体－フルベン，デュアーベンゼン，プリズマン，ベンズバレンがある（**図1**）．本文の異性体により近い例としては，ジアセチレンの重合で生成するポリジアセチレンの原子価異性体がある（**図2**）．

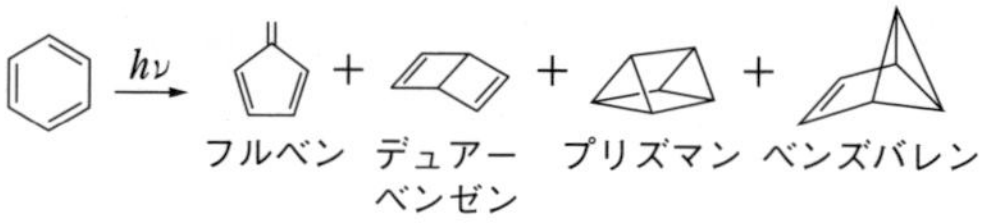

図1　光反応で生成するベンゼンの原子価異性体

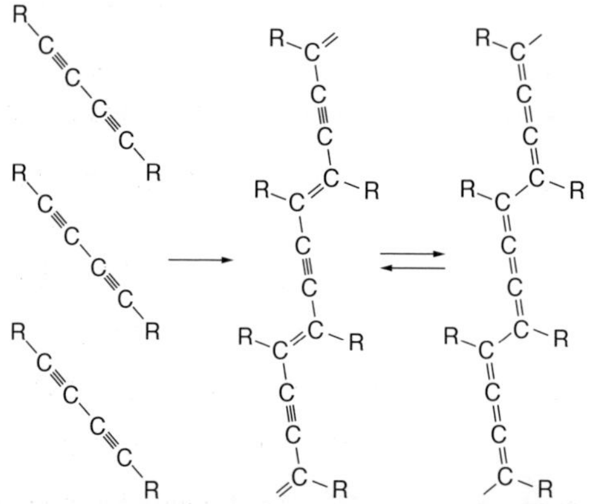

図2　ジアセチレンの1,4-付加重合により生成するポリジアセチレンの原子価異性体　エン-イン構造（左）とブタトリエン構造（右）.

6.3.2　ポリアセチレンのドーピング

　ポリアセチレンのドーピングで π 電子系にどのような変化が起こるかを調べてみよう．中性のポリアセチレンにヨウ素等の酸化剤を加えると一電子酸化が起こり，正孔が生ずる．ここで酸化されるのは最も酸化電位が低いソリトンであり，生じた非局在化したカチオンを**荷電ソリトン**という（**図6.9 b左**）．ドーピ

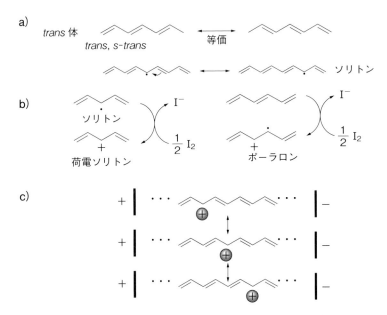

図6.9 *trans*-ポリアセチレンのソリトン生成とドーピングに伴う導電性の発現

ングにより生じた荷電ソリトンは，**図6.9c** に示すような電子移動に伴い移動し，電流が流れるようになる．これは「15 パズル」ゲームで，16 ある絵柄のチップの一つを抜くと，数字を書いたコマが自由に並べ替えられるようになるのと似ている．ドーピング反応が進行して不対電子がなくなると，二重結合を形成する電子

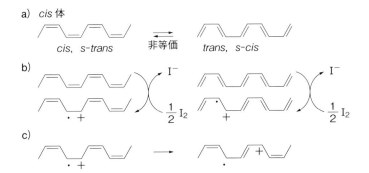

図6.10 *cis*-ポリアセチレンの原子価異性体からのポーラロン生成とその非局在化
a) *cis*-体の原子価異性，b) それぞれの原子価異性体からのポーラロンの発生，
c) ポーラロンの移動

🔷🔶 ソリトンとポーラロン

　ソリトンとは，津波のようにエネルギーの高い（振幅の大きい）波が，エネルギーを失うことなく（重なっても強め合ったり弱め合ったりすることなく）伝播している状態を表す．ソリトンの起源については，次のような話がある．イギリスの技師が，ある日運河のほとりを歩いていると，川に孤立波（solitary wave）がたち，ほとんど波形を変えずに進行していくのを目撃し，その現象を書き留めた．その後，数理学者が孤立波の厳密解を得，ソリトン（soliton）と名づけた．soliton の on は粒子性を意味する接尾語である．

　トランス-s-トランス ポリアセチレンのソリトンは，モノマーユニット $10^3 \sim 10^4$ 個に 1 個くらいの割合で発生した不対電子に相当し，このソリトンは，炭素 15 個程度にわたって非局在化している．トランス-s-トランス体の π 共役鎖は，ソリトンを境にして左右対称となる．

　これに対しシス体では，二重結合を組み換えて生ずる異性体であるシス-s-トランス体とトランス-s-シス体は非等価であるために，ソリトンが生じないシス体を酸化すると二重結合が酸化され，カチオンラジカルである**ポーラロン**が生成し，カチオンとラジカルが独立して非局在化し導電性をもたらす．トランス体であっても，酸化の条件によってはポーラロンが生成することが知られている．ポーラロンの左右の π 共役鎖には面対称性はない．

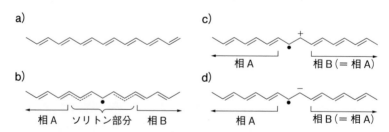

図　a) *trans* 形ポリアセチレン，b) ソリトンを含むポリアセチレン，c) p-ドーピングによる正のポーラロンの生成，d) n-ドーピングによる負のポーラロンの生成

の一つがドーパントに引き抜かれて，**図 6.9 b 右**に示す正の電荷をもったラジカルカチオン（**ポーラロン**）が生ずる．生じたポーラロンのカチオンと不対電子は，それぞれ独立に共役 π 電子の中を動き回り，導電性の向上に寄与する．

　一方，シス体（*cis, s-trans*）では，原子価異性体を描くと，トランス体の場合

と異なり非等価な異性体 (*trans, s-cis*) となる (図 6.10 a). このような場合はソリトンが生成することはなく, ドーピングによりポーラロンが生成し導電性が発現する (図 6.10 b, c).

6.3.3 分子軌道法による導電性の理解 ―結合交替と絶縁化―

ポリアセチレンの電子構造が分子軌道法により理解できることは 3.2.4 項で述べた通りであり, 生成したポリアセチレンには, 結合交替 (π 共役系の一重結合と二重結合が区別される状態) が生ずるため, 図 6.11 に示すように HOMO と LUMO の縮重が解け, バンドにエネルギー間隙 (ΔE_g) ができ絶縁化する.

二量化による電子エネルギーの安定化は, ヒュッケル分子軌道法で説明できる. ポリアセチレンの二重結合と一重結合が完全に共役し, 1.5 重結合になっていると, 炭素－炭素の共鳴積分はどこも等しく β で表すことができるが, 実際の共役系では, 結合交替が起こり, 結合の長さに長短が生じる. 二重結合性が強い結合の共鳴積分を β_1, 弱い結合を β_2 と区別すると, HOMO と LUMO の縮重が解け, HOMO のエネルギーは $\alpha + (\beta_1 - \beta_2)$, LUMO のエネルギーは $\alpha - (\beta_1 - \beta_2)$ と, 軌道エネルギーに差 (ギャップ) が生じる (図 6.11 c). つまりヒュッケル分子軌道法は, 格子系の変調による軌道エネルギーの安定化にも対応できること

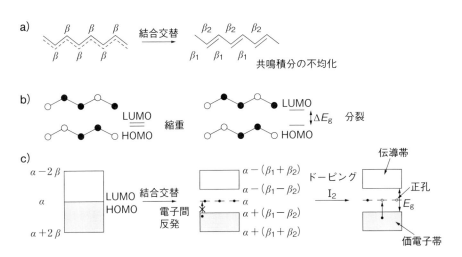

図 6.11 ポリアセチレンの結合交替に伴うエネルギー間隙の出現

●◦ 低次元導電体の構造変調に伴う絶縁化

　一般に，幾何学的に高い対称性をもつ分子には，縮重した分子軌道が存在する場合が多い．このような状態は，縮重軌道を占有する電子数にもよるが，電子エネルギー的に不安定で，より低い対称性の構造に変形し，軌道エネルギーの縮重を解くことで電子エネルギーを安定化する現象（例えばヤーン-テラー効果）が知られていた．低次元導電体の出現は，この現象は分子内に限らず，自然界に普遍的な現象として高分子や分子集合体にも現れることを明らかにしたといえる．すなわち，均一な導電性カラム内で金属的導電性が実現していても，低温では均一な原子あるいは分子配列をゆがませ，周期的な構造へと構造の変調を起こすことで電子エネルギーを安定化させる．それに伴い導電体は絶縁化するということである（図）．このように規則的な原子・分子の配列の変形により，電子構造の縮重を解かしてもたらす電子系エネルギーの安定化は，分子内から分子間にわたり普遍的にみられる現象として興味深い．

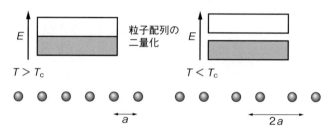

　図　低次元導電体では価電子帯と伝導帯が連続的に接しており，常温では金属的導電性を示す．しかし温度が低下すると，電子エネルギーを安定化させるために原子・分子の配列に二量化が起こり絶縁化する．T_c（臨界温度；critical temperature）は転移温度に当る．

を物語っている（Column「低次元導電体の構造変調に伴う絶縁化」）．しかし，価電子帯と伝導帯のちょうど中央のエネルギー α の位置に，ごく少量だが1個ずつ電子が入った p_z 軌道が残存する．これがソリトンのエネルギー準位に相当し，ポリアセチレンをドーピングすると，この不対電子が奪われ，空の軌道が生じることが理解できる．この空軌道には価電子体の電子が熱励起するために，価電子帯に正孔ができ，電子が共役鎖内を流れるようになる（図6.11c右端）．

6.3.4　導電性ポリピロール・ポリチオフェン

　以上，ポリアセチレンの導電性について説明したが，実際にはポリアセチレンの他に，合成が容易なピロール，チオフェンを重合して得られるポリピロールおよびポリチオフェンなどが応用的に利用されている．図 **6.12** にあるように，ポリピロールの二重結合鎖（太線で示した部分）は，ジアセチレンでいえば，トランス-*s*-シス体に対応していることが分かる．その原子価異性体は，エネルギーの異なるキノイド型となるためソリトンは生成しない．このポリピロールをヨウ素でドープすると，二重結合または窒素の**非共有電子対**から電子が抜かれ，非局在性ラジカルカチオン（ポーラロン）が生成する．このラジカルカチオンは，ポリピロールの共役系の中をそれぞれ独立に動き回るので，導電性を示すようになる．

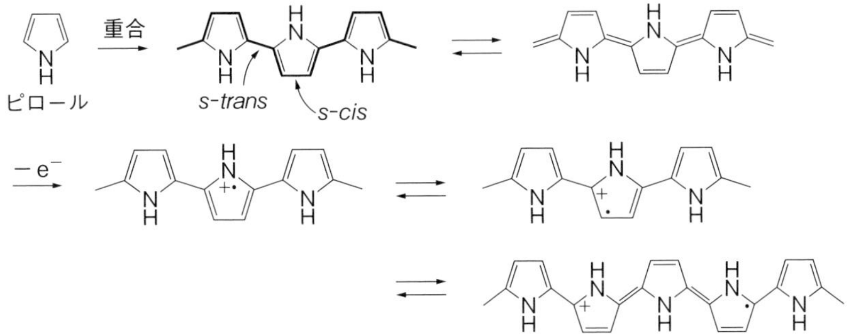

図 6.12　ポリピロールのドーピングにより生ずるポーラロンとその非局在化

6.4　分子性結晶の導電性 −有機合成金属−

6.4.1　高い電子供与性，受容性をもつ分子の設計

　電気伝導性の高い分子性の有機物質を得るには，高い電子供与性をもつドナー分子と，高い受容性をもつアクセプター分子からなる**電荷移動錯体**を調製することが有効な手段である．良好なドナー・アクセプターの合成には，3.4 節で述べたヒュッケル則に基づいた分子設計が役に立つ．精緻な分子設計と有機合成の進歩が相俟って，さまざまなドナー・アクセプターが合成されたが，その中でもドナーと

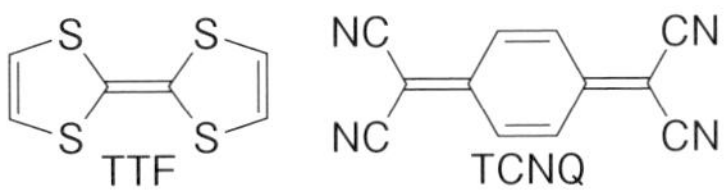

図 6.13　TTF と TCNQ の分子構造

してはテトラチアフルバレン (TTF)，アクセプターとしてはテトラシアノキノ
ジメタン (TCNQ) が，有機合成金属を実現する上で大きな役割を担った（図
6.13）．

6.4.2　分子配列と電気伝導性

1）DとAの分子配列　良好なドナー（D），アクセプター（A）ができたとし
ても，電荷移動錯体内でのDとAの配列により導電的特性は大きく異なる．こ
こでは電荷移動錯体内での分子配列について考えてみよう．一般に電荷移動錯体
では，DとAが交互に積み重なった構造をとる場合が多い．この分子配列を**交
互積層型**という（図6.14a）．それに対して，DとAが別々に積層した分子配列
を**分離積層型**と呼ぶ（図6.14b）．分離積層型では，DとAのそれぞれがπ-π
スタックした一次元の**カラム構造**を形成するという特徴がある．

　先に述べたように電荷移動錯体における分子配列は，その電気伝導性に大きな
影響を与える．電子供与体Dから電子受容体Aに完全に電荷移動が起こったイ
オン性の交互積層型の錯体$D^{\ddot{+}}$（ラジカルカチオン）$A^{\ddot{-}}$（ラジカルアニオン）は，
塩化ナトリウムNa^+Cl^-と同様のイオン性結晶を形成する．結晶中でDとAは
クーロン力で十分に安定化されているので，もはや電子を受け渡すことはせず絶
縁体となる．一方，分離積層型では，D，A間の電荷移動により形成された$D^{\ddot{+}}$
および$A^{\ddot{-}}$の不対電子が，それぞれのカラム内で生じたπ軌道の重なりを介して
分子間を移動できるので，高い電気伝導性を示す可能性がある（図6.16参照）．

　2）DとA間の電荷移動度　しかし，分離積層型錯体が得られたからといって

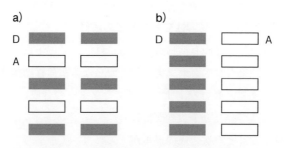

図6.14　電荷移動錯体における分子配列
Dは電子供与体（ドナー），Aは電子受容体（アクセプター）
を表す．(a) 交互積層型，(b) 分離積層型．

高い導電性を示すとは限らない．D から A に移動する電子の程度すなわち**電荷移動度** δ $(0 < \delta < 1)$ が，電気伝導性を支配する重要な要因となる．高い電気伝導性を得るためには，イオン性を高める，すなわち電荷移動度 δ を大きくする必要があるが，δ が大きすぎると高い電気伝導性は期待できなくなる．

D から A へ完全に 1 電子が移動して，D^+ および A^- が生成した場合（$\delta = 1$）を考えてみよう．**図6.15a** は，D^+ および A^- が積層されている様子を，それぞれの不対電子が収容されている軌道によって模式的に示したものである．この物質の中を電気が流れるためには，例えば D^+ カラム内で，矢印が示すように電子が移動すると，電子移動に伴ってジカチオン D^{2+} と中性分子 D が生ずることが分かる（**図6.15a右**）．D^{2+} は D^+ に比べて不安定なため，このような電子移動はエネルギー的に不利になる．また，D^+ 状態のドナーに電子が入ると負の電荷をもつ電子間の反発も起こる．これを**オンサイト・クーロン反発**という．

そこで，$\delta = 0.5$ の電荷移動錯体について考えてみよう．電荷移動が 50 % 起こるということは，D の 2 分子あたり 1 個の電子が A へ移動することと等価であると仮定する．すると電子移動が起こっても，D のカラムは中性分子 D と D^+ が交互に並ぶことに変わりはない（**図6.15b**）．図に示すように，電子移動の前後で系のエネルギーがほとんど変化しないことになる．したがって，$\delta = 0.5$ の場合には，$\delta = 1$ の場合に比べて電子がスムーズにカラム内を移動できることが分かる．これは，ドナーカラムの価電子帯の電子が，隣接するアクセプターの空の伝導帯により p-ドープされた状態とみなすことができる．このように，価数の異なる同種の分子が共存している状態を**混合原子価状態**と呼ぶ（Column「分子性導電体のオンサイト・クーロン U と移動積分 t」）．

以上の状況から考えて，混合原子価状態をもつ分離積層型構造の電荷移動錯体は，高い電気伝導性を示すことが期待される．

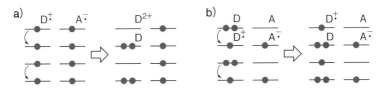

図6.15 電荷移動度 δ による電気伝導性の違い　a) $\delta = 1$ の場合，b) $\delta = 0.5$ の場合

分子性導電体のオンサイト・クーロン *U* と移動積分 *t*

　分子集合体の導電性を考えるには，分子間の移動積分 *t* と，オンサイト・クーロンエネルギー *U* とのバランスを考慮する必要がある．なお，オンサイト・クーロン反発とは，二つの軌道エネルギーの等しい半占有の軌道があったとして，その間で電子移動が起こると，片方は電子0個，他方は電子2個が埋まった状態となり，合計のエネルギーは上昇する．これがオンサイト・クーロン反発の定義であるが，通常，**図1**の状態において一つの軌道に2個の電子が収まることで生ずる電子間の反発のことをいう場合が多い．このような表現を用いて，ナトリウムのような無機イオンの伝導バンドを描くと，半占有の3s軌道の原子間の重なりなので，バンド幅はオンサイト・クーロンエネルギー *U* より十分大きく，半占有のバンド構造は維持される．しかし分子性結晶の分子間の重なりは小さく，バンド幅は狭く *U* で階段状の上がり幅は大きいので，それぞれのUHF（unrestricted Hartley Fock）軌道が集まって4 *t* の幅を作ったとしても，価電子帯と伝導帯の間に間隙ができ，絶縁体となることが理解される．

　ここのところを分かりやすく説明するには，一つの軌道に1電子しか入れないUHF軌道を用いるとよい．この軌道を用いると，一つのHOMOが梯子状に並んだ2個の軌道で表される．このHOMOに入る1個目の電子は階段の低い方の軌道に収まるが，2個目の電子は上の段に収まり，この階段の高さ *U* が電子間の反発に相当する（**図1**）．

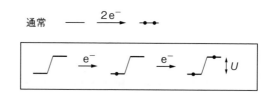

図1　UHF軌道による電子間反発の記述

　この軌道を用いてラジカル分子集合体の電子構造を記述すると，階段状軌道の軌道エネルギーの低い方に，すべて1つずつ電子が収まった状態になり，半占有のUHF軌道と，*U* だけエネルギーの高い空のUHF軌道がそれぞれ相互作用して，バンド幅4 *t* の軌道を形成するが，それらのバンドの間には *U* − 4 *t* の間隔ができてしまう．したがって，*U* − 4 *t* と熱エネルギー *kT* との兼ね合いで，絶縁体あるいは半導体になることが理解される．つまり，分子の導電性を考える上で *U*/4 *t* の比が重要なことが分かる（**図2**）．

半占有軌道をもつ分子の集合化

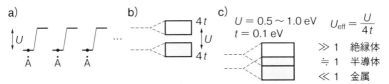

図2 半占有 HOMO をもつ分子性導電体におけるオンサイト・クーロン U と移動
　　積分 t のバランスと導電性の関係
a) 有機ラジカル分子（Å）の UHF 軌道への電子占有とその一次元配列．b) 半占有
軌道と空軌道のバンド幅．c) 実効的オンサイトクーロン反発（U_{eff}）．分裂幅が大
きければ絶縁体，熱励起可能なら半導体，重なっていれば金属．

6.4.3　電荷移動錯体の伝導度

1）有機合成金属　1973 年，TTF と TCNQ の 1：1 の組成をもつ電荷移動錯体
が金属的な挙動，すなわち温度の低下に伴って電気伝導率が増加する現象を示す
ことが発見され，最初の有機合成金属が誕生した．TTF-TCNQ 錯体の電気伝導度
の温度依存性を**図 6.16** に示す．この錯体の電気伝導度は室温で $5.0 \times 10^2\,\mathrm{S\,cm^{-1}}$
であり，66 K で最大値 $1.47 \times 10^4\,\mathrm{S\,cm^{-1}}$ を示す．この値は，室温におけるグラ
ファイトの電気伝導度 $7 \times 10^2\,\mathrm{S\,cm^{-1}}$ をはるかに越え，銅の $6 \times 10^5\,\mathrm{S\,cm^{-1}}$ に迫
る，まさに金属と呼ぶにふさわしい値である．

TTF-TCNQ 錯体の結晶構造は，**図 6.17** に示すように分離積層型の分子配列

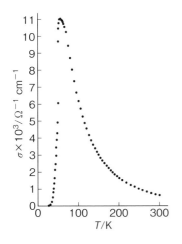

図6.16　TTF-TCNQ 錯体の積層方向の伝導度の
　　　　温度依存性（日本化学会 編[18]）より作図）

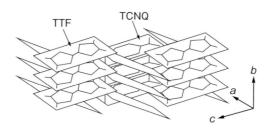

図 6.17　TTF-TCNQ 電荷移動錯体の X 線結晶構造

になっており，TTF，TCNQ がそれぞれ π-π スタッキング構造によってカラム
を形成している．TTF 分子の面間距離は 3.47 Å であり，TTF の硫黄のファンデ
ルワールス半径（1.85 Å）の和 3.70 Å より少しくいこんでいる．TTF-TCNQ 錯体
の電荷移動度は 0.59 と求められており，図 6.15 b に示したような混合原子価状
態が実現されている．

2）パイエルス転移　図 6.16 の伝導度の温度依存性曲線のもう一つの特徴は，
TTF-TCNQ 錯体の電気伝導度が 58 K で急激に低下し，その温度以下では絶縁体
になることである．この変化は，一般に**金属-絶縁体転移**（metal-insulator
transition）と呼ばれている．その原因を探るべく，低温での結晶の X 線回折など
が行われ，カラム内の一次元的な分子配列が低温にするとわずかにひずみ，D と
D$^+$ が接近して二量体化したことによるとの結論が得られた．一次元的な導電性
を示す金属であれば，このような金属-絶縁体転移が起こることは，すでに 1930
年に英国の物理学者パイエルス（R. E. Peierls）によって理論的に予言され，この
ような転移は，彼の名を付して**パイエルス転移**と呼ばれていたが，そのような金
属は見つかっていなかった．この有機合成金属での電子の導電経路は π-π ス
タッキングに沿っており，一次元的な強い異方性がある．その結果，この転移が
出現したといえる．

　TTF-TCNQ 錯体の出現以来，さまざまな TTF，および TCNQ 類縁体が合成さ
れ，それらを構成成分とする電荷移動錯体の電気伝導性に関する研究が活発に展
開された．特にパイエルス転移は低次元導電体に特有の現象として物理学者の注
目を引き，有機物導電体の研究は，学際的分野として大きな発展を遂げた
（Column「低次元導電体の構造変調に伴う絶縁化」参照）．

演 習 問 題

[1]　ポリアセチレンの導電性について以下の設問に答えよ.

　　1)　シス形のポリアセチレンには，不対電子（結合対を形成していない電子）は存在しないが，トランス形のポリアセチレンには，非局在化した不対電子が存在するという．この違いはどのように考えたらよいか.

　　2)　トランス形のポリアセチレンをヨウ素で酸化すると，金属に匹敵するような高い伝導度を示すという．その理由を簡単に説明せよ.

　　3)　ポリアセチレンの伝導度を測定するには薄膜を用いるので，大量のポリアセチレン分子の集合体を測定していることになる．試料の抵抗は，どの過程で決まると考えたらよいか.

シス形ポリアセチレン　　　トランス形ポリアセチレン

[2]　1)　有機ラジカルは半占有の最高被占軌道をもつにもかかわらず，アルカリ金属と異なり絶縁体である．理由を以下の用語を用いて説明せよ.

　　　　［半占有軌道，分子間共鳴積分（移動積分），オンサイト・クーロン反発］

　　2)　電子供与体（ドナー），電子受容体（アクセプター）からなる電荷移動錯体が金属となる条件を，以下の用語を用いて説明せよ.

　　　　［電荷移動度，分離積層配列，オンサイト・クーロン反発］

第7章　導電性の展開と応用

　これまで，物性を担う原子・分子の電子構造についてヒュッケル分子軌道を基にして議論してきたが，固体内の電子構造はバンド理論で議論されることが多い．そこでまず，バンド理論の基礎を簡明に解説したい．金属に関しては，一次元金属が示すパイエルス転移や，狭いバンド幅をもつ有機導電体の特性が，バンド理論ではどのように理解されるかを学ぶ．さらに，極低温物性や現代の医療にも不可欠な超伝導体につき，その転移温度を高める研究の歴史と超伝導の仕組みについて触れ，有機超伝導体の最近の研究を紹介する．次いで，現代のエレクトロニクスの発展に不可欠な半導体素子について，半導体内の電子の分布，p型やn型半導体の電子構造，それらの接合で得られるダイオードやトランジスタの作動原理を，バンド理論に基づき説明する．

7.1　物質内の電子エネルギー －波長から波数へ－

　導電性を示す結晶の導電挙動を理解するには，集合状態での電子構造を知る必要がある．軌道間の三次元的相互作用が重要な固体内の電子の振舞いを扱う上では，「ボンドからバンドへ」"From Bond to Band"という表現があるように，軌道の束であるバンドの構造を扱う**バンド理論**が有効となる．化学者にはバンド理論はなじみがないせいか，分かりにくい理論だと思われているが，一次元電子系であればそれほど難しいことはない．そこで，一次元系を例にとり，その基礎を紹介したい．一次元のバンド理論を学ぶと，逆にヒュッケル分子軌道が意外に正確な理論であることにも気づくだろう．将来，専門書を読むときの一助になれば幸いである．

7.1.1　自由電子

　固体の電子構造の理論として，自由電子モデルは，各原子の軌道を基本にする

LCAO 法とは立脚点が全く異なり，固体中を自由に移動する電子の波動関数を用いて議論する．この議論が単純な金属に対しては十分に適用できることを第 6 章で学んだ．実際，自由電子モデルは，金属のみならず半導体の電子機能を理解するためにも有効である．ここではまず基本的な自由電子モデルについて紹介し，次に自由電子を担う原子核やイオン間の距離と配列（格子構造）の影響を入れていくことで，理論がより正確になり幅広く適用されるに至った過程を学ぶ．

自由電子の運動エネルギーは，$E = 1/2 mv^2 = p^2/(2m)$（p は運動量，m は電子の質量）で表されるが，ド・ブロイの式 $p = h/\lambda = hk/2\pi$ を代入すると，電子の運動エネルギーは $E = (hk)^2/2m$ と表現される．そこで縦軸に一次元自由電子系の電子エネルギー E をとり，波数を横軸にとると放物線が得られる（図 **7.1**）．

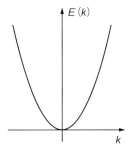

図 7.1　自由電子の波数依存性

7.1.2　電子の占有領域依存性

次いで，電子が一次元の長さ L の領域に存在する場合のエネルギーの波数依存性を考える．電子の波動関数では $\Psi(0) = \Psi(L)$ が成り立つので，$kL = 2n\pi$ となり，波数は式 (7.1) で表される．

$$k = 2\pi/\lambda_n = n(2\pi/L) \quad (n = 0, \pm 1, \pm 2, \pm 3, \cdots) \tag{7.1}$$

したがって，横軸に n を整数として $k_n = n(2\pi/L)$ をプロットすると，$-n_F, -(n_F-1), \cdots, 0, \cdots, n_F-1, n_F$ に対応して $k = -(2\pi/L)n_F, -(2\pi/L)(n_F-1), -(2\pi/L)(n_F-2), \cdots, 0, \cdots, +(2\pi/L)(n_F-1), +(2\pi/L)n_F$ となり，放物線が得られる．ここで，n_F は最もエネルギーの高い格子点に相当し，放物線の太線区間が電子に占有されることになる（図 **7.2**）．一つの格子点には向きの異なる 2 個のスピンが収まるので，全部で $4n_F$ 個の電子が収容される．つまり，自由電子の総

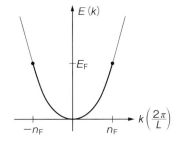

図 7.2　リング状一次元金属の軌道エネルギー
太線は電子占有域．

数を N とすると $n_F = N/4$, したがって式 (7.1) より $\pm k_F = \pi N/2L$ が**フェルミ波数**となり, 対応する**フェルミエネルギー**は, 式 (7.2) より $E_F = (\hbar k_F)^2/2m$ となる.

$$E_n = \frac{\hbar^2}{2m}k^2 = \frac{\hbar^2}{2m}n^2\left(\frac{2\pi}{L}\right)^2 \tag{7.2}$$

　なお, 格子点を数える場合, $n = 0$ を数えると $n_F = N/4 + 1$ となるはずだが, 一次元系の両端の寄与を排除するためにリングにしたときは, 環状 π 共役系のヒュッケル MO の場合と同様に, $-n_F$ と n_F は等価なので重複を避けると $n_F = N/4$ でよい.

7.1.3　電子系の次元性とフェルミ面

　一次元の井戸内の定在波とそのエネルギーの導出とを対照するために, 固体内の一次元, 二次元, 三次元電子系モデルをバンド構造で表してみる. 一次元的導電体のモデルとしては, 境界条件を単純にするために線の両端をつないだリングを用意する (**図 7.3 a**). リングの円周 (L) が十分長ければ, 両端をつなぐことで端の効果は無視できるようになる. リング上の電子の波動は定在波となるので, その波長はリングの周の長さ L の整数 (n) 分の1のもの $(\lambda_n = L/n)$ しか許されず, 点列の波数は $k_n = 2n\pi/L$ で表される. その間隔は熱エネルギーに比較して非常に小さいので, 連続的となりバンドとみなせる.

　k 空間で電子が収容されている最も高いエネルギーは**フェルミエネルギー** (E_F) と呼ばれる (添え字の F は Fermi の頭文字を示す). 一次元系のフェルミエネルギー (E_F) は z 軸上の点で示されるが, 電子間の相互作用が等方的な二次元系では, フェルミエネルギーは円状となり**フェルミ円**と呼ばれる (**図 7.3 b**). 一方, 等方的な三次元系電子系のフェルミ面は球形となり, **フェルミ球**と呼ばれる (**図 7.3 c**). つまり, フェルミエネルギーの等エネルギー面の形状から電子構造の次元性が判定できる.

　この章では, 半導体の内部の電子の構造と, すでに 6.4.3 項で紹介した低次元電子系のパイエルス転移にみられる構造の不安定性についてのみ, バンド理論的な説明を用いることとする. そこでバンド理論の長所の一端が分かるのではないか. 以上の議論は, 一次元物質のみでなく, 二次元, 三次元でもまったく同様に

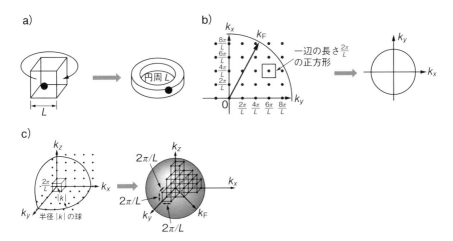

図7.3 a) 実空間の一次元電子系をループにする．b) k 空間における等方的な二次元電子系の波数分布とフェルミ円．c) k 空間における等方的な三次元電子系の波数分布とフェルミ球．

成り立つ．ただし，二次元，三次元では，原子あるいは分子配列に異方性がある場合が多い．その場合，方向によっては定在波の波長が異なることがありうる．そのため原点から一定の k ベクトルの先端の距離が完全な円や球ではなく，凸凹になる可能性がある．

7.1.4 状態密度とフェルミ-ディラック分布

次いで，半導体の内部で電子がどのように分布しているかを考える．「エネルギー E から $E + \Delta E$ の間にある電子の状態の数」を**状態密度** $D(E)$ と定義し，この関数を三次元電子系で導出するには，E と $E + \Delta E$ に対応する波数の半径をもつ球を二つ描き，その二つの球の間に挟まれた球殻内のエネルギー状態数を数えればよい（**図 7.4**）．$N(E)$ はあるエネルギーをもつ電子状態の数を表す関数で，これを一辺の長さ L の立方体の体積 (L^3) で割ると，状態密度 $D(E)$ は，エネルギー E の平方根に比例する近似式で表される（式 7.3）．状態密度の導出は付録 A7.1 を参照のこと．

$$D(E) = \frac{N(E)}{L^3} = \frac{1}{4\pi^3}\left(\frac{\sqrt{2\,m}}{h}\right)^3 \sqrt{E} \qquad (7.3)$$

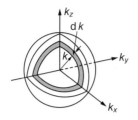

図 7.4 半径 k の球と半径 $k + \mathrm{d}k$ の球との間にある球殻

電子はフェルミオンと呼ばれる特殊な粒子であり，半導体のように軌道のエネルギーがほぼ連続的に存在する場合，電子の詰まり方はフェルミ-ディラックの統計に従い，温度 T でエネルギー E をもつ粒子が存在する確率 (P) は，**フェルミ-ディラックの式** $F(E)$（式7.4）で表される．

$$F(E) = P = \cfrac{1}{1 + \exp\left(\cfrac{E - E_{\mathrm{F}}}{kT}\right)} \tag{7.4}$$

分母の中の E_{F}（フェルミエネルギー）は，系内で電子がとれる最も高いエネルギーである．フェルミ-ディラック分布の特徴を確認するために，式 (7.4) に $T = 0$ に近い値を代入すると，$E > E_{\mathrm{F}}$ の場合，確率 P はほぼ 0，$E < E_{\mathrm{F}}$ の場合は，exp の値が 0 に近くなるので $P \approx 1$ となり，$T = 0$ では階段状の関数であることが分かる．また，$E = E_{\mathrm{F}}$ を代入すると温度にかかわらず確率は 1/2 になる（**図 7.5**）．ところで，半導体のバンドギャップの差は，通常 1 eV 程度であるので，$E - E_{\mathrm{F}}$ は 0.5 eV 程度であり，室温（300 K）では $E - E_{\mathrm{F}} \gg k_{\mathrm{B}}T$ が成り立つ．したがって，フェルミ-ディラックの関数の分母は，指数関数の項が 1 より圧倒的に大きくなるので，$F(E) = \exp\{-(E - E_{\mathrm{F}})/k_{\mathrm{B}}T\}$ となり，マクスウェル-ボ

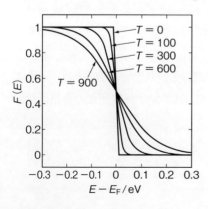

図 7.5 フェルミ-ディラック関数（T の単位は K）

ルツマン分布の式で近似できる.

7.2 バンド理論の基礎 －一次元電子についての説明－

一次元の箱の中の電子の波動性を重視する一次元井戸型モデルの前提を, 復習を兼ねて以下にまとめる.

1) 一次元の原子配列あるいは直鎖共役 π 分子を対象とし, 電子はこの原子列 (長さ L) の方向に沿って運動するものとする.

2) 原子列の中では, 電子に対するポテンシャルエネルギーはゼロで平坦なものとする.

3) 原子列の外ではポテンシャルは無限大で, 電子は原子列の外に出ることはない.

4) 井戸内で電子が波として存在するのは, $x = 0$, $x = L$ の位置で振幅がゼロになる**定在波**である.

したがって, 一次元井戸型ポテンシャル場の中に存在するのは, 半波長の整数倍が L [$n(\lambda/2) = L$, $\lambda = 2L/n$, $n = 1, 2, 3, \cdots$] となるような定在波に限られる (図 7.6).

すでに 6.2 節および 6.4 節で学んだように, 室温で金属的導電性を示す一次元性の遷移金属錯体や有機の電荷移動錯体の結晶が, 低温では絶縁化することが知られている. また有機分子では半占有の HOMO をもつドナー分子の結晶ができても, ナトリウムのように金属的導電性を示すことはない. このような事例を, 本章 7.1 節で述べたバンド理論で説明していこう.

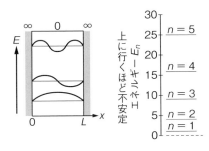

図 7.6 一次元井戸中の電子の軌道とそのエネルギー

　バンド理論ではバンドを構成する電子のエネルギーを議論するのに，波長に代わって波長の逆数である**波数**（$2\pi/\lambda$）を用いることが多い[†]．波数とは，向きと長さをもつベクトルであり，**波数ベクトル**と呼ばれる．バンド理論では，一様でかつ連続な導体の中に，縦（x軸方向），横（y軸方向），高さ（z軸方向）がそれぞれLの長さの立方体を考える．"井戸型ポテンシャル"との相違点は「箱の中と外のポテンシャルが等しい」ことである．

　以下，この立方体を通過する電子の波の特徴を列記する．

1) マクロな金属の一部である一辺Lの箱（結晶格子）を思い浮かべ，それが集まってできていると考える．言い換えれば，導体全体で起こる現象を一つの箱の中で厳密に議論する．

2) 自由電子は，実空間にある立方体（箱）の中を「x軸方向，y軸方向，z軸方向」に通過できるとする（**図7.7**）．この立方体の一辺の長さをLとする．エネルギーは波数で表現する．

3) 電子の波がこの箱を通過する際，箱への進入時と箱からの退出時の「位相が等しい」とする．すなわち，軸に平行に通過する波の波長は，$k = 2\pi/(L)\cdot n$（n：整数）で表される（図7.2参照）．

4) 箱の中の自由電子の数Nは常に一定で，一方の側から電子が退出する瞬間に，反対側から同じスピンをもつ電子が，同速度・同方向で進入する．

5) 理想的な1価金属の場合には，電子の総数Nは原子（イオン）の総数に等しい．2価金属の場合はその2倍の$2N$となる．

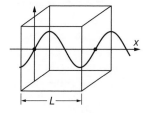

図7.7　物質内の一辺Lの立方体を通過する電子

[†] なぜ2πが付くかは，電子軌道エネルギーの導出を復習すると納得できる（Column「バンド理論での波数の定義」）．

◎ 🔩 バンド理論での波数の定義

　図 a に示す幅 L の井戸の内側では，ポテンシャルエネルギーはゼロで，電子は自由に運動することができるが，外側のポテンシャルは無限大なので，電子は飛び出すことはできない．一次元の井戸内の電子の波は定在波として存在し，三角関数で表され（図 b），とびとびの値をもつ（図 c）．

　井戸の中の一次元座標軸上の電子の質量を m，位置を x とし，$\lambda = 2L$ なので $\Psi(0) = 0$，$\Psi(L) = 0$ を周期境界条件として一次元のシュレーディンガー方程式

$$-\frac{\hbar^2}{2m}\frac{\mathrm{d}^2\Psi(x)}{\mathrm{d}x^2} = \varepsilon_x\Psi(x)$$

を解くと固有関数は $\Psi_k(x) = A\sin(2\pi/\lambda)x$ となる．ここで $2\pi/\lambda = k$ とおくと，

$$\Psi_n(x) = A\sin(nx) \quad \left(A = \sqrt{\frac{2}{L}}\right)$$

と表現される．固有値は，

$$\varepsilon_n - \frac{n^2h^2}{8mL^2} = \frac{\hbar^2 k_n^2}{2m} \quad (n = 1,2,3,\cdots)$$

と求まる．

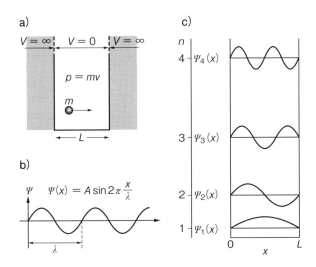

　図　a) 幅 L の井戸の中の電子，b) 波動を示す正弦関数，c) 許可される定在波

　　また，電子の波の運動量は $p = (h/2\pi) \times (2\pi/\lambda) = \hbar k$ と波数に比例する．したがって，波数の 2π は波動を三角関数で表現することに由来することが分かり，このように定義することで，図1cの波長を波数に置き換えて，電子の運動エネルギーを波数の関数としてプロットすると放物線上の点列（$\varepsilon \propto k_n^2, n = 1, 2, 3, \cdots$）として表すことができる（本文図7.2参照）．

　これまで，原子，分子内の波動関数のエネルギーや周期を x, y, z を座標軸とする実空間で表してきたが，原子や分子の集団の電子軌道を議論するには，波数ベクトル k_x, k_y, k_z を座標軸とする波数空間で議論する方が，論点が明確になる場合がある[†]．

7.3　周期的ポテンシャル内の電子

7.3.1　格子の周期性とエネルギーバンドの出現

　一次元自由電子系のエネルギーは電子の波数の絶対値が大きくなるにつれ，二次関数として連続的に大きくなる（**図7.8a**）．しかし，実際の結晶では各原子から1個の自由電子を提供した原子核が間隔 a で整列し，正のポテンシャル曲面の一次元配列を形成している．その周期性が放物線状の電子エネルギーに間隙（ギャップ）を生み出す．

　この現象を理解するために，結晶に入射されたX線が格子面で反射する場合を考える．X線が格子面に角度 θ で入射すると，ある格子面で反射されるX線と，そのすぐ下の格子面（面間隔 d）で反射されるX線との間で干渉が起こる．入射するX線の光路差は $2d\sin\theta$ であり，X線の波長を λ（$= 2\pi/k$）とすると，$2d\sin\theta = n(\lambda/2)$ の n が偶数の場合は二つのX線が強め合い，奇数の場合は弱め合う（**図7.8b, c**）．これをブラッグ（Bragg）則という．

　ところで，一次元に配列した原子列に平行に電子が流れる場合も同様なことが起こる．

　結晶内の電子の波長が原子間の間隔 a の2倍になったとする（$\lambda = 2a$）．間隔

[†]　角田正夫・笹田義夫『X線解析入門』[25]，大橋裕二『X線結晶構造解析』[26] の該当箇所を参照のこと．

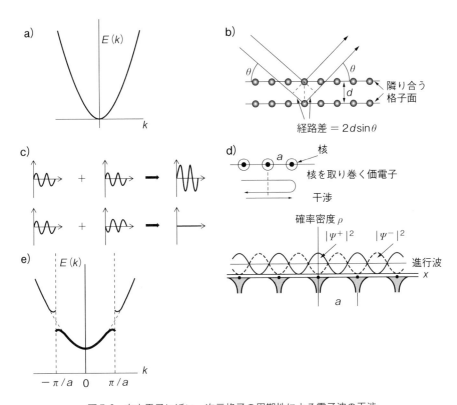

図7.8 自由電子に近い一次元格子の周期性による電子波の干渉
a）一次元自由電子のポテンシャルエネルギー．b）単結晶へのX線の照射と行路差をもつ反射．
c）ブラッグ則：位相のあった場合（n偶数；上図），半位相ずれた場合（n奇数；下図）の波の
干渉．d）一次元の電子配列上の電子移動．折れ曲がった矢印に記入された破線右側は行路差
を示す（d 上）．行路差$2a$の電子波の干渉．干渉して生じた二種の定在波のうちΨ^+は核の位
置で振幅は極大，Ψ^-では節となる．実線および破線の波は，波動関数Ψ^+およびΨ^-の二乗で
表される電子存在確率エネルギーを示す（d 下）（C. Kittel[23]より作図）．e）一次元格子の周期
性によりポテンシャル曲線の$k = \pi/a$に現れる禁制帯．

aで並んでいる原子に対する電子波の反射を考えると行路差は$2a$であり，ちょ
うど電子波の波長λと一致する（**図7.8 d 上**）．この状況では電子波の反射がブ
ラッグ条件を満たすので，波数が$k = 2\pi/\lambda = 2\pi/2a = \pi/a$のところで強い反
射が起こり，反射波が進行波と混ざることにより，二つの定常波となる．そのう
ちのΨ^+は，核の位置に波の振幅の腹があり，Ψ^-（破線）では節に当る．**図
7.8 d 下**に示す波動関数Ψの二乗で表される電子の存在確率をみると，$|\Psi^+|^2$（実
線）では電子の存在確率が原子上で最大，$|\Psi^-|^2$（破線）では原子上で0となって

おり（図 **7.8 d 下**），エネルギー曲線は $k = \pi/a$ で E_+ と E_- とに分裂する．これは，放物線で表されていた一次元にエネルギー準位のない箇所（**禁制帯**）が出現することを意味している（図 **7.8 e**）．

7.3.2　ブロッホ関数

　結晶のように正の電荷をもつイオンが周期的に配列している場で，自由電子の波動関数がどのような影響を受けるかは，ブロッホ関数を考えることで説明できる．ブロッホ関数は電子の波動関数と格子の周期ポテンシャル関数の積で表される．

　　　　ブロッホ関数 ＝［周期ポテンシャル関数］·［電子の波動関数］

　ここでは末端の影響を排除するために，環状の周期的ポテンシャル（U）を考える．ポテンシャルエネルギーの周期は a なので，$U(x) = U(x + ja)$ と書ける（j は整数）．環状の対称性を考慮して，$\Psi(x + a) = C\Psi(x)$ のような波動関数の解を求める．波動関数は，環を一回りすると原子数 N で元の位相に戻ることになる．

　　$\Psi(x + Na) = C^N\Psi(x)$　ゆえに，C は 1 の N 乗根（虚数解）で表される．
$$C = \exp(i2\pi j/N) \quad j = 0, 1, 2, \cdots, N - 1$$

7.3.3　バンド構造の折り畳み

　整数 n を正負に広くとり，エネルギー（E-k）曲線を求めると，周期的な曲線がエネルギーのギャップを挟んで層状に重なっていることが分かる（図 **7.9 a**）．曲線は周期的なので，図 7.9 a のように $-\pi/a \le k \le \pi/a$ の範囲だけを描けば

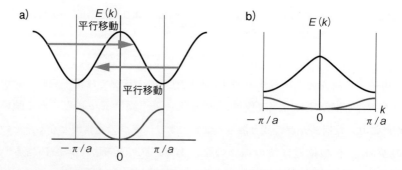

図 7.9　a）ほぼ自由な電子の第一，第二ブリルアンゾーンのバンド構造．第二ブリルアンゾーンのバンドの平行移動．b）第二ブリルアンゾーンを第一ブリルアンゾーンに折り畳んだ図．

十分で，この形式は還元ゾーン形式と呼ばれ，必要最小限のスペースでバンド構造を表現できる．この場合は一番下の曲線が第一ブリルアンゾーンでその上が第二ブリルアンゾーンとなる（図 7.9 b）（7.4.1 項参照）．

7.4 禁制帯の出現

7.4.1 金属・半導体の区別

図 7.10 は一次元周期ポテンシャル内での電子のエネルギーを k に対してプロットしたものである．点線は，一定ポテンシャルの中を動く電子に対応した式 (7.1) の放物線である．周期ポテンシャルの効果を実線で示した．$k = \pm \pi/a$ での分裂は干渉によるエネルギーの分裂幅に等しく，バンド内のギャップはこの点 ($k = \pm \pi a$) で現れることがわかる．同じ論拠によって，格子に半波長が整数個ちょうど収まるときは，いつでもエネルギーギャップが生ずるといえる．すなわちギャップは波数が $\pm \pi a$ の倍数のときに出現する．図 7.10 は $k = \pm 2\pi a$ の電子波と，これに対応したバンド構造中のエネルギーギャップを示している．自由電子モデルにおけるエネルギーギャップは，格子内での電子間の強い干渉に基づくものであり，その波長はブラッグ条件を満足している．

禁制帯で分離されたエネルギーの低い部分 (E_+) は，**第一ブリルアンゾーン（ブリルアン帯）**，エネルギーの高い部分 (E_-) は，**第二ブリルアンゾーン**と呼ばれる（正確な定義は付録 A7.2 にある）．各原子から 1 電子が自由電子として放出

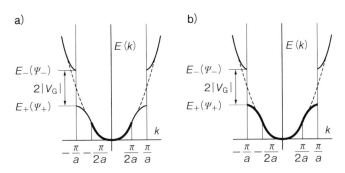

図 7.10 一次元格子の周期性による電子波の干渉により生ずる禁制帯の出現
a) 第一ブリルアンゾーンの電子分布に空きがあれば金属，b) 完全に充填していれば半導体あるいは絶縁体となる．太線は電子占有部分を示す．

された場合，電子は第一ブリルアンゾーンを半分まで埋めることになる．したがって導電性は金属的となる（**図7.10a**）．一方，各原子から2電子が放出された場合は，第一ブリルアンゾーンは完全に充填され，その上に禁制帯があるので（**図7.10b**），禁制帯の幅に応じて半導体あるいは絶縁体となる（6.1.2項）．

なお，二次元電子系，三次元電子系の波数ベクトル分布とバンド構造については，付録A7.2, A7.3で詳しく解説する．

7.4.2　ヒュッケル分子軌道理論での禁制帯の出現

この章ではバンド理論により，格子の周期性の取り込み，金属と絶縁体を区別する禁制帯の出現を解説したが，3.3.2項で述べた環状 π 共役系の軌道のエネルギーをヒュッケル分子軌道の一般式で求めた電子構造（**図7.11**）と比較してみたい．太線で示した一次元電子系（リング状）の占有領域（**図7.10a**）は，ヒュッケル分子軌道法で求まる環状共役 π の軌道エネルギーの一般式 $E_j = \alpha + 2\beta\cos(2j\pi/n)$ 　n：炭素原子数，j：分子軌道の番号（$j = 0, \pm1, \pm2, \cdots, \pm n/2$）と相同である（**図7.11**）．また，エネルギー曲線はコサイン関数なので $j = \pm n/2$ のところで湾曲しており，充填された電子系が安定化することを表している．ヒュッケル分子軌道法は周期的に分布する原子核と電子の静電相互作用をすでに取り入れているので，かなり正確に環状の電子系のエネルギーを記述していることが分かる．

分子性導電体では，2個の電子が同じ軌道を占有したときに生ずる電子間の反発（U）がバンド幅（$4t$；tは移動積分）に比べ大きいので，金属的導電性を得るにはドーピング量を調節し，混合原子価を実現する必要がある（第6章 Column「分子性導電体のオンサイト・クーロン U と移動積分 t」参照）．

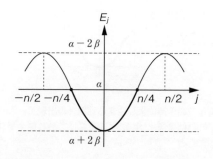

図7.11　ヒュッケル分子軌道法で求めた環状 π 電子系の軌道エネルギー．太線は電子の占有部分を示す．

7.5 一次元導電体のパイエルス転移

パイエルス転移で生じる格子と電子の分布の変調は，第一ブリルアンゾーンと第二ブリルアンゾーンが分裂したのと同等の理由による．**図7.12a**に示した等間隔に並ぶ一次元電子系には不安定性があり，原子配列が二量体化した方が安定になる．二量体化すると，原子配列の周期も2倍になり，原子で反射されたときの行路差は$4a$となる．これは$k = \pi/2a$で，半占有の金属的電子占有状態の上端に相当し，ここでエネルギー曲線が分裂し，電子エネルギーが安定化することを意味している（**図7.12b**）．この転移はまさに6.4.3項に出てきた**パイエルス転移**に当る．物性物理・化学の分野では，この転移に伴い電子の分布に**電荷密度波**（charge density wave；CDW）が立ったと表現する．つまりヒュッケル分子軌道法は，格子系の変調による軌道エネルギーの安定化にも対応できることを物語っている（6.4.3項および第6章 Column「低次元導電体の構造変調に伴う絶縁化」参照）．

以上の考察の内容を逆にいうと，一次元系の絶縁相転移を抑制するには，電子間に二次元，三次元の相互作用をもたせる必要があるということになる．

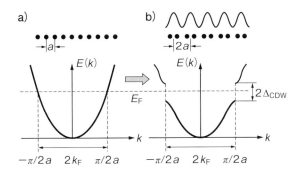

図7.12 パイエルス転移に関わる一次元電子系における原子配列と電子のエネルギーポテンシャル
a) 転移前の均等な配列，b) 転移後の二量化した配列における電子エネルギーポテンシャルの分裂と安定化

7.6 超 伝 導

　ここで超伝導という現象について簡単に触れる．超伝導は難しい物理現象であり，バンド理論で説明することはできない．超伝導の微視的な解明は，BCS 理論 (Bardeen, Cooper, Schrieffer) という電子-格子相互作用に基づく理論が用いられている．

7.6.1　超伝導の歴史

　超伝導 (superconductivity) とは，固体の電気抵抗がゼロとなり，いったん電流を流すと減衰せずに永久に流れ続けるとともに，マイスナー効果と呼ばれる完全反磁性を示す現象をいう．超伝導転移は 1911 年に水銀 Hg で初めて発見され，超伝導相への転移温度 (T_c) は $T_c = 4.2$ K であった．現在ではさまざまな金属や合金，あるいは金属酸化物が超伝導性を表すことが知られている．

　単体元素の中では，ニオブ Nb の相転移温度 ($T_c = 9.25$ K) が最も高い．単体元素の研究に次いで，合金や化合物を作って T_c を高めようとする研究が行われ，$T_c = 23.2$ K の Nb_3Ge が見つかった．しかしこの合金を用いても，超伝導状態にするには液体ヘリウム (沸点 4 K) を用いる必要がある．ところが近年，液体窒素の沸点 (77 K) より高温で超伝導を示す金属酸化物 (Ba-Y-Cu-O 系超伝導体) が発見された．その発見の経緯や超伝導の機構を紹介する．

7.6.2　ペロブスカイト構造の誘電体から超伝導体へ

　高温超伝導体の発見のきっかけは，直接は関連のない金属酸化物を用いた強誘電体の研究から得られた．チタン酸バリウム ($BaTiO_3$) のような金属酸化物の強誘電体 (図 7.13a, 付録 A7.4) の性能向上を目指して，ペロブスカイト構造体 $LaCuO_3$ の La の一部を Ba に置換する実験が行われた．La_2O_3, $Ba(NO_3)_2$ および CuO を適当量混合し，約 1000 ℃で焼結して焼結体が得られた．この酸化物の電気抵抗を測定したところ，偶然にも 10 K 以下で超伝導に転移することが見つかった (図 7.13b)．

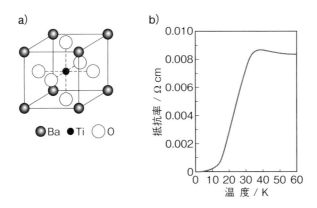

図7.13 a）チタン酸バリウムの結晶構造，b）Ba-La-Cu-O系超伝導体の抵抗率の温度依存性の傾向

7.6.3 超 90 K 級超伝導体の出現

その後，より高い転移温度を目指す広範な研究の中から，La^{3+}（イオン半径 1.14 Å）を，よりイオン半径の小さい Y^{3+}（イオン半径 0.92 Å）に置き換える実験が行われ，液体窒素温度領域（70 K 以上）の T_c をもつ金属酸化物が発見された（**図7.14**）.

この 90 K 級の超伝導体 $Ba_2YCu_3O_7$ の構造（**図7.15**）は，上記のチタン酸バリ

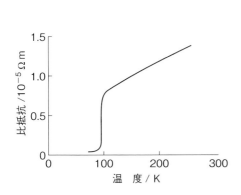

図7.14 Ba-Y-Cu-O系超伝導体の抵抗率の温度依存性（再掲）

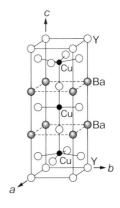

図7.15 Ba-Y-Cu-O系超伝導体 $Ba_2YCu_3O_{7-\delta}$ のペロブスカイト類似構造

ウム（BaTiO$_3$）の構造単位を三層に重ね，最上層と最下層の Ba を Y で，Ti を Cu で置き換えたものである．しかし，Y 原子の面には O 原子はまったく存在せず，上下を BaO 面に挟まれた CuO 面の O-Cu-O 鎖は b 軸方向のみで，上層と下層の CuO$_4$ はピラミッド形に変形している．超伝導相への転移温度が，不足する酸素原子の量によって敏感に影響を受けることから，この Ba-Y-Cu-O 系の超伝導は上層と下層の CuO$_2$ 面内で起こっていると推察され，銅原子の酸化数の混合原子価状態（さまざまな酸化数が混ざっていること）が重要なことを示唆している．

　この超伝導体を電線のように加工することは困難なため，残念ながら実用に至っていない．地球規模での液体ヘリウムの枯渇が危惧されている現在，高い超伝導転移温度をもつ金属酸化物超伝導体の加工技術を向上させることは重要な課題である．

7.6.4　超伝導の機構

　超伝導発現の機構は大変難しいので，ここでは定性的な説明のみに止める．超伝導とは電気抵抗 "0" で，電気を流しても熱を発生することがなく，エネルギーの損失も起こらず電気が永久に流れ続ける現象である．原子で形成された結晶格子が負の電荷をもつ電子を安定化するためにゆがむと，ゆがんだ格子を介して二つの電子の間に引力が働き，**クーパー対**と呼ばれる電子対が形成される場合がある（**図 7.16 a**）．電子は前述のようにフェルミオンとしてフェルミ-ディラック

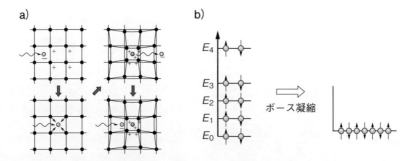

図 7.16　超伝導の電子構造－フェルミ粒子からボース粒子へ
a）格子の変形によるクーパー対の形成，b）フェルミ粒子とボース粒子の分布
（岡山大学 秋光純教授のホームページを元に作図）

の統計に従うが，電子がクーパー対を形成するとボース粒子となり（ボース凝縮），ボース統計に従い無数のボース粒子が最安定の状態を占有するようになる（図7.16b）．その結果，超伝導相への転移が起こり，電気抵抗が0になると共に，完全反磁性（磁力線をまったく通さない性質）を示すと説明されている．

7.6.5　有機超伝導体

最後に，近年急速に発達した，有機物で超伝導を実現する研究の流れについて述べる．有機合成金属は平板型の分子構造を反映して，一次元性の導電体を与えるという特徴があるが，低温では絶縁化するものが多い．低温でも安定な金属相を保つ有機導電体を合成するには，1）TTF に含まれる硫黄原子（S：vdW 半径 1.80 Å）よりファンデルワールス（vdW）半径が大きい元素，例えば同じカルコゲン元素であるセレン（Se：vdW 半径 1.90 Å）を用いる，2）TTF の周縁を修飾して結晶内で二次元，三次元の分子間相互作用を導入する，という方策がある．前者の指針に基づいて合成された TMTSF（<u>t</u>etra<u>m</u>ethyl<u>t</u>etra<u>se</u>lena<u>f</u>ulvalene，図7.17）とヘキサフルオロリン酸イオン PF_6^- のラジカルカチオン塩 $(TMTSF)_2PF_6$（組成2：1）は，20 K まで金属的挙動を示すことが報告された．さらに，圧力を掛けて電気伝導性を測定すると，この塩は 12 kbar（1 bar $= 10^5$ Pa）の圧力下，0.9 K において有機物質で最初の超伝導体に転移した．

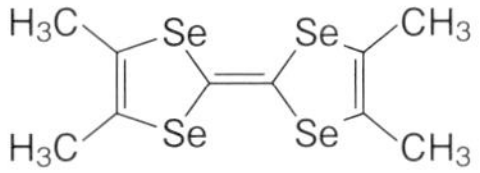

一方，6.4 節で紹介した TTF の両端に，後者の方針に従いエチレンジチオ基を導入した BEDT-TTF（<u>bis</u>(<u>e</u>thylene<u>di</u>thio)<u>t</u>etra<u>t</u>hiafulvalene）（図7.18a）は，対イオンに応じさまざまな配列をもつ結晶系をと

図7.17　TMTSF の分子構造

り，その中でも BEDT-TTF 塩の β 型結晶 β-$(BEDT-TTF)_2I_3$ は，エチレンジチオ鎖の硫黄原子（S）の導入で分子間での S…S 接触[†]により二次元的な電子構造をとる．この塩は極低温まで金属的な導電性を示し（図7.18b），さらに圧力を掛けると 8 K と，有機物としては比較的高い超伝導転移温度（図7.18c）をもつことが分

[†] ドナーと1価のアニオンからなる2対1塩では，ドナー分子は+0.5の電荷をもっており，この電荷はドナーの HOMO の分子軌道の係数の二乗に比例して分布している．したがって S…S 接触している硫黄原子も若干正電荷を帯びている．そのため硫黄原子の非共有電子対間には引力的電子相互作用が働き，伝導経路となりうる．

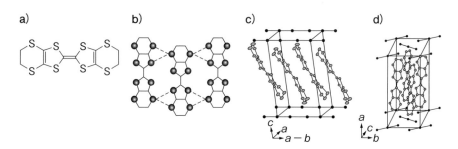

図 7.18　a）BEDT-TTF の分子構造，b）その分子間 S-S 接触，c）(BEDT-TTF)$_2$I$_3$ の β 相，
d）同 κ 相

かった．また，近年見つかった κ 型結晶には超伝導転移点の高いものが多い（**図7.18d**）．κ-(BEDT-TTF)$_2$Cu(NCS)$_2$ は転移温度が 10.4 K であり，10 K を凌駕するものも出てきている．現状では有機超伝導体の転移温度はまだ 10 K 付近であるが，設計可能な有機分子の特徴を活かし，将来より高い転移温度をもつ結晶が誕生することを期待したい．

7.7　真性半導体の電子の分布

真性半導体の伝導帯と価電子帯（**図7.19a**）の電子分布は，状態密度関数 $D(E)$（**図7.19b**）とフェルミ-ディラック分布関数 $F(E)$（**図7.19c**）の積をエネルギー領域内，すなわち n キャリアの分布は伝導帯（conduction band）の底（E_C）から電

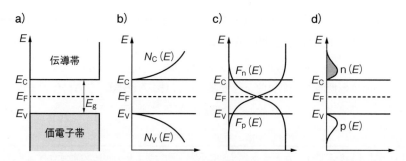

図 7.19　a）真性半導体のバンド構造，b）状態密度関数 $D(E)$，c）フェルミ-ディラックの分布関数 $F(E)$，d）状態密度関数とフェルミ-ディラックの積で求まるキャリア濃度 n(E)，p(E)

子が占有しているところまで，pキャリアの分布は価電子帯 (valence band) の頂(いただき)
(E_V) から底までを積分することで求められ，図 **7.19 d** でそれぞれ n(E)，p(E)
のように示されている．また，フェルミレベル E_F は，伝導帯と価電子帯の中間
にある禁制帯の中央に位置する．

6.1.3 項の (2) で触れたグラファイトは，高い導電性を示し半金属と呼ばれる．
これは，価電子帯と伝導帯が連続的に接しているが，伝導帯上端の状態密度が低
く金属状態の安定性に乏しいためである．

7.8 半導体の電子構造と機能

ここまでバンド理論の基礎について述べてきたが，現代のエレクトロニクスに
不可欠な半導体素子の機能についてバンド理論に基づき説明を加える．

7.8.1 pn 半導体の接合

半導体の電子構造に適しているのは，IV (14) 族の炭素，ケイ素，ゲルマニウ
ムである．IV (14) 族の原子は sp^3 混成軌道により 4 個の原子と正四面体構造を
もつ結晶を形成しており，ほぼ絶縁体である．ドーピングをしなくても導電性を
示すものは**真性半導体**と呼ばれる．

半導体内部の電子構造をバンド理論で精密に記述することもできるが，かなり
複雑になるので，ここでは 1.2.1 項および 6.1.2 項で述べたように，電子が完全に
詰まった価電子バンド (帯) と空の伝導バンド (帯) があるとする．そこに電子供
与性 (ドナー) の原子，あるいは電子受容性 (アクセプタ) の原子を置換不純物と
して極少量添加すると，伝導度は大幅に向上する．この操作は**ドーピング**と呼
ぶ．不純物というとゴミのようだが，ここでは母結晶とは異なる原子を意味して
おり，半導体の機能化には不可欠な添加物である．

図 **7.20** に p-ドープと n-ドープ半導体の模式図を載せる．シリコン (ケイ素)
半導体の場合，アクセプタとなるのは例えばホウ素原子，ドナーとなるのはリン
原子である．ホウ素原子がケイ素原子と sp^3 混成軌道で 4 本の共有結合を生成す
ると 1 電子が不足する．シリコンの価電子帯の近くには，ホウ素原子のアクセプ
タ軌道 (E_A) が存在するので，シリコンの価電子バンド内の電子がアクセプタ軌

道に移動する．これに伴い，シリコンの価電子バンドに正孔が生じ（図7.20a灰色の丸），キャリアとして動き回るので p（positive）**ドープ半導体**が得られたことになる．電子を受け取ったホウ素は負の**固定電荷**（非局在化しない電荷）（図7.20a アニオン：黒丸）を担う．

　ドナーの場合は逆のことが起こる．リン原子がケイ素原子と sp³ 混成軌道で4本の共有結合を形成すると，電子が1個残る．ドナー軌道（E_D）はシリコンの伝導帯の少し下にあるので，この電子は容易に伝導帯に飛び込み，キャリアとして動き回る（図7.20b黒丸）．これで n（negative）**ドープ半導体**が形成される．その際，リン原子は陽イオンを固定電荷として担う（図7.20b　カチオン：灰色の丸）．これらの操作では電気的中性が保たれるので，いずれの場合もキャリアとなる正孔（電子）の数とホウ素（リン）原子の正（負）の固定電荷数は等しい．

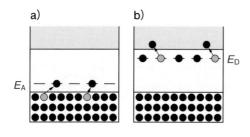

図7.20　a）シリコン半導体へのホウ素の添加によるp型半導体，b）リンの添加によるn型半導体の形成する電子（黒丸）および正孔（灰色の丸）．E_A：ホウ素の LUMO のレベル，E_D：リンの HOMO のレベル．

　半導体を流れる電流は，原則的にはオームの法則に従っているが，これから外れる特性，例えば電流を一方向のみに流す整流性や，電流を増減できるトランジスタ機能をもたせれば，回路設計に役立つはずである．実際，p型半導体とn型半導体を接合することで，真空管（Column「真空管の仕組み」参照）に代わる電子素子（ダイオード，トランジスタ）が実現し，現代のエレクトロニクスを支えている．次節で，その原理について紹介する．

7.8.2　p-n接合とダイオード形成
　価電子帯に移動できる正孔をもつp型ケイ素半導体と，伝導帯に移動できる電子が存在するn型ケイ素半導体を接合すると，電子と正孔はどう振舞うかを考えてみよう（p.154 **図7.21**）．

真空管の仕組み

二極真空管

二極真空管(二極管)はガラス管の中
に,フィラメント(電気抵抗の比較的大
きい電線で,両端を外部に引き出してあ
る)と,フィラメントに向き合う板状の
電極(アノード,形状からプレートと呼
ぶ)を封入した形をしている.ガラス管
はフィラメントが燃焼しないように真空
にしてある.

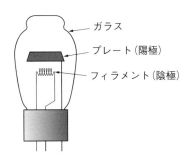

ガラス
プレート(陽極)
フィラメント(陰極)

図1 二極真空管

真空中でフィラメント電極(陰極,カ
ソード)に電流を流すと加熱され,熱電子が放出される.このとき,フィラメ
ントを基準にしてプレート(陽極,アノード)側に正電圧を与えると,放出さ
れた熱電子は正電荷に引かれ陽極に飛び込む.この結果フィラメントからプ
レートに向けて電子の流れが生じる.すなわち,プレートからフィラメントに
向かって電流が流れることになる.

また,プレートに負電圧を与えると熱電子は負電荷に反発してプレートには
達しない.したがって,二極管はプレートからフィラメントに向かう電流のみ
通すことになり,整流効果が得られる.

三極真空管

この真空管にさらにもう一本,陰極の
近くに金属の網状の「グリッド」という
電極を取り付ける.三つ目の電極である
グリッドに正の電圧を掛けると,陰極か
ら放電される電子の飛び出しが強く抑え
られ,プレート(陽極)からの電流は大
きく減少する.逆にプレートへ掛ける電
圧を下げていくと,陽極からの電流は大
幅に増大する.つまり,グリッドからの

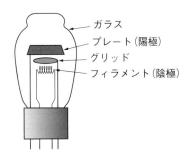

ガラス
プレート(陽極)
グリッド
フィラメント(陰極)

図2 三極真空管

小さな電流の変化で陽極からの電流を増幅できることになる.

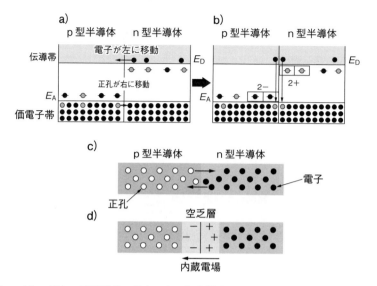

図7.21 a, b) p型とn型半導体の接合による電子構造変化. 電子 (黒丸), 正孔 (灰色の丸). c) 電子はn型半導体からp型へ, 正孔はp型からn型へ移動. d) 二つの接合面に正電荷と負電荷からなる空乏層が形成される.

1) p-n接合による電子構造変化 上記二種の半導体を接合すると, p型半導体の価電子帯からは正孔 (灰色の丸) の一部が, n型半導体の価電子帯に拡散する (図7.21a左下側 灰色の丸→). 一方, n型半導体の伝導帯からは, 電子 (黒丸) の一部が, p型半導体の伝導帯に拡散する (図7.21a左上側 黒丸→). p型半導体の価電子帯内の正孔, またはn型半導体に移動した正孔は, n型半導体の伝導帯から落ちてきた電子と再結合して消失する (灰色の丸3個が1個になる) ので, その後には**負の固定電荷** (黒丸の枠2個) が余分に残る (図7.21b左下側). 一方, n型半導体の伝導帯の付近のドナー準位では電子 (黒丸) が2個消失したので, **正の固定電荷** (灰色丸の枠2個) が余分に残る (図7.21b右上側).

上方からみた正孔, 電子の平面的な分布図 (図7.21c) でこの変化をみると, 図cの状態から上記の再結合により接合面に正・負の固定電荷が次第に溜まり, 図dに示すように中央に正・負電荷の層が形成されることが分かる. この層には正孔, 電子のキャリアは存在しないので, **空乏層**と呼ばれ, そこに生じた電位差は**内蔵電位**と呼ばれる. この電界の発生により正孔・電子の移動は停止する.

2）整流効果の発現　以上の「p-n 接合による電子構造変化」を用いると，ダイオードを作製することができる．半導体接合の p 型半導体の側に正電圧，n 型半導体の側に負電圧を印加してみよう．この操作により，p 型半導体に正孔を，n 型半導体に電子を注入することができる．その結果，キャリアが過剰となるために，p-n 接合でできた空乏層は縮小し，やがて消滅（再結合）する．したがって，この領域では，電流はバイアス電圧の増加に伴って急激に増加する．これを**順バイアス**の印加という（**図 7.22 a**）．また電子と正孔の再結合に伴い，これらのもっていたエネルギーが熱や光として放出される（フォトダイオードの原理：1.2.3 項参照）．

一方，p 型半導体の側に負電圧を印加することを，**逆バイアス**の印加という（**図 7.22 b**）．この場合は，p 型領域に電子，n 型領域に正孔を注入することになるので，それぞれの領域において多数のキャリアが不足する．すると接合部付近の空乏層が増大し内蔵電位が大きくなり，この電位が外部から印加された電圧を打ち消すように働くため，電流が流れにくくなる．すなわち，p-n 型半導体接合は**整流性**（一方向にのみ電流が流れること）を示し，**ダイオード**として作動したことになる．

金属（**m**etal），酸化膜（**o**xide），半導体（**s**emiconductor）の三層構造を MOS 構造と呼ぶ．MOS 構造体は電場効果トランジスタとして，電界効果トランジスタの中でも最も利用されている．MOS 構造の基本的な機能であるダイオード特性（整流効果）の詳細については Column「MOS ダイオード」を参照されたい．

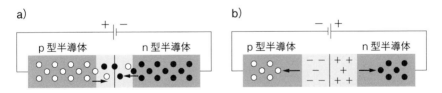

図 7.22　p 型と n 型半導体への電圧印加　a）順バイアス，b）逆バイアス

◆ MOS ダイオード

　一般に，金属と半導体の仕事関数（真空準位とフェルミ準位のエネルギー差）は異なり，その両者を接触させることにより，エネルギー準位に変化が生じる．例として金属とn型半導体を接触させた場合を考える．なお金属の仕事関数 ϕ_m がn型半導体の仕事関数 ϕ_n より大きいとする．**図a**に示すようにn型半導体の電子のエネルギーは金属の電子のエネルギーよりも大きいため，接触させることによってn型半導体表面の電子は金属側へと移動し，負に帯電する．電子の移動に伴い，n型半導体表面にはイオン化した正電荷をもつドナーだけが存在する空乏層が生じる．両者のフェルミ準位が一致すると熱平衡状態となり，**図b**に示すように，n型半導体の伝導帯のバンドには褶曲（しゅう）が生じ，エネルギー障壁ができる．これをバンドベンディングという．生じたエネルギー障壁はショットキー障壁（Schottky barrier）と呼ばれ，この障壁のため電子の移動は停止する．

a) 接触前

b) 接触後

図　$\phi_m > \phi_n$ のときの金属-n型半導体接触

　接触状態にある接触面に外部からn型半導体に負，金属に正の電極から電圧（順バイアス）を掛けると，電流が流れやすい状態が実現する．その逆の場合（逆バイアス）は電流が流れにくい．したがって，この金属-半導体接触体は，**ダイオード**として機能する．金属の仕事関数 ϕ_m がn型半導体の仕事関数 ϕ_n より小さい場合は，電子に対するエネルギー障壁は生じないため，外部からの印加電圧の向きによらず電流は流れやすく，整流性を示さない．

　金属とp型半導体を接触させた場合も同様に考えることができる．この際，

多数のキャリアが正孔であることを考慮すると，金属の仕事関数 ϕ_m が p 型半導体の仕事関数 ϕ_p より小さい場合に整流効果を示すことが分かる．

7.9　金属－半導体接合で構成するトランジスタ

7.9.1　バイポーラトランジスタの構造

次いで，トランジスタの仕組みについて述べる．トランジスタは三極真空管（Column「真空管の仕組み」）に代わる画期的な発明であり，エレクトロニクスの主役を担っている．小さい集積回路の中には多くのトランジスタが組み込まれ，電子機器を稼動させている．中でもバイポーラトランジスタは，電子と空孔のやり取りで作動するトランジスタであり，薄い p 型半導体を n 型半導体で挟んだものを NPN トランジスタ（**図 7.23**），薄い n 型半導体を p 型半導体で挟んだものを PNP トランジスタという．

この NPN トランジスタのモデルは，電子を放出するエミッタ（E），電子を収集するコレクタ（C），電圧の基準となるベース（B）という三つの部分から成り立っており，ベース B-コレクタ C 間と，ベース B-エミッタ E 間に二つの pn 接合を備えている．ベースは p 型半導体，エミッタ E とコレクタ C は同じ n 型半導体からなるが，エミッタ E はコレクタ C よりも不純物濃度が高くなっている．それぞれ電極につながれており，バイポーラトランジスタのベース B に流れる電流をベース電流 I_B，コレクタ C に流れる電流をコレクタ電流 I_C という（電子の流れる方向と電流の方向は逆になることに留意すること）．このトランジスタ

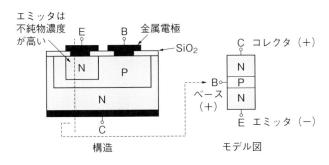

図 7.23　NPN トランジスタの構造

では，まず，エミッタ E–コレクタ C 間に，エミッタ側を（−），コレクタ側を（＋）として電圧を掛ける†．そこにベース B に＋，エミッタ E に−の電圧を印加し，小さなベース電流 I_B を流すと，その数十 〜 数百倍のコレクタ電流 I_C がコレクタからエミッタに流れる．これを増幅効果と呼ぶことが多い．なお，ベース電流 I_B とコレクタ電流 I_C の比率は印加する電圧によらず一定で，電流増幅率を $h(h = I_C/I_B)$ で表す．

7.9.2　NPN トランジスタの操作

操作としては，① エミッタ E(−)–コレクタ C(＋) 間に，電圧を掛ける（図7.24）．しかし，ベース電極とつながれた p 型半導体と n 型半導体であるコレクタとの PN 接合面では，キャリアが相互に進出し電荷を打ち消し合い空乏層を形成するので電流は流れない．② 次いで，ベース B–エミッタ E 間に順バイアスの電圧 V_{BE}（B に＋，E に−）を印加すると，エミッタ（E）に存在する電子はベースに移動し，これがベース電流 I_B となりベースの正孔を埋め，空乏層が次第に薄くなる（図7.24 ② 矢印）．③ ベース B である p 型半導体の部分は薄く作られているので，B に流入してきた電子の多くがコレクタ C に抜け出すことができる．そこで，コレクタ–エミッタ電圧 V_{CE} によってコレクタ電流 I_C が流れるようになる（図7.24 ③ 矢印）．④ このような条件下では，ベース B の電圧によりベー

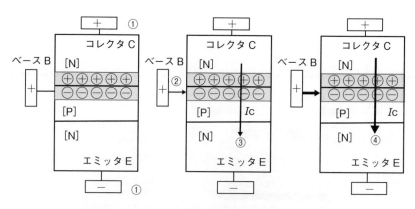

図7.24　NPN トランジスタの操作 ① → ② → ③ → ④

---

† このとき掛ける電圧が，最終的に流れる大電流 I_C の値を決めている．

ス電流 I_B を調節すると，閉めた蛇口を少しずつ開いていくことになるので，コレクタ C に大きなコレクタ電流 I_C を流すことができるようになる（図 7.24 ④ 太い矢印）．

以上の過程をまとめると，図左側の E-B 回路に流れる電流が 0 のときは，NP 接合が欠乏層となるためメイン回路の電流は流れないが，E-B 回路に小電流を流すと次第に空乏層が薄くなり，メイン回路に大きな電流が流れ出す．ベース電流は，コレクタ電流を「制御」しているボリューム（電圧調整ダイヤル）の役割を果たしており，ボリュームを上げることでコレクタ電流を「増幅」することができる．なお，PNP トランジスタは，ちょうどこれと対照的な作動をする．

7.9.3　電界効果トランジスタ

近年，電界効果トランジスタ（field effect transistor；FET）と呼ばれる電荷輸送現象に注目が集まっている．FET とはソース，ドレイン，ゲートの三端子をもつ素子で，ソース-ドレイン間を流れる電流（I_{SD}）を，ゲート電圧で制御するトランジスタである．ボトムゲート型の FET は，n-ドープされたシリコンの基板上に絶縁層（SiO_2）が形成され，さらにその上にソース，ドレインと呼ばれる二電極を左右に配置した構造からなる（**図 7.25**）．この素子ではソース・ドレイン間に半導体層が形成されており，絶縁層を挟んでここにゲート電圧（仮に負電圧）を印加すると，コンデンサーのようにキャリアとなる正孔がソースから注入され，電極間に電流が流れるようになる．

この電界効果トランジスタによる電荷輸送は操作性に優れており，有機物質の導電性の研究に活用され，これまでの導電性錯体を用いた研究とは相補的な成果が得られつつある．例として，p 型半導体（ドナー）として働くペンタセンの有

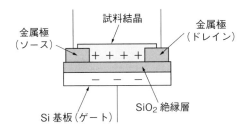

図 7.25　ボトムゲート型の電界効果トランジスタの構造

機 FET 測定による *I-V* 特性[†] を **図 7.26** に示す．ゲートの印加する負の電圧の絶対値が増加するに伴い電流値が高まることが分かる（Column「TCNQ を用いた FET の特性」）．有機 FET（organic FET；OFET）による有機物の電気伝導性の測定には，以下のような特長がある．

1) 大きな単結晶を作らずとも電気的な性質の評価を行うことができる．

2) イオンラジカル塩や電荷移動錯体を作製する必要がなく，中性結晶の構造をもった材料に直接正孔や電子を注入することができる．

3) ゲート電圧を調整することで，有機半導体内のドープ量を連続的に変えることができる．

OFET は半導体材料や電極材料により，動作時に負電荷がキャリアとなって電気伝導が行われるもの，正電荷がキャリアとなるもの，またはその両方が働くものと，動作特性の異なる三種類があり，それぞれ n 型の OFET，p 型の OFET，両極性（ambipolar）の OFET と呼ばれる．なお，n-ドープも p-ドープも可能な両極性有機分子を用いた「単一成分両極性電界効果トランジスタ」も開発されており，フローティングゲートを用いたダイオード特性が見つかっている（Column「両極性分子（TCT$_4$Q）で構築する FET のダイオード特性」）．

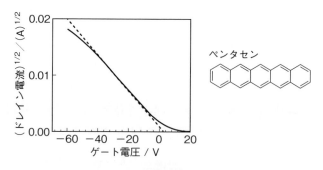

ペンタセン

図 7.26　ペンタセンの *I-V* 特性

[†] ゲートに電圧を掛けたとき，試料にどれぐらい電流が流れるかという性質．

TCNQ を用いた FET の測定

アクセプタ性のある TCNQ を用いた
FET 素子は右上がりの伝導特性曲線を示
す（図）．これは，正のゲート電圧を印加
した場合には TCNQ 層に負電荷（電子）が
流入し，これが伝導担体（キャリア）とし
てソース・ドレイン電極間を移動すること
によって電流が流れることを示している．
これはアクセプタ性分子 TCNQ の負電荷
を受け入れやすい性質を反映しており，正
電荷が注入される方向である負のゲート電
圧に対しては確かに大きな電流変化がみら
れない．

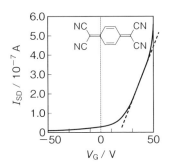

図　アクセプタ性有機分子
（TCNQ）を用いた OFET
における出力特性

　FET 素子の性質は，主に出力特性，伝達特性の二つの測定によって示すこ
とができる．出力特性測定とは，ゲート電圧（V_G）を固定した上でソース・ド
レイン電極間の電圧（ソース・ドレイン電圧，V_{SD}）を掃引したときのソース・
ドレイン電極間の電流（ソース・ドレイン電流，I_{SD}）を測定するというもので
ある．もう一方の伝達特性測定とは，今度はソース・ドレイン電圧を固定して
ゲート電圧を掃引したときのソース・ドレイン電流を測定するものである．

両極性分子（TCT₄Q）で構築する FET のダイオード特性

　半導体では p 型と n 型の半導体を接合することでダイオード特性を実現し
ており，二つの整流方向を用意するには二種のダイオードが必要である．とこ
ろが，テトラシアノテトラチエノキノイド TCT₄Q 誘導体（図1）は，酸化電位
と還元電位の差が 1 V 以下で，一電子酸化種（カチオンラジカル），一電子還
元種（アニオンラジカル）が共に安定で優秀な両性分子である．この TCT₄Q を
用いて有機 FET（OFET）を作製すると，TCT₄Q は，正あるいは負のキャリア，
捕捉キャリア，捕捉キャリアの安定化剤，フローティングゲートの四役を務め

図1　テトラシアノテトラチエノキノイ
ド（TCT₄Q）誘導体の分子構造

るため，傾斜をもつソース・ドレイン電圧の向きを切り替えるだけで，両方向に作用するダイオードとなることが分かった（**図2**）.

　構築した OFET 素子にゲート電圧を 20 V，ソース・ドレイン電極の電位をゲート電圧にまたがるように 40 V，0 V に設定する．その結果，ソース電極付近に負電荷を，ドレイン電極付近には正電荷をそれぞれ注入した状態を実現することができる．正のキャリアは，カチオンラジカルとして結晶内に捕捉されやすく，室温ではすぐに導電性が失われるが，温度を下げると，捕捉されたキャリア（トラップトキャリア）は安定化し，ゲート電位を取り除いても存在し続け，フローティングゲート（トランジスタ内において電気的に切り離されたゲート）となる．この状態で，ソース・ドレイン電極間に振幅 20 V，周波数 50 mHz ～ 500 mHz の三角電場を入力すると，負電圧の印加時のみ電流が流れる整流特性が現れ，ダイオードとして動作する（**図3**）.この復元性のある FET のゲートに印加する傾斜したソース・ドレイン電圧の向きを変えれば，同一の FET で両方向のダイオードとして利用できる．

　TCT$_4$Q は，先に述べた四つの役割（正・負のキャリア，捕捉キャリア，捕捉キャリア安定化剤，フローティングゲート）を務めることで，「循環性のあるダイオード」を可能にした．

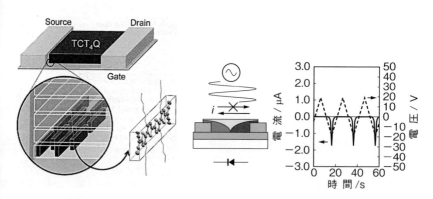

図2 TCT$_4$Q 結晶の FET 基板に対する 配 列（T.Itoh ら：*Chem. Phys. Lett.*, **671**, 71-77(2017)[24] より転載）

図3 両極性 OFET のダイオードの特性

演 習 問 題

[1]　半導体の働きに関し以下の設問に答えよ.

　　1）n 型半導体と p 型半導体を接触させた場合, 電流が生じる方向を矢印で記入
　　　し, そこに生ずる電子構造を記せ.

　　2）np 型半導体に外部から電極をつないだ図を二種類描き, 順方向, 逆方向を記
　　　入せよ.

[2]　パイエルス転移とは, 一定の間隔の原子配列からなる一価の金属 $(n\,s^1)$ が, 低
　　温で原子間距離に二量化が起こり絶縁化する現象である. その原因をヒュッケ
　　ル分子軌道法で説明せよ. 無限鎖の π 系の軌道エネルギーは環状共役 π の軌道
　　エネルギーの一般式 $E_j = \alpha + 2\beta \cos(2j\pi/n)$　n：炭素原子数, j：分子軌道の
　　番号 $(j = 0, \pm 1, \pm 2, \cdots, \pm n/2)$ で記述されるとする (図 7.18). なお, 非結合
　　性軌道の準位は $\pm n/4$ となる.

第8章 磁性の基礎

磁性の特徴は，電子の移動により引き起こされる光物性，導電性とは異なり，電子の回転運動（軌道運動あるいはスピン）により生ずる磁気モーメントが物質内で相互作用することで，常磁性，強磁性，反強磁性，フェリ磁性といった異なる磁性が現れることにある．この章では，磁性の基礎に当る内容を具体的に理解することを目指す．その基となるのは1個の電子が作り出すボーア磁子であり，原子内，原子間での電子スピン間に働く交換相互作用によりスピンの整列が温度に依存して起こり，巨視的な磁性発現に至る過程を概観する．

8.1 磁石の起源と磁性の利用

8.1.1 磁石と文明

前章で述べた物質の中を電流が流れる導電性という性質は，物質内の電子あるいは正孔の移動によりもたらされる．一方，磁性は物質内の電子の回転運動が作り出す磁気モーメント間の相互作用により現れる性質である．古代ギリシャ時代，磁鉄鉱（マグネタイト）を産出するマグネシア（Magnesia）地方の名が，欧米でいう magnet の語源であり，磁性は古くから摩訶不思議な性質として認識されてきた．

人類の歴史の中で，磁石が広く利用されるようになった契機は，中国で発明された羅針盤にあり，それはアラビアを経て西欧に伝わり，火薬，活版印刷と共にルネサンスの三大発明の一つとして大航海時代（15-17世紀）を支えた．その後，磁石は人類の世界でさまざまに役立ってきた．近年，電子の流れとスピンという両方の性質を利用するスピントロニクスの重要性が喧伝されている．現在の情報社会において，コンピュータの記憶媒体として最も利用されている磁気テープ，ハードディスクの発達は，まさに磁性体の技術開発と連動している（1.3.3項）．

8.1.2　磁性の利用

物質を磁場に置くと物質が磁石に引き付けられるようになることを，「磁化された」と表現する．永久磁石は**強磁性体**あるいは**フェリ磁性体**と呼ばれる物質であり，特に鉄やクロムのような遷移金属やその酸化物は強い磁性を示す．身近な**磁石**としては，方位磁石（図 8.1 a），スチール板に書類を止めるマグネットがある．毎日のように使っているクレジットカードに貼ってある磁気テープは，記録の記入，読み出しを行っている．紙の上に砂を置いて紙に下から磁石を近づけると，N極とS極を両端とする線模様を描くことを観察した経験が誰しもあるだろう．これは専門的には**磁力線**†と呼ばれ，磁界ができていることを示している（図 8.1 b）．

電磁石は ON-OFF ができる磁石として，大変役に立っている．これは通電している間は磁性を示すが電流を切ると磁力が消滅する．また，電流の流れを変えることで，N極とS極の向きを逆にできる．電磁石を用いることでモーターが作製でき，モーターと逆の原理で発電機が作製される．

不対電子をもつ原子やラジカル分子の同定やスピン密度の計測をする上でなくてはならないのが，**電子スピン共鳴装置**（ESR；図 8.1 c）である．これは，電子スピンがもつ磁気モーメントを磁場中で配向させ，そのエネルギー差に対応する電磁波の共鳴吸収信号を観測する分光法であり，電子スピンを保持している原子の種類やスピンの分布について貴重なデータを与える．本書では詳しく触れる

a)　　　　　　　　b)　　　　　　　　　c)

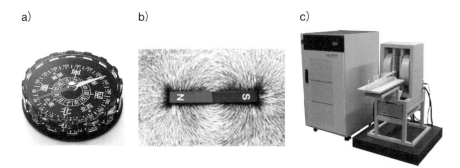

図 8.1　磁石の利用　a) 方位磁石（© ぱくたそ）．b) 砂鉄が作る棒磁石の磁力線（© 教材自立共和国）．c) 電子スピン共鳴装置（© ブルカージャパン株式会社）．

---

†　磁力線は，磁化された物質内に引かれた曲線で，その接線が磁化の方向と一致する．

機会がないが，電子スピンの他に核スピンも役立っており，**NMR（核磁気共鳴）**装置は有機化合物の構造決定の強力な情報を与える．近年，超伝導磁石で強く均一な磁場が得られるようになり，**MRI（磁気共鳴イメージング）**が，医療機器として盛んに用いられるようになった．広い意味で磁性の医療への応用といえる（第1章 Column「磁気共鳴イメージングにおける超伝導磁石とプロトンの核スピンの挙動」参照）．

8.2　磁性の起源

　電子のもつ電荷は電気素量であり，その値は 1.602×10^{-19} クーロン（C）である．一方，磁性の起源は，前にも述べたように，電子の回転運動がもたらす軌道角運動量とスピン角運動量にある．これらの角運動量により生ずる**磁気モーメント**が磁性の起源となる．電子1個がもつ軌道磁気モーメントをボーア磁子という．古典的電磁気学のアンペールの定理で示される円電流により起こされる磁気モーメントを基に，**ボーア磁子**を導出することができる．磁性の分野では現在でも複数の単位系が用いられているので，使用されている単位系に注意する必要がある（Column「磁性の単位系」参照）．

8.2.1　軌道運動による磁気モーメント：μ^L

　まず，電子の軌道運動による角運動量 L を古典的な電磁気学で求める．**図8.2**に示すように，原子核を中心として半径 r の円軌道上を運動する質量 m_e の電子の位置ベクトルを r，速度を v と記述すると，角運動量 L は次式で表される．

$$L = r \times m_e v \tag{8.1}$$

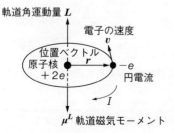

図8.2　軌道運動する電子がもつ軌道角運動量 L と軌道磁気モーメント μ^L

磁 性 の 単 位 系

　現在，物理量を表す標準単位系として採用されているのは，MKS (m, kg, sec) スケールに基づく国際単位系（SI；Le Systeme International d'Unites；仏）である．しかし，磁性の分野では必ずしも SI 単位に統一されておらず，分野により異なった単位系を使っているので注意を要する．

　電磁気学の教科書では，MKS 系の SI 単位を用いていることが多い．これは *E-B* 対応（電場 *E* に対応する磁場として磁束密度 *B* を用い，磁荷の存在を認めない）に当る．しかし，磁性の分野では *E-H* 対応（電場 *E* に対応する磁場を *H* とし，磁荷の存在を仮定する）の MKS 単位系を採用する場合がある．これは，*E-H* 対応系の方が，磁性体の性質，特に強磁性体の性質を直観的に理解しやすいためであり，本書もこの方式を使うこととした．

　E-H 対応の MKS 系の［単位］では，

磁荷 q_m［Wb（ウェーバ）］と**磁場（磁界）** *H*［A m^{-1}］の関係：1 Wb の磁荷が 1 A m^{-1} の磁場中にあるとき 1 N の力を受ける．

磁気（双極子）モーメント *M*［Wb m］：$|M| = q_m l$，長さ l の棒の両端に $+q_m, -q_m$ の磁荷が存在し，磁気（双極子）モーメントを形成する．磁気モーメントは，－極から＋極への方向をモーメントの方向とするベクトル量であり，通常矢印で表す．

　SI では磁荷を認めていないので，磁気モーメントは，それと等価な回転電流として定義している．電磁気学の計算から，内面積 S［m^2］の 1 巻きコイルに i［A］の円電流が流れると，それに等価な磁気モーメントは $M = \mu_0 iS$［Wb m］（SI 単位では $M = iS$［A m^2]）で与えられる（志賀[28] 参照）．

　最後に，CGS 単位系における電磁単位について付記する．電磁気の単位系の一種に System of Electromagnetic Units があり，これを CGS emu と略記する．二つの磁荷 (m_1, m_2) の間に働く力を，クーロンの法則 $F = q_1 q_2 / \varepsilon_0 r^2$（$\varepsilon_0$：真空の誘電率）にならって $F = m_1 m_2 / \mu_0 r^2$（μ_0：真空の透磁率）で表す．この単位系によってすべての電磁気量の単位が力学単位で組み立てられる．真空中（$\mu_0 = 1$）で $r = 1$ cm 離れた m_1, m_2 の間に働く電磁力の大きさが 1 dyn であるときの磁気量を 1 emu と定義する．

　なお，負の電荷をもつ電子の流れと電流の向きは逆になるので，電子の回転が作る角運動量 (L) の方向と，電子の回転で生じる円電流が作る磁気モーメント (μ^L) の方向は逆になることに留意しよう（図 8.2）．

　軌道磁気モーメント μ^L は，式 (8.1) で示される L の定義を使うと，

$$\mu^L = -\left(\frac{\mu_0 e}{2m_{\mathrm{e}}}\right)L \tag{8.2}$$

と書くことができる．ここで μ_0 は**真空の透磁率**である．角運動量は $\hbar = h/2\pi$ を単位にして数えるので，式 (8.2) を書き直すと，

$$\mu^L = -\left(\frac{\mu_0 e\hbar}{2m_{\mathrm{e}}}\right)\frac{L}{\hbar} \tag{8.3}$$

となる．上式の括弧の中を**ボーア磁子** μ_{B} と呼び，式 (8.4) のように定義する．

$$\mu_{\mathrm{B}} = -\left(\frac{\mu_0 e\hbar}{2m_{\mathrm{e}}}\right) \tag{8.4}$$

　ボーア磁子 μ_{B} の値を MKS 単位で表すと，1.165×10^{-29} (Wb m) となる（Wb **ウェーバ**，$\mathrm{Wb} = \mathrm{kg\,m^2\,s^{-2}\,A^{-1}}$）（付録 A8.1）．式 (8.3) は，軌道角運動量が作る磁気モーメントの大きさ $|\mu^L|$ を，μ_{B} を単位として数えることができることを意味している．電子の**角運動量の大きさ** $|L|$ は，量子論で導出された方位量子数 (l) で，また，磁場方向 (z 方向とする) の成分 L_z は磁気量子数 (m_l) で表現できる．

$$|\mu^L| = \mu_{\mathrm{B}}\sqrt{l(l+1)} \tag{8.5}$$

$$\mu^{L_z} = -\frac{\mu_{\mathrm{B}}L_z}{\hbar} = -\mu_{\mathrm{B}}m_l \tag{8.6}$$

したがって，ボーア磁子 μ_{B} は最小の軌道角運動量 ($l=1$) により生じる磁気モーメントといえる．

8.2.2　スピンによる磁気モーメント：μ^S

　電子の軌道角運動量以外に，電子の内部自由度であるスピンの角運動量も，磁気モーメントの起因となる．**スピン角運動量 S** は量子力学から導入されたもので，軌道角運動量の場合と同様（式 8.3）にスピン量子数 (S) を用いて，スピンに由来する**スピン磁気モーメント μ^S** を次式で表すことができる（**図 8.3**）．

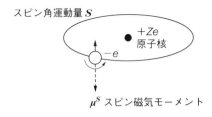

スピン角運動量 S

$+Ze$
原子核

$-e$

μ^S スピン磁気モーメント

図 8.3 電子スピンによるスピン角運動量 S とスピン磁気モーメント μ^s

$$\mu^s = \frac{-2\mu_{\mathrm{B}}S}{h} \tag{8.7}$$

ここで，軌道角運動量による磁気モーメントと比較して，係数 2 が付いているのは，電子の軌道運動とスピンとでは，角運動量と磁気モーメントの間の比例係数が異なることを意味する．この係数のことを **g 因子**と呼ぶ．スピン角運動量の大きさ $|S|$ とその磁気方向成分 S_z は，s を**スピン量子数**（電子 1 個の場合は $s = 1/2$），m_s を**スピン磁気量子数**とすれば，

$$|S| = \sqrt{s(s+1)}\, h \left(s = \frac{1}{2} \right), \quad S_z = m_s h \left(m_s = -\frac{1}{2}, \frac{1}{2} \right) \tag{8.8}$$

となるので，**スピン磁気モーメント**の大きさ $|\mu^s|$ とその磁場方向（z 方向）成分 μ^{s_z} はそれぞれ，

$$|\mu^s| = 2\mu_{\mathrm{B}}\sqrt{s(s+1)} \tag{8.9}$$

$$\mu^{s_z} = -2\mu_{\mathrm{B}}m_s \tag{8.10}$$

となる．

8.2.3 全角運動量

軌道角運動量 L とスピン角運動量 S のベクトル和を**全角運動量 J** という．

$$J = L + S \tag{8.11}$$

分子を対象とする場合，軌道磁気モーメント μ^L とスピン磁気モーメント μ^s が，磁性に対しどのように寄与していくかについて触れたい．原子軌道を占有する電子は，原子核を中心として軌道内あるいはエネルギーの縮重した軌道間（例えば，$\mathrm{p}_x, \mathrm{p}_y : \mathrm{d}_{xy}, \mathrm{d}_{yz}$）をトンネル移動することで**軌道角運動量 ($L$)** を獲得する（**図 8.4 a**）．遷移金属錯体では配位子が配位しても錯体の対称性が高く（正八面体，正四面体など），遷移金属イオンの 3 d 軌道の縮重は保たれている．そのため軌道角運動量が（理想的には）残るはずである．しかし結晶内で，イオンを取

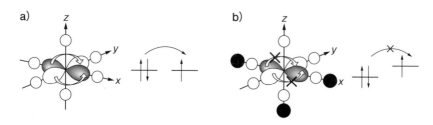

図8.4　a）孤立したd軌道内のトンネル移動．b）結晶内で異なる原子や配位子（黒丸で記入）
が非対称的に近接して存在するとd軌道の縮重が解け，トンネル移動ができなくなり
軌道角運動量が消滅する．

り巻く配位子や対イオンなどの影響で対称性が低下すると，軌道エネルギーの縮
重が解け，トンネル移動の確率が著しく低下するので，軌道角運動量は消滅する
（図8.4b）．また，有機分子は共有結合で原子が混成軌道でつながれているので，
s軌道とp軌道の混成の違いなどの影響で，ほぼ例外なく軌道角運動量は消滅し
ている．したがって錯体結晶や分子集合体の磁性を考えるときは，スピン角運動
量（S）のみを考慮すればよい場合が多い．

8.2.4　巨視的磁性発現に至る階層性

　磁性は難しいとよくいわれるが，その原因の一つは，電子のもつ軌道角運動量
とスピン角運動量という微視的なレベルの話から，相転移を伴う巨視的な磁性発
現に至る**多段階の階層性**にあるのではないか（図8.5）．電子の軌道・スピン角
運動量から磁気モーメントというベクトル量が定義され，磁気モーメント間（主
に電子スピン間）に働く磁気的相互作用の違いが温度の低下に伴い顕在化し，磁
性相転移を起こして巨視的磁性発現に至る．分子磁性の場合には，さらに分子か
ら分子集合体という階層が加わる．これらの話題は互いに混同しやすいが，それ
さえ気をつけていれば，磁性の面白さを堪能できるだろう．

8.3　磁性体の種類　−常磁性体，強磁性体，反強磁性体，および　　フェリ磁性体−

ほとんどの物質は軌道を占める電子スピンの向きが逆平行で，閉殻電子構造と
なっているので，磁気モーメントは生じていない．このような閉殻構造の物質で

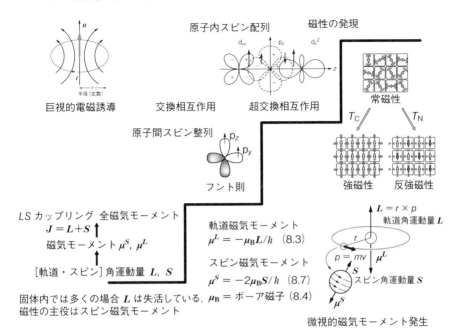

図8.5 ボーア磁子から巨視的磁性発現に至る階層性

　も外部から磁場を掛けると外部磁場と逆の方向に磁場が発生するように，物質の内部で電流が流れる．この性質は**反磁性**と呼ばれる．不対電子をもつ物質も反磁性を示すが，不対電子に由来する磁化ははるかに大きく，反磁性の寄与は無視できる．

　磁性体には，温度依存性の異なるいくつかの種類が存在する．**常磁性体**では，物質内の電子スピンが周囲のスピンと相互作用せず互いに独立に振舞っており，温度が下がるに従いスピンの熱運動が抑えられ磁化は増加していくが，転移することはない．これに対し**強磁性体**は，低温で電子スピンの向きが一斉に揃い強磁性相に転移する．**反強磁性体**では，スピン間にスピンを逆向きに揃える相互作用が働き，ある温度を境に反強磁性相転移が起こり低温では磁性が消滅する．一方，スピン間には反強磁性的な相互作用が働くが，磁気モーメントの異なるスピンが共存するため，相転移後に磁化が残るのが**フェリ磁性体**である．日常使われている馬蹄形磁石は，フェリ磁性体からできている．

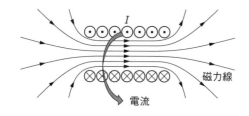

図8.6　電磁石の電流と磁力線

　ところで，電磁石は ON-OFF ができ，磁化の向きを変えられる磁石として，モーター，発電機などに用いられている．電磁石とは，強磁性材料の芯の周りにコイルを巻き，通電することによって，打ち消し合っていた強磁性体の磁区（磁気モーメントの向きが一方向に揃った領域）の向きを円電流で誘起された方向に成長させ，磁力を発生させるものである（図8.6）．

　永久磁石と比較したときのメリットとして，通電を止めることで磁力を0にすることができること，電流の向きを変えることによって磁石の極を反転させられることなどが挙げられる．電磁石の発生する力は，コイルの巻き数とコイルに流す電流の大きさに比例する．

 ## 8.4　磁気的相互作用の温度依存性

8.4.1　磁化率の測定

　物質の磁性は原子や分子が担う個々の不対電子の電子スピンで発現するのではなく，物質内のすべてのスピン間の相互作用の結果として現れてくるものである．物質に磁場を掛けて生ずる磁化（物質が磁性を示すようになること）は，温度と，外から掛ける磁場の強さの両方の影響を受ける．ここでは，物質に一定の強さの磁場を掛けながら，温度を下げていったときの磁化の応答を追跡してみよう．

　磁化の温度依存性あるいは磁場依存性の議論には，磁気モーメントを磁場の強さで割った**磁化率**（$\chi = M/H$）を用いることが多い（Column「磁束

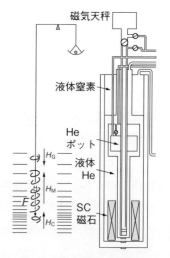

図8.7　超伝導（SC）磁石を用いた温度・磁場可変型磁気天秤

密度と磁場の強さの単位」）．磁化が温度と磁場の両方の影響を受けるので，磁場の温度の効果をみやすくするために，磁場の強さで割って規格化するのである．ここでは，物質に印加する磁場の強さを直観的に理解しやすいように，単位として磁束密度 B ではなく磁場の強度 H を用いて表現する（Column「磁場の強さと磁束密度の関係」）．磁化率の測定には，超伝導磁石を用いた温度・磁場可変型磁気天秤（**図 8.7**）や超伝導量子干渉素子磁束計（superconducting quantum interference device: SQUID）を用いることが多い．

磁束密度と磁場の強さの単位

磁場の単位は以下のように定義されている．

磁場の強さ（H）の定義は $1\,\mathrm{m}^2$ あたりの磁力線の本数である．Wb は磁束の単位で，1 秒あたり $1\,\mathrm{Wb}$ の磁束の変化は $1\,\mathrm{V}$ の起電力を生ずる．Wb $=$ $\mathrm{kg\,m^2\,s^{-2}\,A^{-1}}$．

磁束（Φ）とは，磁力線を束にしたもので，透磁率 μ（<1）の割合で束にすると，$\mu \times H$ 本の磁力線の束（磁束）ができる．物質の $1\,(\mathrm{m}^2)$ あたりの磁束本数を**磁束密度** B（本 m^{-2}，$\mathrm{N\,m^{-1}\,A^{-1}}$）と定義する．$\Phi = BS$（$\Phi$：磁束，$S$：面積）

磁束密度 B（magnetic flux density）**と磁場の強さ** H（magnetic field strength）　SI 単位では，磁場の強さ H の単位としては $\mathrm{A\,m^{-1}}$（アンペア/メートル）が，磁束密度 B の単位としては T（テスラ：T $=$ $\mathrm{Wb\,m^{-2}}$）が用いられる．

$H\,[\mathrm{A\,m^{-1}}]$ は，$B = \mu H = \mu_\mathrm{r}\mu_0 H$ の関係をもつ．ここで，μ_0 は真空の透磁率で $\mu_0 = 4\pi \times 10^{-7}\,[\mathrm{H\,m^{-1}}]$（H；ヘンリー），また μ_r は媒体の比透磁率で，空気やその他の非磁性体では，$\mu_\mathrm{r} \fallingdotseq 1$ である（透磁率 $\mu = \mu_\mathrm{r}\mu_0$）．真空中や空気中では，$B\,[\mathrm{T}] \fallingdotseq 4\pi \times 10^{-7}$，$H \fallingdotseq 1.257 \times 10^{-6}\,\mathrm{H}\,[\mathrm{A\,m^{-1}}]$，$H\,[\mathrm{A\,m^{-1}}] \fallingdotseq B/(4\pi \times 10^{-7}) \fallingdotseq 0.7958 \times 10^6\,B\,[\mathrm{T}]$ となる．

● 磁場の強さと磁束密度の関係

　E-H 対応の MKS 系では，磁場の強さを *H* で表す．一方，MKS 系 SI では磁束密度 *B* を用いる（Column「磁性の単位系」および「磁束密度と磁場の強さの単位」参照）．磁性の教科書を読んでいると，両者の違いがどこにあるかに戸惑う場合が多い．磁束密度との違いを図にそって説明する．

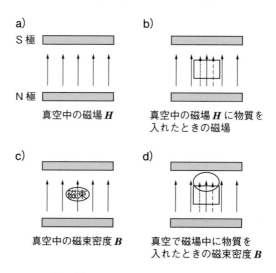

図　磁場の強さ *H* と磁束密度 *B* の関係

　真空中で磁石により磁場が発生したとし，その磁場の強さを磁力線の本数で表す（**図 a**）．この真空中の磁場に物質を入れると，物質が磁場で磁化されるので，物質由来の磁場 $H_M (H_M = \chi H)$ が生ずる（M は material（物質）の M）．ここで χ は**磁化率**[†]であり，物質固有の値をもつ．磁力線の本数は増加するが，物質を含む空間と含まない空間ができるので，磁場の強度の表現が困難になる（**図 b**）．

　そこで，この問題を解決するために磁束（*Φ*）という新しい概念をもち込む．ここでは，真空中の磁力線を束ね単位面積内に含まれる磁力線の本数を数えることとする．これを磁束密度（*B*）と呼ぶ．なお，真空中での *B* の磁力線の本数 B_1 は，真空中の磁場 *H* に真空の**透磁率** μ_0 を掛けることで求まる（$B_1 = \mu_0 H$）

[†]　磁化率 χ：磁気モーメント（*M*）は磁場の強さ（*H*）に比例する．その比例定数が磁化率 χ である（*M = χH*）．単位体積あたりの磁化（*m*）の単位は Am^{-1}，また磁場の強さ *H* の単位も Am^{-1} なので，χ は無次元数である．

（図c）．そこに物質を入れると，前述と同様に，物質由来の磁束密度 B_2 が生ずる．B_2 は $B_2 = \mu_0 H_M = \mu_0(\chi H)$ で表現されるので，真空中に物質を入れたときの磁束密度 B（図d）は，

$$B = B_1 + B_2 = \mu_0 H + \mu_0(\chi H) = \mu_0(1 + \chi)H$$

となる．したがって，磁束密度の変化は単位面積あたりの磁力線の本数の増減で測ることができる．ここで $\mu_0(1 + \chi)$ は，真空の透磁率 μ_0 に $(1 + \chi)$ を掛けたものであり**透磁率** μ と呼ばれる．

　つまり，磁場強度 H は磁石の作る磁場の強さであり，磁束密度 B は，磁場内に置かれた磁性体の磁化を含んだ磁場の強さということができる．磁性体が強磁性の場合は，その寄与がかなり大きくなる可能性がある．

8.4.2　磁性体の温度依存性

8.3 節で述べたように，磁性体には常磁性体，強磁性体，反強磁性体，およびフェリ磁性体という主に四つの種類がある．導電性の分野で，金属，半導体，絶縁体を伝導度の温度依存性により判定するのと同様に，磁性体についても磁化率の温度依存性で常磁性体，強磁性体，反強磁性体を判別することができる．磁性体の磁化率において測定温度を下げると，試料を構成する原子・分子の磁気モーメントの配列の乱れが減少し，外部磁場に対する応答性が高まる．特に強磁性体，反強磁性体では，低温域で磁性体の磁気相転移が観測されるという特徴がある．磁性体の温度依存性は，磁化率と温度の関係をプロットする**χ-T プロット**方式と，磁化率の逆数と温度をプロットする**χ^{-1}-T プロット**方式があり，解析内容により随時便利な方を用いる．これらの関係は，常磁性の場合は**キュリー則**（$\chi = C/T$），強磁性，反強磁性のように相転移を伴うものは**キュリー温度**（θ）を含む**キュリー–ワイス則**（$\chi = C/(T - \theta)$）（強磁性体では $\theta > 0$，反磁性体では $\theta < 0$）で表される．以下，磁性体の磁化率の温度依存性の測定値とその解釈について順次説明する．

　1）常磁性　常磁性体に一定の磁場を掛け，その**磁化率**（χ）の温度依存性を測定して横軸を測定温度（T），縦軸を磁化率としてプロットすると，**図 8.8 a** に示すような双曲線が得られる．磁化率の値は高温部では小さいが温度を下げると徐々に増加し，絶対零度に近づくにつれて無限大に発散する．このプロットは**χ-T プロット**と呼ばれ，次ページの式 (8.12) に示すキュリー則に従う．

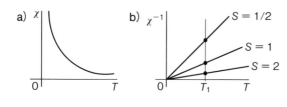

図8.8　a) 常磁性体の χ-T プ
ロット，b) スピン量
子数の異なる磁性体の
χ^{-1}-T プロット

$$\chi = \frac{C}{T} \tag{8.12}$$

しかし χ-T プロットでは，磁気相転移の兆候や全スピン角運動量量子数 S の
違いなどがみえにくい欠点がある．これらの解析にはプロットの縦軸を磁化率の
逆数（χ^{-1}）とした **χ^{-1}-T プロット** を用いることが多い（**図 8.8 b**）（式 8.13）.

図 8.8 b の $S = 1/2$ をみると明らかなように，スピン間の相互作用のない常磁
性の χ^{-1}-T プロットは正の傾きをもち，$T = 0$ で零を目指す直線で表される．こ
の関係は χ^{-1} を左辺とする **キュリーの式**（8.13）で定式化される．直線の傾きの
逆数はキュリー定数（C）に相当し，対象とするスピン量子数 S の値で決まる定
数である．キュリー定数からはスピン多重度（$2S + 1$）の高い化学種（$S > 1/2$；
遷移金属イオン，希土類イオンなど）の **全スピン角運動量量子数**（$S = \sum_i s_i$，整
数 i は縮重軌道を占有する不対電子数）を決定することができる．

$$\frac{1}{\chi} = \frac{T}{C} \ , \quad C = \frac{N g^2 \mu_\mathrm{B}^2}{3 k_\mathrm{B}} S(S + 1) \tag{8.13}$$

以上の結果を基にして，常磁性体でのスピンの挙動を考えてみよう．物質を構
成する各原子あるいは分子が担う不対電子のスピン間に磁気的相互作用は働いて
いない．したがって，熱エネルギーによりスピンの向きは空間的にも時間的にも

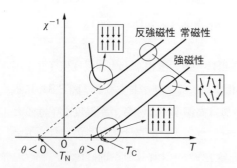

図8.9　常磁性体，強磁性体，反強磁性体
の χ^{-1}-T プロット

乱れており，温度を下げてもスピンが一斉に揃うことはなく，絶対零度でスピンは一方向に整列する．すなわち，キュリー則が成り立つのは，スピン間に相互作用のない場合である．**図8.9**に常磁性体，強磁性体，反強磁性体のχ^{-1}-Tプロットをまとめて示した．

2）強磁性とキュリー-ワイス則　強磁性体の磁化率の温度依存性を示すχ-Tプロットは，常磁性領域では常磁性体（**図8.8a**，$\theta=0$）と同様に双曲線で表されるが，転移温度に近づくにつれ曲線の立ち上がりが急になる．磁化率と温度の関係は**キュリー温度**（θ）を用いたキュリー-ワイスの式（8.14）で表され，χは$T=\theta$で発散する．なお，キュリー温度θは，スピン間の相互作用の符号や大きさを表す定数である．この式のキュリー温度をワイス温度と呼ぶ場合もある．

$$\chi = \frac{C}{T-\theta} \qquad (\theta \approx T_C) \tag{8.14}$$

χ-Tプロットでは強磁性相の転移付近の様子が分かりにくいので，常磁性の場合と同様のχ^{-1}-Tプロットで示すことが多い（**図8.9**）．正の傾きをもった直線は，温度軸を$T>0$でよぎる．この点はキュリー点（T_C）と呼ばれる．一般にT_Cはキュリー温度θよりもわずかに高い．ここで，キュリー点以下の温度領域（$T<T_C$）で，強磁性体が零磁場の下で発生する**自発磁化**に注目する（**図8.10**）．自発磁化とは，外部から磁場を掛けないでも，キュリー温度以下で強磁性体内部の磁気モーメント間の相互作用により自発的に生ずる磁化を指す．キュリー温度の意味については付録A8.2に詳しい説明がある．

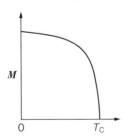

図8.10　強磁性体のキュリー点以下での自発磁化

図8.11aに全温度領域にわたる強磁性体のスピン整列の様子を示す．強磁性体はT_C以下の温度ではすべてのスピンが平行に整列するが，温度を上げていくと，熱運動のエネルギーがスピンの向きを揃えるように働く交換相互作用にまさり，磁気モーメントの方向は乱れて常磁性的振舞いを示すようになる．室温で

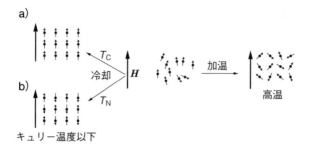

図8.11　a）強磁性体のスピン整列，b）反強磁性体のスピン整列

強磁性を示すものとしては，鉄，クロム，ニッケルなどが知られている．

3）反強磁性　反強磁性体は，高温域では常磁性体と同様に χ-T プロットで双曲線を描くが，電子スピン間にスピンを逆方向に揃える相互作用が働くため，ある温度を境に χ 値の下降が始まる（**図8.11b**）．このような温度依存性を反映して，χ^{-1}-T プロットは，高温域では正の傾きをもつ直線を示すが，反強磁性的相互作用が熱エネルギーより強くなる低温域では V 字形に上昇する．外挿した直線が T 軸をよぎる点は負の温度領域（$\theta < 0$）になる（**図8.9**，反強磁性）．このような物質は**反磁性体**として分類され，その転移温度 T_N は**ネール温度**（負の温度域に交点をもつが T_N は絶対値で表す）と呼ばれ，温度を上げていくと磁気モーメントの方向は乱れて常磁性体的に振舞う．

　ここではネール点以下の温度領域での磁化について調べてみよう．ネール点以下では，強磁性体と同様に分子場が形成される（**図8.12**）．それに伴い結晶内に外磁場に応答しやすい容易軸（$\chi_{//}$）と，応答しにくい困難軸（$\chi_{\perp}$）が生じ，それぞれ異なる温度依存性が現れる．多結晶あるいは非結晶性物質では両者の平均的磁化率（χ_p）となる（Column「反強磁性体の T_N 以下の磁化率にみられる磁気異方性」）．酸化マンガン（II）（MnO）など，遷移金属の酸化物には，室温以上にネー

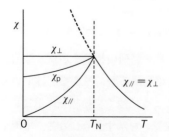

図8.12　反強磁性体のネール湿度 T_N 以下の磁化率の温度依存性（χ-T プロット）

反強磁性体の T_N 以下の磁化率にみられる磁気異方性

図1は体心立方格子（bcc）の結晶構造をも
つ金属酸化物からなる反強磁性体で，ネール温
度（T_N）以下の温度では，格子点に位置する最
近接の遷移金属原子（破線矢印）のスピン間に
は超交換相互作用（本文8.5.2項の2)）が働き，
スピンは互いに逆平行に整列している．その結
果，磁気モーメント M_A と M_B をもつ磁化軸が，
互いに逆平行に並んでいる（**図2**；H は外部磁
場の方向）．スピン整列には向きにより磁気異
方性があり，容易磁化軸と困難磁化軸が存在す
る．このような結晶に磁場を印加すると，磁化
率は外部磁場と内部磁場が作る角度によって異
なる値をとることについて解説する．また，多
結晶では内部磁場の方向がバラバラなので，それらの平均の値となる．

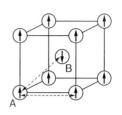

図1 bcc結晶の反強磁性構造

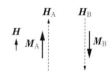

図2 反強磁性の分子場

1) 垂直磁化率 $\chi_\perp$

容易磁化軸の垂直方向から外部磁場を掛けた場合は，結晶は外部磁場と内部

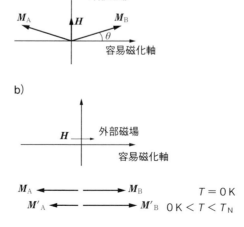

図3 a) 容易磁化軸に垂直に磁場を印加した場合の内部磁場の方向の変化，
　　 b) 容易磁化軸に水平に磁場を印加した場合の内部磁場の温度変化
　　 （$T = 0$ K および 0 K $< T < T_N$）

磁場の相互作用により外部磁場にやや傾いた方向に磁化する．垂直磁化率は外部磁場の方向と分子場の作る磁場の方向のみで決まるので，温度によらず一定の値となる（**図3a**）．

　2）平行磁化率 $\chi_{/\!/}$

　外部磁場が分子場と平行の場合，$T = 0$ では，すべての正負の原子磁気モーメントが分子場の方向に整列しており，$\chi_{/\!/}(T_N) = 0$ である．T_N 以上では平行，垂直の区別がなくなるが，中間の温度 $0\,K < T < T_N$ では磁化率は温度依存性を示し，磁場方向に平行の磁化が増加する．これらの結果をプロットすると本文の図8.12 に示すような温度依存性が得られる（**図3b**）．

　3）多結晶の場合

　多結晶の場合は，垂直磁化率と水平磁化率の寄与の比は $\cos^2\theta$ と $\sin^2\theta$ の全立体角に関する平均で $1/3 : 2/3$ となる．

ル点をもつものが多い．通常，有機ラジカルの結晶のほとんどは反強磁性体である．

　4）フェリ磁性　遷移金属錯体のように d 軌道にスピンが収容されている場合は，金属イオンの酸化数の違い，あるいは金属イオンの違いでスピン量子数が異なる場合がある．自発磁化の温度変化の形状は，通常の強磁性と比較して複雑になる場合が多い．χ^{-1}-T プロットの外挿した直線は負の温度領域を目指すが，途中で湾曲して温度軸を正でよぎるように落ち込む．ある温度以下で，スピン量子数（矢印の長さ）が異なったスピンが反強磁性的に配列した場合，上向きと下向きの磁気モーメントが打ち消されないため，見かけは強磁性体のように振舞う（**図8.13**）．このような磁性を**フェリ磁性**と呼ぶ．永久磁石として用いられているマグネタイト $[\mathrm{Fe(III)_2Fe(II)O_4}]$ はフェリ磁性体である．強磁性体と同様，T_C 以下で自発磁化が発生する（9.1.3 項参照）．

　以上みてきたように，磁化率の温度依存性の測定の結果を基にして，スピン間の相互作用の向き，キュリー温度からスピン間の相互作用の強さ，キュリー定数から全スピン量子数の大きさ（高スピンか低スピンか，またいくつのスピンが強結合しているかなど）を，

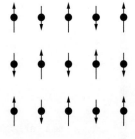

図8.13　フェリ磁性の
　　　　　スピン整列

また，転移温度以下での温度変化から磁化軸の異方性を，議論することができる．

8.4.3 磁化率に対する磁場の効果

磁化曲線においてスピン源のスピン量子数が $S = 1/2$ の場合，そのスピンが磁場下で作るエネルギー準位は，上向きか下向きかの二通りしかない．一方，より多いスピン量子数をもつスピンでは，等間隔に分離した $2S + 1$ 個の準位が用意されている．このような原子・分子のスピン多重度を見積もる別の方法として，一定温度での磁化の磁場依存性の測定がある．この方法では**磁化曲線**の形がスピン多重度により一義的に決まるため，試料の絶対量が未知でも多重度を決定できる利点をもつ（**図 8.14 a**）．高スピン化学種では，原子（イオン）あるいは，分子当りの磁気モーメントが増大し，外部磁場との相互作用が大きくなり，熱による擾乱があっても磁化されやすくなる．

$$M = NgS\,\mu_\mathrm{B}\,B_S(x) \qquad x = \frac{gS\,\mu_\mathrm{B}\,B}{k_\mathrm{B}T} \tag{8.15}$$

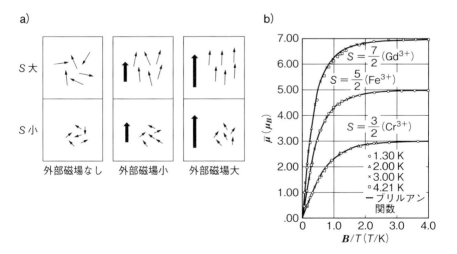

図 8.14　a）スピン量子数で決まる磁気モーメントの大きさと磁化の起こりやすさの外部磁場依存性，b）遷移金属イオン（$S = 3/2, 5/2, 7/2$）の磁化が温度で規格化した磁場（B/T）に依存する様子．縦軸は有効磁気モーメント．（b は C. Kittel[27] より作図）

$$B_S(x) = \frac{2S+1}{2S}\coth\left(\frac{2S+1}{2S}x\right) - \frac{1}{2S}\coth\left(\frac{x}{2S}\right) \qquad (8.16)$$

x が十分大きいときは $B_S(x) \approx 1$ となるので，$M = NgS\mu_B$ となるが，$x \ll 1$ の場合は $B_S(x) = x(S+1)/3S$ と近似されるので，式 (8.16) は以下のように表される．

$$M = \frac{Ng^2\mu_B^2 S(S+1)\,B}{3k_B T} \qquad \chi = \frac{M}{B} = \frac{Ng^2\mu_B^2 S(S+1)}{3k_B T} = \frac{C}{T} \quad (8.17)$$

この式に $S = 1/2$ および $g = 2$ を代入すると，キュリー則（式 8.12 に式 8.13 の C を代入）と同じものが得られる．したがって，式 (8.17) は，式 (8.12) の一般式ということができる．

8.5　交換相互作用とスピン整列

　電子の回転運動で形成される磁気モーメントを微小な磁石と考えると，磁気モーメントは互いに逆平行に並ぶのが安定で，互いに磁気は打ち消し合いそうに思われる．にもかかわらず，強磁性体では磁気モーメントが平行に整列し，磁石となる．これは磁性の最も特徴的な性質といえる．この特性は古典的な電磁気学では説明できず，量子論的考察に基づく交換相互作用が働くことに由来する．この節では，その点についての理解を深めたい．

8.5.1　原子内のスピン整列

　1）フント則　原子内のスピン整列についてはすでに，「電子が縮重した原子軌道（例えば d 軌道）を占有する場合には，可能な限りスピンの向きを平行にして収まる」というフント則が知られている．直交する二つの p 軌道を二つのスピンが占有する場合について，フント則を図解する（**図 8.15**）．

　直交する二つの p 軌道をそれぞれ α スピン，β スピンが占有していたとする（図 8.15 上段）．異なるスピン間には排他原理は働かないので，β スピンは α スピンが占有した軌道に飛び込むことができるが，そこでは静電反発を生じる．これに対し，二つの軌道を共に α スピンが占有している場合（図 8.15 下段）は，スピン間に排他原理が働くので，同じ軌道に飛び込むことはない．したがって電子

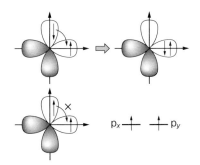

図 8.15 フント則の説明

間の反発は $2J$（交換積分）分だけ小さくなる．その結果，直交する軌道（p_x, p_y）に平行なスピンが収まる方が安定になる（詳細は Column「フント則の量子化学的解釈」）．

2）高スピン錯体と低スピン錯体　不対電子をもつ錯体の例として，3 価のコバルトの錯体（d^6）を取り上げる．結晶場理論では d 軌道の電子配置がうまく説明でき，高スピン錯体になるか低スピン錯体になるかは，配位子の分光学系列の序列で表される配位子の強さで予見できる．$CO, CN^- > NO_2^- >$ en（エチレンジアミン）$> NH_3, C=N- > NCS^-$（N 配位）$> H_2O \sim C_2O_4^{2-} > ONO^- > OH^- > RCO_2^-$（O 配位）$> F^- > Cl^-, SCN^- > Br^- > I^-$．$F^-$（ハロゲン配位）と CN^- では序列がかなり離れており，CN^- が大きな Δ_o（正八面体（octahedral）配位の結晶場分裂パラメータ）の結晶場分裂をもち，F^- は小さな Δ_o をもつと予想される（**図 8.16**）．そのため，弱い分裂しかしない $\Delta_o(F^-)$ では，負の電荷をもつ電子が電子対を作ることで生ずる反発エネルギーよりも，t_{2g} から e_g に電子が励起

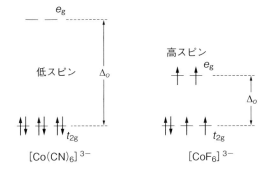

図 8.16　配位子の強さで支配される例：Co^{3+} 錯体の低スピン型・高スピン型

フント則の量子化学的解釈

フント則の量子化学的解釈について述べる. 電子 (1) および電子 (2) が, それぞれ原子軌道 ϕ_a, ϕ_b を占有したとし, 2個の電子 (1,2) の間に働く**斥力としてのクーロン相互作用**を考える. 斥力的クーロン相互作用は, 同一原子の原子軌道間のように軌道が互いに直交している場合 (重なり積分が零の場合) は簡単に書き表すことができ, それには二種類の方法がある. 一つは**クーロン積分**と呼ばれ, 式 (1) に示すように, 電子間に働くクーロンポテンシャル e^2/r_{12} を**電荷密度** $\phi_a^2(1), \phi_b^2(2)$ で挟んで積分したものであり, 正の値をとる.

$$K_{1,2} = \int \phi_a(1)\,\phi_a(1)\,\frac{e^2}{r_{12}}\,\phi_b(2)\,\phi_b(2)\,\mathrm{d}\tau_1\,\mathrm{d}\tau_2 > 0 \qquad (1)$$

他の一つは, 電子が交換可能であることに由来する積分で, **交換積分**と呼ばれ, 式 (2) で表される. 電子 (1,2) が交換すると波動関数は $\phi_a(1)\phi_b(1), \phi_a(2)\phi_b(2)$ と書け, **交換電荷密度**と定義される. 交換電荷密度で挟んだ交換積分も, やはり正の値をとる ($K_{1,2} > J_{1,2} > 0$).

$$J_{1,2} = \int \phi_a(1)\,\phi_b(1)\,\frac{e^2}{r_{12}}\,\phi_a(2)\,\phi_b(2)\,\mathrm{d}\tau_1\,\mathrm{d}\tau_2 > 0 \qquad (2)$$

両者の積分はどちらも, 負の電荷をもつ電子 (1), 電子 (2) の間に働く斥力に相当することに注意する. ところで, 二つの電子スピンが平行な場合 (基底三重項) はパウリの原理により, これらの電子は空間上の同じ位置を占めることができない. そのため, スピン間に働く斥力は交換積分の2倍 ($2J_{1,2}$) だけ基底一重項より小さくなり, エネルギー的に安定となる. このことは,

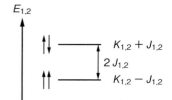

図　原子内の交換相互作用による基底三重項と一重項の軌道エネルギーの比較

あたかも電子間にスピンを平行にする力が働いているかのようにみえる. そこでスピン平行がより安定な場合は, 正の交換相互作用が働きスピンを平行にしたと表現する. 一重項, 三重項の電子エネルギーは式 (3) で表される.

$$E_{1,2} = K_{1,2} \pm J_{1,2} \qquad (3)$$

式 (3) の複号は一重項のとき＋, 三重項のとき−となり, 三重項が $|2J_{1,2}|$ だけ安定であることを表している.

するエネルギー（Δ_o）の方が小さいため，電子は e_g 軌道を占め不対電子の数は合計 4 となる．逆に，Δ_o（CN$^-$）が大きい [Co(CN)$_6$]$^{3-}$ では，電子が励起するよりも対を作る方がエネルギー的に有利になる．したがって，前者は**高スピン錯体**（電子のスピン量子数大，$S = 2$），後者は**低スピン錯体**（電子の全スピン量子数 d$S = 0$）となる．

3）遷移金属錯体におけるスピン−軌道相互作用　遷移金属錯体は金属イオンの d 軌道を占める電子をもつ場合が多いので，スピン軌道相互作用を考慮する必要がある．ただし，この相互作用は，交換相互作用であるフント結合より弱い．縮重した d 軌道にある複数個の不対電子は，まずフント則により**全スピン角運動量量子数** $S = \Sigma s_i$ が決まり（**図 8.17 a**，上段），それが**全軌道角運動量量子数** $L = \Sigma l_i$（符号を含めた m_l の合計）とスピン−軌道カップリングすることで**全角運動量量子数** $J = L + S$ が求まる（**図 8.17 a**，下段）．電子数が縮重した軌道数以下の場合（3 d 軌道の場合は $n < 5$）は，L と S は逆方向に結合するので全角運動量の量子数は $J = |L - S|$ となる．電子数が軌道縮重数に等しい場合（$n = 5$，Mn^{2+}，Fe^{3+} など）は $L = 0$ となりスピン軌道相互作用は存在しない．一方，電子数が軌道の縮重数より多くなると，スピン軌道相互作用に関わる不対電子（例えば $n = 6$ の Fe^{2+} イオンの場合，六つ目のスピン電子）のスピン方向は，

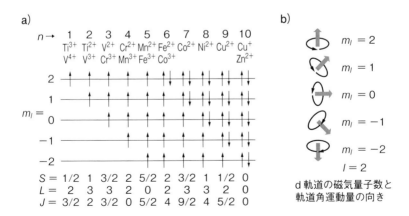

図 8.17　遷移金属の 3 d 軌道の電子情造
電子が占める 3 d 軌道のスピンはフント則に従う．L は磁気量子数 m_l の符号を含めた和．結晶中では軌道角運動量は消失する場合が多い．（a は志賀正幸『磁性入門』内田老鶴舗 (2007)[28] より転載）

合成スピン S と逆方向なので，今度は，L と S とは同一方向に結合し全角運動量量子数は $J = L + S$ となる（$S = 2, L = 2, J = 2 + 2 = 4$）．ただし，結晶中でイオンの周囲の環境（電荷分布）の対称性が低下している場合は，8.2.3項で述べた通り軌道角運動量 L は消滅する．

8.5.2　原子間のスピン整列

　磁性をもつイオン間には直接的な双極子－双極子相互作用が存在するが，計算によるとほとんどの場合，この効果はスピン秩序化の要因としては弱すぎる．原子間，分子間でスピンが揃う原動力は，フント則で論じた交換相互作用が本質的な役割を担っている．

1）直接交換相互作用 －原子間の交換相互作用と運動エネルギーの競合－

　直接交換相互作用とは，隣接する原子あるいは分子の軌道にある二つの電子に直接的に働く相互作用である．分子間で隣接する原子の軌道の位相が一致している場合は，電子は原子Aから B，Bから Aへとホッピングし結合形成して安定化するのでスピンは逆平行（反強磁性的）となる（**図8.18**）．この際，二つの電子は共に負電荷をもっているためにクーロン斥力が働くので不安定化すると考えられる．軌道間の重なりがそれほど大きくない場合は，二つの原子軌道を出発点としてホッピングを二次摂動として扱うと，相互作用エネルギーにとって主要な項は式 (8.18) で表される．

$$\Delta E = -\frac{|t|^2}{U} < 0 \qquad (8.18)$$

ここで t は原子間，分子間での電子移動に関わる積分で，ヒュッケル分子軌道の共鳴積分 β に相当する．この負の分数で表される式の分子は，t の絶対値の二乗が正であり，U は同一軌道内の電子間に働く斥力（オンサイト・クーロン反発）でこれも正の値なので，ホッピング過程の摂動エネルギーは負となる．したがっ

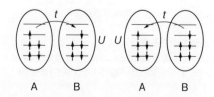

図8.18　分子 A-B 間での電子ホッピング
軌道の位相が揃い結合性軌道ができるので
スピン逆平行が安定．

て，**反強磁性的な相互作用が優勢**となる.

　図8.19 に遷移金属の d 軌道と配位子 L の p 軌道および遷移金属の d 軌道同士で位相が合う場合の反強磁性的相互作用の例を示す.

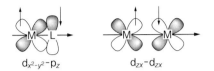

$d_{x^2-y^2}-p_z$ 　　　　　$d_{zx}-d_{zx}$ 　　　　　**図8.19**　隣接原子の波動関数の位相が合う場合

2）超交換相互作用　原子間の軌道が直交する場合（重なり積分；$\int_{-\infty}^{\infty} d_{x^2-y^2} d_{z^2} d\tau$ $= 0$）は，分子内の軌道直交系に成り立つフント則と同様の強磁性的な相互作用が期待される（**図8.20**）. 鉄，コバルト，ニッケルのような強磁性金属のスピン整列は直接交換によると考えられていた時代もあるが，現在ではその可能性は否定されており，実際の系で直接交換によりスピンが揃う例はほとんどない.

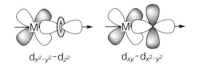

$d_{x^2-y^2}-d_{z^2}$ 　　　$d_{xy}-d_{x^2-y^2}$ 　　　**図8.20**　位相直交の場合は結合形成せず電子スピンが揃う可能性がある.

　それに代わって，原子間でのスピン整列を説明する有力な機構として登場したのが**超交換相互作用**である. 酸化物磁性体での局在電子の磁気モーメントの間に働く相互作用は，遷移金属の 3d 電子どうしの重なりで生じるのではなく，酸素原子の p 軌道を介して行われる. これを**超交換相互作用**と称する. 超交換の機構によると，酸素イオンで隔てられた金属イオン間では，反強磁性の相互作用が強いことが予想される（**図8.21 a**）. 例えば，MnO の磁気的構造において，酸素イオンを介して結合している磁性イオンのスピンは反平行となり，反強磁性体を与える. 遷移系列において原子番号が増えると有効核電荷が増加し，金属と酸素のヘテロ原子（カルコゲン原子やハロゲン原子）の p 軌道を介した重なり合いが増加し，強い超交換相互作用を引き起こす. ネール温度で予想される反強磁性の強さは，MnO, FeO, CoO, NiO の順となる. このように超交換はスピンの反強磁性カップリングを与えることが多いが，軌道が直交している箇所があると強磁性的相互作用が現れる場合もある（**図8.21 b**）. 強磁性的の超交換相互作用で，強

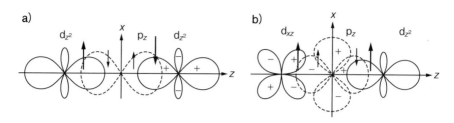

図8.21　a) 反強磁性的超交換相互作用 $3d_{z^2}$-$4p_z$-$3d_{z^2}$,　b) 強磁性的超交換相互作用 $3d_{xz}$-$4p_z$-$3d_{z^2}$

磁性体に転移する Cr の塩については 9.1.2 項で紹介する.

3）間接交換 (RKKY) 相互作用　希土類金属（Gd, Tb など）の磁性は内殻の軌道である 4f 電子が担うため，直接隣接原子との間での磁気的相互作用は起こらず，外殻の 5d 電子 (s) が伝導電子としてスピン分極を伝達する（**図 8.22 a**）.伝導電子のスピン分極は，距離に対して余弦（cosine）関数的に振動し，その周期は伝導電子の波数で決まる.原子 (i) の 4f 電子 (S_i) と伝導電子 (s) との交換相互作用が強磁性的なら，伝導電子は正の向きに大きく分極し，それが減衰振動として伝播していく（**図 8.22 b**）.もし原子 (i) の位置での伝導電子のスピン分極の振幅が正で原子 (j) の位置でも正に分極していれば，原子 i, j 間に強磁性的相互作用が生じることになる.この機構は，提唱者の名前の頭文字（Rudermann, Kittel, Kasuya, Yoshida）をとって RKKY 相互作用と呼ばれている.

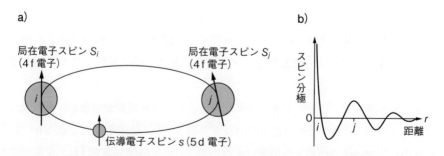

図 8.22　希土類金属における伝導電子を介した強磁性的スピン整列

8.5.3 スピンハミルトニアン

磁性の本では**ハイゼンベルグハミルトニアン**でスピン間の磁気的相互作用を論じている場合がある．やや概念的で分かりにくい議論ではあるが，最後に簡単に説明しておく．

原子間および分子間ではスピンの振舞いを記述する波動関数は，原子内や分子内の場合と異なり直交化されていない．そこで原子，あるいは分子のスピン間の相互作用を記述するハミルトニアンが必要となる（図**8.23**，式8.19）．

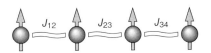

図8.23 ハイゼンベルグハミルトニアン

$$H_{ex} = -\sum_{i \neq j} J_{ij} S_i S_j \qquad (8.19)$$

1個以上の不対電子をもつ原子同士がある程度接近すると，電子間の距離も近づくので電子間の交換が起こるようになる．この2電子系のスピン交換相互作用を記述するのが，ハイゼンベルグのモデルである．電子の軌道が特定の原子に局在しているとみなし，原子1の全スピン量子数S_1と原子2の全スピン量子数S_2との間に原子間交換相互作用が働くと考える．このとき交換エネルギーを導出する演算子を，ハイゼンベルグハミルトニアンH_{ex}（*ex*; exchange）と呼ぶ．H_{ex}は，原子内交換相互作用を一般化した「見かけの交換積分」J_{12}を用いて，$H_{ex} = -2J_{12}S_1S_2$と表される．J_{12}が正であれば，H_{ex}の固有値は二つの原子のスピンS_1とS_2が平行のときに演算子の符号は負となり，固有値である交換エネルギーが低くなるので，二つの原子スピン間には強磁性相互作用が働くことになる．一方，J_{12}が負であれば，二つのスピン間には反強磁性相互作用が働くことになる（詳細は付録A8.3）．

■■■■■■■■■■■■■■■■■■■■■　演 習 問 題　■■■■■■■■■■■■■■■■■■

[1]　以下の遷移金属の全スピン角運動量 S, 全軌道角運動量 L, 全合成角運動量 J の値を算出する過程を説明せよ.
　　　(1) Cr^{3+}　　(2) Co^{3+}　　(3) Cu^{2+}

[2]　原子間のスピン整列に関する磁気的相互作用について以下の設問に答えよ.
　1) 原子間の磁気的相互作用に関する文章 ① ～ ③ に誤りがあれば直せ.
　2) 問題文に出てくる磁気的相互作用は何と呼ばれているか. 文章の後ろに記述した選択肢から選び, ④ － (d) のように示せ.
　① 隣接する原子間の軌道が同位相なら電子は原子から隣接原子へ, また逆方向へとホッピングし結合形成するのでスピンは平行となる.
　② MnO などの酸化物磁性体では, 局在電子系の磁気モーメントの間に働く相互作用は, 遷移金属の 3d 電子どうしの重なりで生じるのではなく, 酸素原子の p 軌道を介して行われる.
　③ 希土類金属の 5d 軌道は内殻なので空間的にみて局在性が強く, 伝導電子である 4f 電子の分極を介してスピン整列が起こる.
　　　選択肢：(a) 間接交換相互作用　　　　(b) 直接交換相互作用
　　　　　　　(c) 超交換相互作用

第9章　磁性の展開と応用

　本章では超交換相互作用に基づくスピン系の反強磁性および強磁性相転移について論じ，マグネタイトのフェリ磁性転移についての理解を深める．一方，鉄の強磁性はスピン偏極したバンド理論の理解が必要なこと，強磁性体の磁化曲線にみられるヒステリシスが磁石の本質であることを学ぶ．次いで，近年発達した分子磁性の分野で，有機物質でも磁性体の設計・構築が可能になった過程や，有機磁性体の特徴について述べ，遷移金属錯体の磁性発現と比較する．最後に，新しい磁性研究の動向として磁性・導電性共存系を用いたスピンエレクトロニクスの新展開を紹介し，それすらも有機の分子スピンシステムで実現できたことに触れる．

9.1　反強磁性・強磁性相転移

9.1.1　超交換相互作用と反強磁性相転移

8.5.2 項で述べた通り，遷移金属の酸化物やハロゲン化物の強磁性・反強磁性相転移には，金属原子と酸素あるいはハロゲン原子との共有結合が介在しており，**超交換相互作用**が働いている．**図 9.1 左**の矢印は，マンガン原子の磁気モー

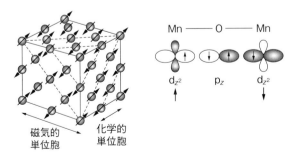

図 9.1　ネール温度 (T_N) 以下での MnO 中の Mn^{2+} 上の磁気モーメントの配列 (左) と Mn-O-Mn 結合の超交換相互作用によるスピン配列 (右) (C.Kittel[27] を元に作図)

メントの方向を示す.

　結晶は $T_N = 116\,K$ で反強磁性相転移を起こすので，ネール温度以下では近接する矢印は逆平行となり，磁化は消滅していく．一方，**図 9.1 右**の矢印は電子スピンを意味している．Mn(II) の d 軌道の電子スピンは酸素原子の p 軌道を介した超交換相互作用により互いに逆平行になっており，反強磁性的相互作用が働く原因となっている．

9.1.2　超交換相互作用と強磁性相転移

　無機の金属イオンの結晶で，超交換相互作用により強磁性体に転移する例を紹介する．塩化クロム酸ルビジウム [$Rb_2CrCl_4; Cr^{2+}(d^4)$] は，上下をルビジウムイオンと塩化物イオンからなる層で隔てられた層状構造をもつ (**図 9.2 a**)[†]．ヤーン-テラーゆがみが協同的に起こり，z 軸方向の配位子の距離が伸び (**図 9.2 a, b**)，その結果，正八面体の d 軌道のエネルギーは分裂を起こしている (**図 9.2 c**).

　Rb_2CrCl_4 の結晶内の分子配列を**図 9.2 a** に示す．隣り合った Cr^{2+} (A, B) の 1 電子で満たされた $3\,d_{z^2}$ 軌道は，結晶内では互いに垂直の方向を向いており，塩化物イオン (Cl^-) は JT ゆがみで横と縦に長短に伸びている．残りの 2 個の Cl^- は，図には表していないが，面の上下に空の $d_{x^2-y^2}$ 軌道に平面 4 配位している．

　この結晶における磁気的相互作用をみてみよう．$Cr(A)\,d_{z^2}$ 軌道内のスピンをアップ (太線矢印) とすると，隣接する $Cr(B)$ に配位している Cl の $3\,p_z$ 軌道内の 2 個のスピン (点線矢印) はダウンとアップにスピン分極される．この Cl は，$Cr(B)$ の空の $d_{x^2-y^2}$ 軌道と配位結合しているので，アップスピンがそこに非局在化し得る．この相互作用は，8.5.2 項 2) の超交換相互作用に相当する．$Cr(B)$ の d_{z^2} 軌道は，$d_{x^2-y^2}$ 軌道と直交しているので (これら二つの軌道は本来 $Cr(B)$ 上で重なっているが，見やすいようにずらして描いてある)，同一原子軌道間の交換相互作用 (フントの原理) によりアップとなる．このことは，$Cr(A)$ と $Cr(B)$ の間に強磁性的な磁気的相互作用が存在することを意味する．この強磁性的相互作用は，結晶内のすべての Cr^{2+} に伝播するので，Rb_2CrCl_4 結晶は 57 K で強磁性に転移する．

[†]　Rb_2CrCl_4 の単位格子には，Cr^{2+} と Cl^- からなる層が 2 層，Rb^+ と Cl^- からなる層が 4 層存在し，単位格子あたり $4\,Cr^{2+}$，$8\,Rb^+$，$16\,Cl^-$ が存在する．

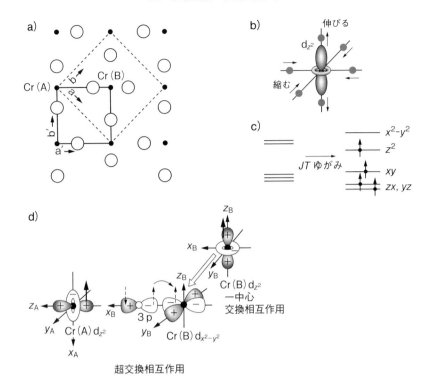

図 9.2 a) Rb_2CrCl_4 の構造. ◯ は塩化物イオン, ● は Cr イオン. 単結晶の座標軸を a, b, 磁気的相互作用を議論する座標軸を a', b' で表す (P. Day ら [30]) より作図). b) ヤーン-テラー (*JT*) ゆがみで変形した結晶内における Cr 錯体の $d_{x^2-y^2}$, d_{z^2} 軌道. 配位子は灰色丸 (●). c) *JT* ゆがみによる d 軌道のエネルギー分裂と電子配置 (P. A. Cox [31]) より作図). d) 交換相互作用と一中心の交換相互作用による強磁性的カップリング. 座標軸は Cr (A), Cr (B) 軌道のものである.

9.1.3 フェリ磁性体としてのマグネタイトの磁化

掲示板に紙などをとめるのに使う永久磁石には, 鉄の酸化物 Fe_3O_4 (**フェライト**) $[(Fe^{2+})(Fe^{3+})_2O_4]$ がよく用いられている. フェライトはスピネル構造をもつが, その中でも**マグネタイト**と呼ばれる**逆スピネル構造**をもつものが永久磁石となる. 単位格子の組成は $A_8B_{16}O_{32}$ であり, A は A^{2+}, B は B^{3+} イオンであることが多い. 単位格子には立方最密充填した 32 個の酸素原子が存在し, 逆スピネル構造では A^{2+} イオンはすべて八面体サイトに入っており, B^{3+} イオンは半分が四面体サイトに, 残り半分が八面体サイトに入っている (**図 9.3 a**). ここで, 見やすいように $(AB_2O_4)_3$ 単位を選ぶと, 八面体 (濃い灰色丸) と四面体 (うすい灰色

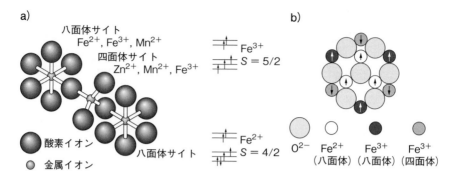

図9.3 a) フェライトの逆スピネル構造，b) フェライトの模式的フェリ磁性スピン整列

丸）の 3 個ずつの Fe^{3+} ($S = 5/2$) の磁気モーメントは逆平行につぶし合い，八面体の Fe^{2+}（白丸）($S = 2$) の磁気モーメントが残るため，**フェリ磁性体**として振舞うことが分かる．なお，大きい灰色の丸は酸素原子（O^{2-}）である（**図9.3b**）．

9.1.4　鉄の強磁性

　鉄の磁性は局在スピンが同時に伝導スピンになっているため，個別に議論することが難しく，スピンの向きが上下どちらかに偏ったバンド構造で説明されることが多い．これを**スピン偏極**という．**図9.4a**は，磁性をもたない遷移金属の**バンド状態密度**の概念図である．遷移金属では，sp混成軌道を形成している s, p 電子の他に 3d 電子があり，元素によって d 軌道の占有率は異なる．3d 電子は，

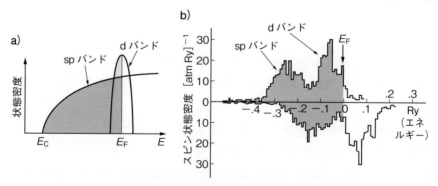

図9.4 a) 遷移金属の状態密度曲線．E_C は伝導帯の底，E_F はフェルミ準位．b) 体心立方（bcc）Fe のスピンバンドの状態密度の計算結果（Wakoh-Yamashita, Connolly による）．横軸上部はアップスピン，下部はダウンスピン．
（b は溝口　正『物質科学の基礎　物性物理学』（裳華房, 1989）[33] より転載）

sp 混成軌道内の電子に比べあまり非局在化していないので，状態密度のエネルギー幅が狭いバンドを形成しており，sp バンドと一部重なっている．

　磁性をもつ物質の場合は，アップスピンとダウンスピンとを分けて描く必要がある．図 9.4 b にスピンの向きを区別したバンド状態密度曲線を示す．縦軸に状態密度を，横軸にエネルギーをとってあり，上半分がアップスピン，下半分がダウンスピンをもつ電子の状態密度である．スピンの分布は，アップスピンで存在するバンドの電子数が，ダウンスピンで存在するバンドの電子数より大きく，強磁性が生じていることが分かる．アップスピンのバンドとダウンスピン間には，交換相互作用に基づく状態密度の極大の左右のずれ（**交換分裂**）が認められる．ずれは d 電子系の方が sp 電子系より大きい．これは d 電子の局在性が高く，電子同士の間の平均距離が近いことによる．

9.1.5　強磁性体の磁化曲線

　強磁性体では，原子あるいは分子間にスピンを平行に整列させる相互作用（正の交換相互作用）が働いている．強磁性体に磁場を印加したときの磁化の様子をみてみよう．強磁性転移温度が室温より高い場合は，室温においても強磁性体の内部ではスピンが揃ったクラスタ（**磁区**）† が形成されているが，磁区の示す磁化の向きは乱れており，互いに打ち消し合っている（図 9.5 a ①）．したがって，試料全体として磁化されている訳ではない．ここではスピンの整列で磁化の変化を説明しているが，磁気モーメントに注目すると矢印の向きは逆になる．

　簡単にするため，外部磁場は，結晶内で大き目な磁区の容易磁化軸に平行に掛けるとする．矢印で示す磁区内の電子スピンの向きは互いに平行に揃っているが（図 a ①），外部から磁場を印加すると磁壁（磁区の境界面）が移動し（図 a ②，③）外部磁場と平行なスピン数が増加する．局所的に揃ったスピンが作る内部磁場は外部磁場と協同的に働くため，スピン整列は磁化に伴いより効果的になる．その結果，逆向きのスピンからなる磁区は，次第に磁区の境目である磁壁の移動により消滅し，単一磁区となり（図 a ④），**飽和磁化**に達する．これをもって「強磁性相に転移した」という．

---

† 強磁性体に磁区が存在するのは，強磁性体が一方向に磁化されるより，多数の軸に分かれている方が，エネルギーがより低くなるためである．

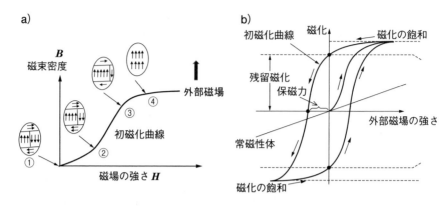

図9.5　a) 磁化に伴う磁区の配向．矢印は電子スピンの向きを示す．
　　　　b) 磁化曲線とヒステリシス．

　横軸に外部磁場の強さ，縦軸に磁化の大きさをとって，磁化の軌跡をプロット
した曲線を**磁化曲線**という．上記の磁化曲線（① から ④ に相当）は**初磁化曲線**
と呼ばれる（**図9.5 b**）．強磁性相になった試料に掛かる磁場を弱くしていくと，
スピンの磁化は熱の揺らぎにより減少していく．しかし磁化には異方性（揃いや
すい方向と，揃いにくい方向があること）があり，スピンが反転するには，磁化
しにくい向きを乗り越えなければならない．磁化する場合は，そのエネルギーは
外部磁場印加による磁化のエネルギーで賄われるが，外部磁場を減少させる場合
は，熱エネルギーを使うしかない．磁化の異方性エネルギーが高く熱では乗り越
え難いと，外部磁場を零にしても試料の磁化は残る．これが**残留磁化**である．し
たがって，磁化が取り除かれるときの（戻りの）磁化曲線は，試料が磁化される
ときの磁化曲線とは異なる．これを**ヒステリシス**（履歴現象）という．外部磁場
が零でも磁化が残ること，および磁化曲線がヒステリシスを描くことが強磁性体
の特徴となる．磁化を零にするには，磁場を負の方向に印加する必要があり，そ
のために必要な磁場の強さを**保持力**と呼ぶ．さらに磁化する場合の磁化曲線は，
初磁化曲線とは異なり戻りの磁化曲線と原点に対して対称になる．保持力の大き
いものは消磁しにくいので永久磁石あるいは硬磁性材料と呼ばれ，保持力の小さ
なものは軟磁性材料と呼ばれる．

9.2 有機分子で新しいスピンシステムを作る

磁石は，従来無機物質で作られてきており，磁性とは原子内の電子スピンに起因する無機物質の磁気的性質を意味するものであった．近年，「分子に磁性をもたせ，従来の無機磁性体にない磁性を発現させる」ことを目指した**分子磁性**という分野が飛躍的発展を遂げた．分子磁性とは，分子集合体を構成する要素としての分子に磁気モーメント（スピン）を担わせ，分子集団内での分子の配列によりスピン間の相互作用を制御し，磁性発現に導くものである．

ここで有機系分子磁性のみがもつ特徴を挙げよう．1）磁性を担う電子スピンは分子軌道を占有している［スピンを担う軌道の新奇性］，2）それゆえ，スピン源を含めた分子設計および分子集団としてのスピンシステム設計が可能である［スピン系の設計性］，3）スピンを担う（炭素化合物の）分子軌道は，対称性が低下しているため，軌道角運動量は凍結しており，分子の磁性はスピン角運動量のみに依存する［磁気モーメントの等方性］，4）磁性軌道がp軌道であるため，π共役軌道の変調により磁気的性質を制御しやすい［外場操作性］，などである．

9.2.1 安定 π ラジカルの電子構造

1）安定 π ラジカルの設計　有機ラジカルの磁性を研究するには，まず物性測定ができるようにラジカルを長寿命化する必要がある．そのためには，有機ラジカルを π 共役系に組み込むことで熱力学的安定性を高める，ラジカルのスピン密度が高い炭素の近傍にかさ高い置換基を導入し速度論的安定性を高める，ラジカル中心を窒素や酸素などヘテロ原子にする，などが有効である．上記の指針を巧妙に取り入れた有機ラジカルの例を**図 9.6** に掲げる．

例えば，ニトロニルニトロキシド（NN）には，熱力学的安定性を増すためにニトロキシド基とそのイオン型とみなせるニトロン基がアリル共役的に組み込まれている他，2個の *gem*-ジメチル基でラジカル中心が立体的に保護されている．このラジカルは室温で十分安定に存在する．

2）π ラジカルの電子構造の特徴 −非局在化とスピン分極−　π 結合と共役したラジカルの基本形であるアリルラジカルについて，その電子構造の特徴をみてみよう（**図 9.7**）．共鳴構造式より明らかなように，不対電子は1位の炭素と

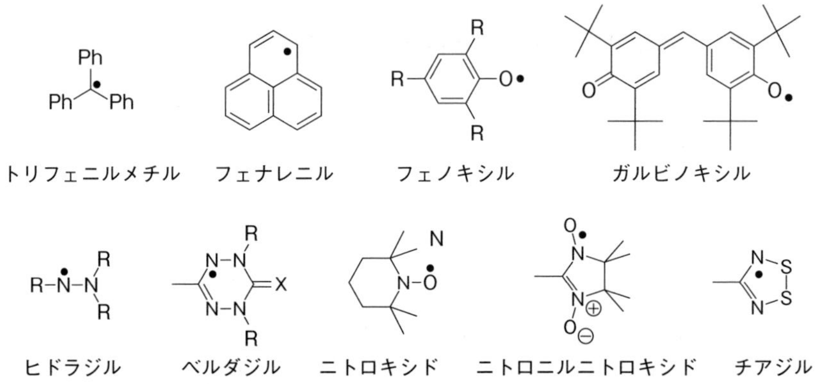

トリフェニルメチル　　フェナレニル　　　フェノキシル　　　　ガルビノキシル

ヒドラジル　　　ベルダジル　　　ニトロキシド　　ニトロニルニトロキシド　　チアジル

図 9.6　安定ラジカルの例

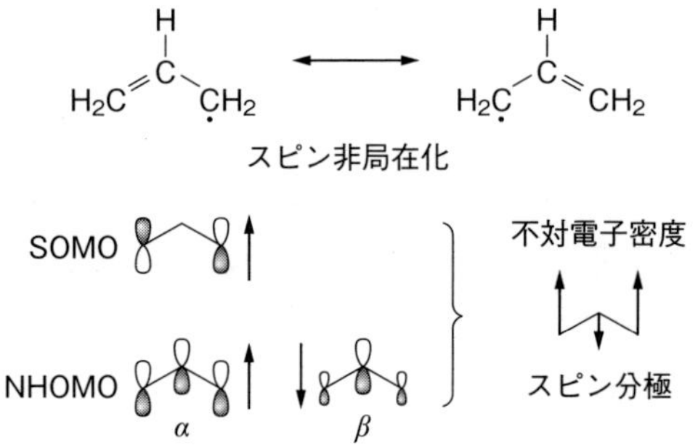

スピン非局在化

SOMO

NHOMO

不対電子密度

スピン分極

図 9.7　アリルラジカルにおけるスピン非局在化とスピン分極

3 位の炭素にそれぞれ 50 ％ の確率で存在するはずである（スピンの非局在化）.
1 位のスピンの向きが α スピン（上向きスピン）であれば，当然 3 位の不対電子
も α スピンとなる（もし 1 位のスピンが β なら共に β）．一方，電子スピン共鳴
の測定と電子・核二重共鳴の測定の結果は，1,3 位には α スピンが 0.6 ずつ分布
するのに伴い，中央の炭素には β スピンが -0.2 程度誘起されていることを示し
ている．その理由は，一つの軌道に 1 電子しか入れない UHF (unrestricted
Hartley Fock) 軌道を用いると，以下のように説明できる（図 9.7）．アリルラジ
カルの電子構造では，SOMO に α スピンを収容しても，パウリの排他原理で α
スピンの電子は接近することがないので，NHOMO(α) の係数はほとんど変化し
ない．一方，β スピンを収容している NHOMO(β) では，1 位と 3 位に電子が
接近すると電子間反発を受けるので，1 位と 3 位の係数は減少し，2 位に係数が

現れる．これは2位の炭素にβスピンが誘起されたことを意味する．このように，隣接する不対電子により引き起こされるスピン密度の偏りを**スピン分極**と呼ぶ（Column「スピン分極」参照）．

スピン分極

スピン分極の原因を，ヒュッケル分子軌道法を用いて考察してみよう．アリルラジカルの不対電子は，非結合性分子軌道（NBMO）を占有する．つまり，NBMO が SOMO（半占有軌道）となる．NBMO の1位と3位の炭素は同符号の係数をもち，2位の炭素の係数は0である（**図1a**）．**スピン密度**は SOMO の係数の二乗で表されるので，1位と3位におけるスピン密度は0.5，2位では0で，2位にはスピンが分布しないことになる（**図1b**）．

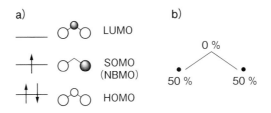

図1 a）アリルラジカルの分子軌道，b）同スピン密度

しかし，この SOMO のスピン密度は，SOMO よりエネルギーの低い HOMO のスピン分布に影響を及ぼす．仮に，SOMO の不対電子が α スピンだとすると，パウリの原理により，NHOMO の α スピンはもともと同一空間に近づくことはないので，その空間分布にも電子のエネルギーにもほとんど影響はない．これに対し NHOMO の β スピンは，スピンに依存したクーロン反発を受け，1位と3位から押し出されて，2位の分布（破線の曲線）が増大する（**図2a**）．これが2位の炭素に負のスピン密度が誘起される原因であり，**スピン分極**（**図2b**）と呼ばれる．ここで議論したスピン密度の符号を含めた交替は，分子間の磁気的相互作用を考える上で重要な役割を果たす．

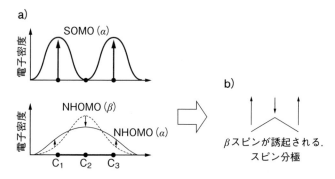

図2　a) アリルラジカルの SOMO と NHOMO の電子密度，b) その結果
生ずるスピン分極

9.2.2　分子間でスピンを揃える

　磁性は巨視的（バルク）な物性であるので，高スピン分子が合成できたとして
も，分子間の相互作用が反強磁性的であれば強磁性体は実現しない．分子間のス
ピン相関をどのように設計し，解析していくかは分子磁性の重要な課題である．

1）分子間でスピンが揃うラジカルの配列 －アリルラジカルを例にして－

　スピン分子間の磁気的相互作用を考えるに当り，最も基本的な π 共役ラジカ
ルとして，再びアリルラジカルを取り上げる．すでに議論したように，アリルラ
ジカルのスピン密度は符号を含めた交替がみられる（**図9.8**）．思考実験として，
2 分子のアリルラジカルの磁気的相互作用を，次の三つの配列について比較する．
配列（a）と（c）では，スピン密度の高い 1 位と 3 位の炭素原子が，2 箇所および
1 箇所で接近している．スピンを担った分子が接近した場合，スピンを逆平行に
して弱い化学結合を形成できる方がエネルギー的に安定になるので，分子間の磁

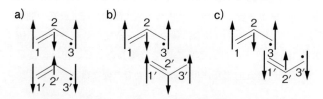

図9.8　2 個のアリルラジカルの分子間磁気的相互作用
（a）炭素（1）と炭素（1′）の接近，（b）炭素（2）と炭素（1′）の接近，
（c）炭素（3）と炭素（1′）の接近

気的相互作用は反強磁性的となる．しかし配列 (b) では，スピン密度の高い1位 (3位) がスピン密度の低い2位の炭素と弱い結合生成をするので，1位と3′位のスピンは同じ向きに揃う．このことは，分子間の磁気的相互作用が全体として強磁性的となることを意味している．配列 (c) は配列 (a) と同様に反強磁性的となる．

2) 結晶内のラジカル配列と磁気的相互作用 －ガルビノキシルを例にして－

安定ラジカル結晶の磁性は二，三の例外を除き，ほとんどすべて常磁性であるか，弱い反強磁性を示す化合物ばかりであった．ガルビノキシル (**図9.9左**) の結晶が分子間に強磁性的相互作用を示すことが見出され，その温度依存性を測定したところ，85 K を境に分子間の相互作用が反強磁性的に変化することが見つかった (**図9.9右**)†．これはこの温度で結晶構造の相転移が起こり，それに伴い，図9.8で示したスピン配列 (b) から配列 (a) あるいは (c) へと変化したことによると考えられる．磁化率の温度依存性から分子間の磁気的相互作用が敏感に変化することを示した，いかにも分子磁性らしい実験結果である．

3) 分子間スピン整列の分子モデル －シクロファン型ジカルベン－ 分子間での磁気的相互作用を考える分子論的アプローチとして，基底三重項であるジフェニルカルベンを [2,2] パラシクロファンに組み込んだモデル分子が提案され，そ

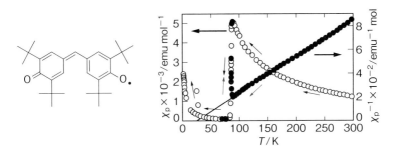

図9.9 ガルビノキシル (左) の磁化率の温度依存性
○ 印で示す磁化率 (χ_p；左側座標軸) は双曲線的に増加し，85 K で急激に値が減少する (低温での立ち上がりは不純物のスピンの影響)．● 印は逆磁化率 (χ_p^{-1}；右側座標軸) で，低温部の直線外挿は正の温度で温度軸を横切るが，85 K で垂直に増加する．(K. Mukai[34] を元に作図)

---

† 図9.9グラフの縦軸の emu とは，CGS 単位系における電磁単位であり，system of electromagnetic units の略である．第8章の Column「磁性の単位系」で触れられている．ここでは，単位系より磁化率の温度依存性が重要な論点である．

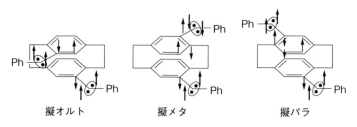

図9.10　シクロファンジカルベンにおける分子内スピン整列（丸囲みはカルベン炭素）

の前駆体となるビスジアゾ化合物の三つの位置異性体が合成された．低温で発生
した3種のジカルベンの異性体は，それぞれ異なる基底スピン多重度を与えるこ
とが，低温のESRスペクトル強度の温度依存性から実験的に示された．

　擬オルト体（「擬」は二つのベンゼン環を重ねたときにオルト位になるという意
味）および擬パラ体の2個のカルベン炭素のスピンは同一方向に揃い，基底五重
項になる．一方，擬メタ体は逆方向で，基底一重項を与える．これは，1）一方
のカルベン炭素のスピンをアップ・アップと仮定したとき，そのスピンを起点と
するスピン分極は，アップ，ダウン，アップと交互に伝わる，2）分子内の二つ
のベンゼン環の上下の炭素原子にはそれぞれ逆向きのスピンが分布している方が
安定である，という二つのルールを当てはめると，擬オルト体と擬パラ体では
2箇所のカルベンサイトのスピンは平行，擬メタ体は反平行になることが合理的
に理解できる（**図9.10**）．以上の考察より，シクロファンジカルベンは分子間ス
ピン整列のモデルとして極めて有効であることが分かる．

9.3　磁石となる有機ラジカル

9.3.1　強磁性体となる有機ラジカル結晶の出現

　有機物質で強磁性体（強磁石）を実現するために，いろいろな有機ラジカル結
晶の磁性測定が行われていたが，分子間に強磁性的相互作用が認められる場合で
も，強磁性体への相転移が観測された例は皆無であった．有機ラジカルの結晶と
しては例外的な，低温まで強磁性的相互作用が消失しないラジカルの一つに，p-
ニトロフェニルニトロニルニトロキシド（NPNN）のβ型（結晶多形の一つ）結
晶があった（**図9.11**）[†]．このβ-NPNN結晶を極低温まで磁気測定したところ，

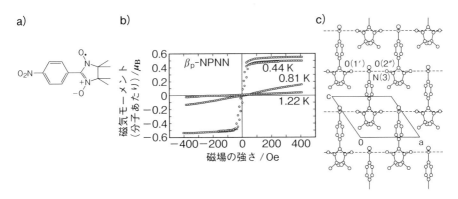

図 9.11 a) NPNN の構造式．b) β-NPNN の有機強磁性体への相転移．磁気モーメントは 0.81 K，1.22 K では磁場に比例して直線的に増大するが，0.44 K では低い磁場で急速に増大し飽和する．横軸の Oe はエールステッド（脚注参照）を表す記号．c) β-NPNN の結晶構造．（M. Kinoshita[35] を元に作図）

強磁性体に転移することが発見された．これは世界初の有機強磁性体であり，化学的洞察と先端的計測法が生んだ強磁性体といえる．結晶構造をみると，負の電荷を帯びたニトロニルニトロキシド (NN) 基と隣接分子のニトロ基が静電相互作用で接近しているために，NN 基間の直接的な反強磁性的相互作用が避けられている．また，分子内のスピン分極が分子間に位相を合わせて伝達されることで，強磁性的相互作用が確保されている．この点については，次に述べる水素結合型有機強磁性体の項で詳細に説明する．

9.3.2 水素結合性ラジカル結晶でできた磁石

結晶設計に基づき有機強磁性体となった HQNN と呼ばれる有機ラジカル結晶を例にとって，結晶構造と磁気的相互作用の関連について説明する．安定ラジカルであるニトロニルニトロキシド (NN) に，結晶内の配列制御部位としてヒドロキノン (HQ) を組み込んだ HQNN (**図 9.12**) では，水素結合による一次元鎖の他に，隣接する水素結合鎖のヒドロキ

図 9.12 HQNN の分子構造

† 図 9.11 b の横軸の磁場の単位である Oe（エールステッド）は，CGS 電磁単位系での磁場の強さ（磁界強度）を表す．同じく磁場の単位である Gauss（ガウス）は，磁束密度の大きさを表す．真空中では 1 Oe は 1 Gauss に等しい．

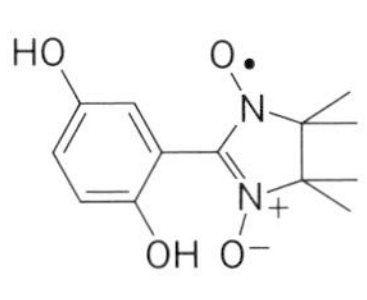

シ基と NO 基との間で分岐型の水素結合により二量体が形成されており，その
ため水素結合の二重鎖ができている（**図9.13a**）．

　HQNN のスピン分極とその伝達の仕方を検証しよう．まず，向き合った水素
結合二量体の部分についてみると，分子内と連接分子の二つのニトロキシド基が
近接して存在することが分かる．本来近接した2個の NN のスピンは反平行に
なるはずであるが，オルト位のヒドロキシ基は分子内の NO と共に，相手分子
の NO 基とも分岐型の水素結合を形成しており，この水素原子が負に分極した
スピンを担うことで，NN のスピンは強磁性的に揃う（**図9.13b**）．次いで，一
次元鎖内についてみる．HQNN の NN 部の不対電子をアップスピン（黒矢印）と

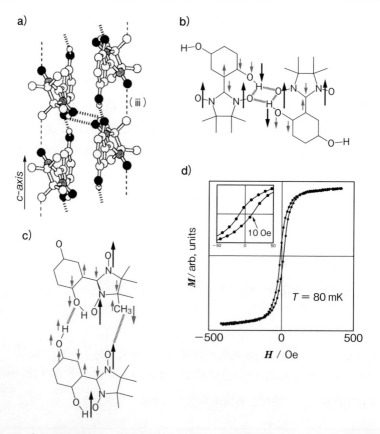

図9.13　a) HQNN 結晶の水素結合鎖，b) HQNN の水素結合鎖におけるスピン分極伝達，
　　　　c) 二量体内でのスピン分極伝達，d) HQNN 結晶の磁化曲線のヒステリシス
　　　　（M.M.Matsushita, ら：*J. Am.Chem.Soc.*, **119**, 4369-4379 (1997)[36] より転載）

すると，*gem*-ジメチル基の水素原子はダウン（灰色矢印）に分極している．その
ため，ヒドロキシ基による分子間水素結合部位の他に，NO と 1 個下方分子の
gem-ジメチル基の C-H との間に水素結合様の相互作用を通じてスピン分極が伝
播されていることが分かる（図 9.13 c，構造は図 a に対応）．さらに，二重水素
結合鎖の間にも同様の相互作用が認められ，三次元的にスピン分極が位相を揃え
て伝播されていることが分かる．

　以上は，HQNN の強磁性の発現をスピン分極の分子間への伝達で説明したも
のであるが，8.5.3 項で触れたハイゼンベルグハミルトニアンで解析することも
できる．隣接するヒドロキシ基と NO 基間の分岐型の水素結合により形成され
た二量体を，$S = 1/2$ で基底状態三重項の ST スピン対モデルとみなし，式 (8.20)
に外部磁場による効果を加えたハミルトニアンを用いて求めた解に，スピン間の
相互作用を示す J に $J/k_B = 0.93$ K，二量体間の磁気的相互作用を表すキュリー
温度 θ に $\theta = +0.46$ K を代入することで，実験値のプロットを合理的に再現で
きる（付録 A9.1）．

　解析の結果，この結晶は 0.5 K で強磁性体に転移することが確かめられた．
HQNN 結晶は強磁性体に特有の磁化のヒステリシスを示すが（図 9.13 d），有機
スピンの異方性が小さいことを反映し，保持力は 1 T と小さくソフトな強磁性体
である．

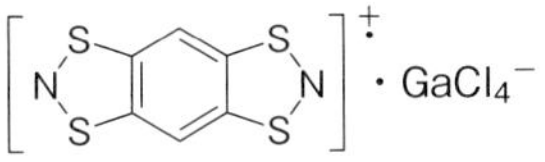

　なお，当初報告された有機強磁性体の温度はすべ
て 2 K 以下と低温であったが，近年，ベンゾビスジ
チアゾール（BBDTA）のカチオンラジカルと四塩化
ガリウムの塩 BBDTA・GaCl₄（図 9.14）が転移温度

図 9.14　BBDTA 塩の構造

7 K の有機強磁性体であることが報告されている．この塩の転移温度は，加圧下
では 14 K に上昇する．また BBDTA の中央のベンゼン環をピラジン環，またジ
チアゾール環をジセレナゾール環に替えた誘導体のカチオンラジカルのトリフル
オロメチルスルホネート（トリフレート）塩は，転移温度 17 K で有機強磁性体に
転移する．

9.4　スピン分極ドナーの電子構造

ところで，酸化・還元でスピン多重度が変化する系があれば，磁性に他の機能を付与できる可能性がある．ドナー性の高いπ電子系に交差共役的に，ニトロニルニトロキシド（NN）基を導入したドナーラジカルの電子構造を，第6章のColumn「分子性導電体のオンサイト・クーロンUと移動積分t」で議論した一つの軌道に1電子しか入れないUHF（unrestricted Hartley Fock）軌道を用いて記述すると**図9.15**が得られる．階段型の分子軌道のエネルギー差は先に引用したColumnではオンサイト・クーロン反発であったが，スピン分極ドナーの場合は，HOMOではαスピンが占有している軌道にβスピンが収容される際の交換エネルギーに相当する．この値が大きくHOMO（β）のエネルギー準位がSOMO（α）より高くなると，一電子酸化はHOMO（β）から起こり，基底三重項ビラジカルが生成する．この解釈は，サイクリックボルタンメトリやスピン-ニューテーションスペクトロスコピーなどで証明されている．このようなドナーラジカルは**スピン分極ドナー**と呼ばれているが，その電子構造は光励起三重項を基底状態で実現したことに相当する．スピン分極ドナーの応用については9.6節で実例を挙げて解説する．

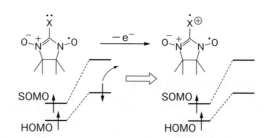

図9.15　スピン分極ドナーにおける1電子酸化によるスピン整列
下段の分子軌道は非制限ハートリー-フォック法で用いられる1電子1軌道の表現
（第6章Column「分子性導電体のオンサイト・クーロンUと移動積分t」図2参照）．

9.5 遷移金属錯体の磁性

9.5.1 低次元磁性錯体

遷移金属錯体の磁性研究は，配位子を選んで新しいスピン系を構築するところに主眼がある．図 9.16 a に示すのは，プロパン-1,3-ビス（オキサマト）（1,3-bis (oxamate)）と呼ばれる配位子で，プロピル基の両端にオキサミン酸のアニオン [$NH_2COCO(O^-)$] がつながれている．配位子の窒素と酸素が Cu (II)($S = 1/2$) に選択的に配位し，左右のオキサレートが Mn (II)($S = 5/2$) に配位することで，

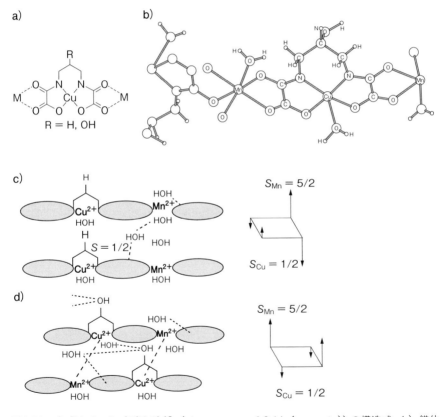

図 9.16　a）[MnCupbo(R(H_2O)$_3$)]$_n$（pbo：propane-1,3-bis（oxamate））の構造式．b）錯体の鎖状構造の一部．R = OH．c）異核金属間の磁気的相互作用（左）．スピン量子数のベクトル表示（右）．R = H：反強磁性的．d）R = OH：フェリ磁性的．点線は水素結合を示している．

2核の鎖状高分子錯体が形成される．プロピル鎖の2位にヒドロキシ基を導入した配位子（R = OH）も用意されている（**図b**）．

　配位子（R = H）では鎖間の磁気的相互作用は，Cu（II）同士と Mn（II）同士が向き合っているため反強磁性的になる（**図c**）．ところが，配位子のプロピル基の2位にヒドロキシ基を導入すると，得られる一次元錯体の結晶構造が変化し，鎖間で水素結合のネットワークが形成されてずれが生じ，スピン量子数の異なる Cu（II, $S = 1/2$）と Mn（II, $S = 5/2$）が向き合うようになる（**図d**）．それに伴い金属の磁気モーメントはフェリ磁性的となり，低温でフェリ磁性体に転移することが明らかになった．これらの結果を得るに当っては，二座配位子を使ってスピン多重度の異なる二種のイオンを取り込み，さらに配位子にヒドロキシ基を導入することで鎖間の磁気的相互作用を切り替えるなど，磁性発現への巧みなアプローチを用いたことが分かる．

9.5.2　単分子磁石とは

　単分子磁石とは，磁石としての性質を示す分子を指す．マンガンイオン12個からなる錯体 $[Mn^{3+}{}_8Mn^{4+}{}_4(CH_3COO)_{16}(H_2O)_4O_{12}]$ は，磁気的ヒステリシス挙動を示す超常磁性体（スピン多重度は大きいが常磁性体として振舞う）であることが分かった（**図9.17a**）．これが最初の単分子磁石であり，現在までに多くの単分子磁石が報告されている．このマンガン錯体の結晶では，分子内のスピンは揃っているが，分子間の磁気的相互作用は無視できるとしており，その磁化曲線はヒステリシスを描くことより**単分子磁石**と命名された．単分子でもヒステリシスが観測されるのは，遷移金属錯体は磁気異方性が大きくスピンの反転が起こりにくいことを反映した結果である．

　単分子磁石の基底スピン状態は $S = 10$ であり，スピン副準位 (m_s) について2極小ポテンシャルをもち，その磁化（スピン）を反転するにはエネルギーが必要である（**図9.17b**）．しかし，磁場を印加するとゼーマン分裂により2極小ポテンシャルは非対称になり，スピン副準位のエネルギーが等しい磁場が掛かると，量子トンネル効果（9.6.1項）による磁化の反転が起こる（**図9.17c**）．これにより単分子磁石はステップ状の磁気ヒステリシスを示す（**図9.17d** 中央）．

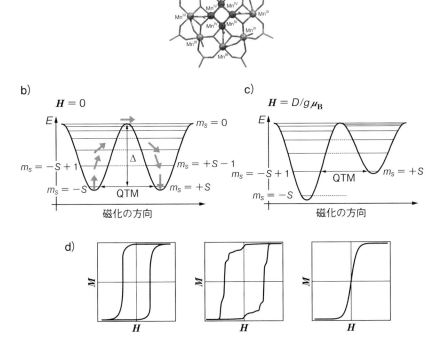

図 9.17　a）4 個の Mn（IV）イオンと 8 個の Mn（III）イオンからなるマンガン 12 核混合原子価錯体 [$Mn_{12}O_{12}(OAc)_{16}(H_2O)_4$]．b）基底スピン $S = 10$ の高い磁化反転障壁 U_{eff}/k_B = 60 K．c）外部磁場印加でスピン準位が等エネルギーになると起こるトンネル反転．d）単分子磁石が示すステップ状の磁気ヒステリシスの温度依存性．左から強磁性体，単分子磁石，常磁性体の磁化の様子．（a, d は山下正廣・小島憲道 編著『金属錯体の現代物性化学』錯体化学会選書 3，三共出版（2008）[29] より転載）

9.6　有機物質における磁性と導電性の連携

9.6.1　スピントロニクスとは

1.3.3 項で述べたように，近年"スピントロニクス"という言葉を盛んに聞くようになった．従来のエレクトロニクスは，電子が担う電荷の流れを，電場で制御することで種々の機能開発（増幅，整流など）を達成してきた．しかし電子には，電荷に加えてスピンと呼ばれる重要な性質があり，磁場の印加で電子の振舞いをさらに高度に制御することができる．つまり，電子スピンを利用することで，よ

り高機能のエレクトロニクスを実現するのが，スピントロニクスである．

　スピントロニクスの中でも主流になりつつあるのは，トンネル効果を利用した**トンネル磁気抵抗（TMR）**素子である．TMR素子は，数nmの絶縁体層を二枚の強磁性金属からなる電極で挟んだ構造をしており，電子はトンネル効果により絶縁体層を通り抜けられるので，電極間に電流が流れる．ここで，反対側の電極が同方向に磁化されていれば，上向きスピンは対極にトンネル移動することができるが，対極の磁化が逆向きだと対極に移動できず反射される．このような仕組みをスピンバルブと呼ぶ（1.3.3項参照）．

　上記の操作を容易にするため，TMR素子では対極の磁化を反転しやすいように，出口側には保持力の弱い強磁性金属を用いる．磁化の反転で得られる電流の変化量は10^3倍に近づいており，今後さらなる高機能化・微細化が期待されている．

9.6.2　磁性と導電性を併せもつ物質を作るには

　1）設計方針　磁性と導電性を併せもつ性質は，鉄などの強磁性金属に特有な性質である．しかし，磁性も導電性も，電子がそれらの性質を担っているので，物質中における電子の振舞いを制御すれば，有機材料を用いて磁性体や導電体を作り出すことが可能になり，分子性の物質でスピントロニクス材料が実現できるのではないか．

　では，どのような有機分子を設計すれば，磁性と導電性とを併せもつ物質ができるだろうか．磁性と導電性を併せもつ分子に求められる条件は，1）磁性部位（ラジカル）をもつこと，2）電子供与性あるいは電子受容性のある導電性部位をもつこと，3）両者の間に導電性と磁性の相互作用が存在すること，が挙げられる．特に条件3）が重要で，単に二種の物性を担う部位を連結しただけでは，導電性物質と磁性物質をただ混ぜたのとそれほど違わない．

　上記の条件を満たすには，交差π共役系の基本であるトリメチレンメタンの骨格を基盤とし，そこにドナー部とラジカル部を組み込んだ**スピン分極ドナーラジカル**を設計・合成することが有効である（**図9.18a**左）．

　2）有機ドナーラジカル塩の示す負性磁気抵抗　以上の設計指針の基に得られた磁性と導電性が連動するドナーラジカルを紹介する．ニトロキシドをベンゼン環に導入したエチレンジチオ-ジセレナ-ジチオベンゾフルバレン（ESBN）であ

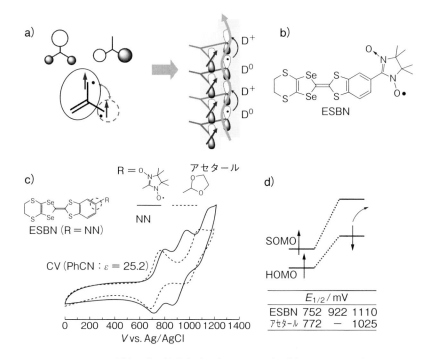

図9.18 磁性・導電性共存系を実現するスピン分極ドナーの設計

a) 基底三重項トリメチレンメタン (TMM) の縮退した NBMO. 中性種と一電子酸化種を交互に積層した構造. b) ESBN の構造式. c) 基底三重項である TMM の実線で囲ったアリル部位を π 型ラジカル (R = ニトロニルニトロキシド) に置換. 残りのスピンを担う炭素をドナー部 HOMO の係数をもつ炭素 (◌印) と置換. 合成されたスピン分極ドナー ESBN とその対照化合物 (アセタール) のサイクリックボルタンメトリ. d) UHF 法で表したスピン分極ドナーの構造.

る (**図9.18b**). ESBN のサイクリックボルタンメトリの酸化では, 1 V 以下に第 1 波と第 2 波が観測され, 第 1 波の酸化電位が不対電子をもたない誘導体 (アセタール) の電位とほぼ同じことから, ドナー部から先に電子が抜けることから確認された (**図9.18c, d**).

ESBN の電解結晶化を行うと, 混合原子価状態を取り得る $ESBN_2ClO_4$ 塩 (ドナーと対アニオン比 2:1) が生成する (**図9.19**). ESBN のラジカル部 NN には, 速度論的安定化のためかさ高い置換基が導入される. そこで分子間の π 軌道の重なりが減少し, 伝導度が低くなるのを防ぐ目的で TTF 骨格の片方には硫黄に替わってファンデルワールス半径の大きなセレン原子が二つ導入されている.

図 9.19　電解結晶化により電極上に生成した結晶

　通常，導電体に電場を掛けるとローレンツ力が働き，電子は螺旋運動をしなが
ら移動するので抵抗が大きくなり，電流値は減少する．しかし，このスピン分極
ドナーからなる塩には以下の顕著な特性がある．① 一定の高電圧を掛けるとエ
レクトロルミネッセンス（EL）素子の伝導機構と同様な機構で，電圧のべき乗に
比例して電流が流れるようになる（付録A9.2）．② この電場で誘起された電流は，
外部磁場を掛けると顕著に増大する．後者は**負性磁気抵抗**と呼ばれる現象で，磁
場を ON-OFF しながら，そのときの抵抗を測定した結果，明確な抵抗値のス
イッチングが観測された（**図 9.20 a**）．

　この現象は以下のように説明される．磁場が掛かっていないと，ラジカルのス

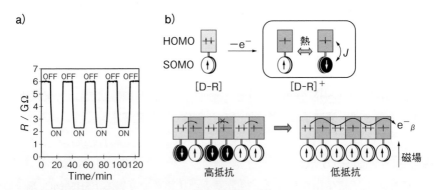

図 9.20　a）$ESBN_2ClO_4$ の抵抗の 2 K における磁場依存性（負性磁気抵抗），b）磁場の ON-
　　　　OFF により変化する $ESBN_2ClO_4$ 結晶の抵抗の変化
磁場を印加しないときは，ラジカル部のスピンの向きはバラバラで伝導電子は散乱されやすい
（高抵抗状態）．磁場の印加でラジカル部の電子スピンが上向きに揃うと，下向きスピンが伝導
電子となって結晶内を流れる（低抵抗状態）．
（菅原 正・鈴木健太郎：現代化学，2011 年 4 月号，49-53[40]）より転載）

ピンの向きはバラバラなので，伝導電子は散乱される（高抵抗状態）．一方，磁場下ではラジカルのスピンの向きと，ドナー部のスピンの向きが揃うため，伝導電子は散乱されることなくドナー間を流れるようになる（低抵抗状態）．つまりドナーラジカルの一電子酸化種が「分子スピンフィルター」として働いている（図9.20 b）．磁場を掛けない場合と掛けた場合の抵抗の変化率（負性磁気抵抗）は，−70 % に及ぶ（温度2 K，磁場9 T）．ETBN が負性磁気抵抗を発現する温度は，約20 K 以下と決して高い温度ではないが，負性磁気抵抗の温度を決める分子内相互作用は，分子設計を工夫することで，さらに大きくすることができる．

3）単一有機ドナーラジカルによる磁性導電性共存系 TSBN のラジカルイオン塩により，分子性の負性磁気抵抗効果が出現したが，有機物のみで同様の効果を示す物質はできないものだろうか．TTF 骨格に2個の臭素原子を導入したスピン分極ドナー（BTBN）は，単一成分の黒色結晶を与えることが分かった（図9.21 a）．この結晶は中性であるにもかかわらず伝導性を示す．これは黒色結晶の溶液吸収スペクトルから推察できるように，BTBN のドナー部から隣の分子のラジカル部への分子間の電荷移動が起こっているためである．結晶構造は対称性が高く（$P4_2/n$）4回軸をもち，TTF に置換した Br と隣接分子の硫黄と NO 基の酸素原子の間に原子間接触がある（図9.21 b；Br⋯S = ∼3.6Å，Br⋯O = ∼3.0Å，ドナー部位の面間距離約3.47Å）．この中性結晶に電圧を掛けると，ESBN と同様な機構で電流が流れ，低温域では磁場の印加で抵抗が約4分の1に

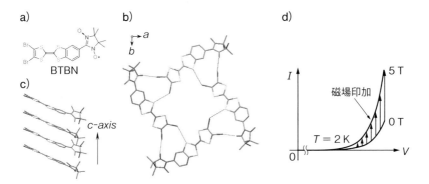

図9.21 a）BTBN の分子構造，b）c 軸に沿ったカラム状の積層構造，c）BTBN の c 軸方向からみた結晶構造，d）電圧印加および磁場印加の下での I-V 曲線（H. Komatsu ら：*J. Am. Chem. Soc.*,**132**, 4528-4529 (2010)[41) より転載）

低下した．すなわち，負性磁気抵抗率は 2 K，5 T において 76 ％ に達する．まさに有機単分子のみからなる「導電性を電場と磁場で制御できる物質」が誕生したことになる．

　関連したナノスピントロニクスの研究例として，粒子径 4 nm の金ナノ粒子をスピン分極ワイヤー分子で連結させたネットワーク構造体の電子輸送が磁場により制御される系を Column「磁場応答型金ナノ粒子ネットワーク」で紹介して，この章を終える．

磁場応答型金ナノ粒子ネットワーク

　メゾスコピックな物性（2.3.2 項）の例として登場した金ナノ粒子は，粒径が 4 nm 以上ではほぼ金属として振舞う．このナノ粒子を分子長 2 nm 程度の分子ワイヤーで連結した**金ナノ粒子ネットワーク**は電子回路となり，バイアス電圧を掛けると回路には電流が流れる．金ナノ粒子の荷電エネルギー[†] が 80 meV と室温の熱エネルギー 24 meV より大きいため，クーロンブロッケード（2.3.2 項 2）導電性）として働き，ナノ粒子間の一電子輸送を可能にしている．

　9.4 節で説明した不対電子をもつスピン分極分子（**図 1a**）の両端に，金ナノ粒子と共有結合できるチオール基を導入したワイヤー分子で金ナノ粒子をネットワーク化すると，ナノ粒子がさらに自己集合化し平均粒径 100 nm の粒塊ができ，それらが連結して，くし形電極（くしの間隔 2 μm）に化学吸着して電子伝達回路が形成される（**図 1b**）．このナノ粒子ネットワークの電子輸送は，室温から 30 K くらいまでは熱励起トンネリングで進行するが，20 K 以下では熱エネルギーが不足するので，**協奏的トンネリング**機構で電子輸送のみが起こる．この機構では電子移動と正孔の生成が同期して進行するので（**図 2**），活性化エネルギーを必要としない電子輸送が可能となる．協奏的トンネリングで電子輸送を行っているネットワークに外部から磁場を掛けると，顕著な**負性磁気抵抗**（磁場下で抵抗が減少する現象）を示した（**図 1c**）．この結果は，ナノ粒子間の電子輸送が外部磁場で制御できることを示している．

　本系の特徴は，ナノの領域の量子的挙動がミクロンサイズのくし形電極を用いることで観測されている点にあり，"nano-on-micro" の電子輸送系といえ

[†] ナノ粒子に 1 電子を注入したときに増加する静電エネルギー．

る．このようなネットワークは，脳神経のモデル系となるのではないかとの指摘もあり，将来の進展が期待される．

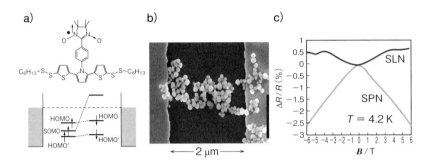

図1　a）スピン分極ワイヤー分子とそのスピン分極電子構造．b）金電極（間隔 2 μm）につながれた金ナノ粒子の粒塊（平均粒径 100 nm）ネットワーク．c）スピン分極ワイヤー連結金ナノ粒子ネットワーク（SPN；灰色線）とスピンレスネットワーク（SLN；黒線）の抵抗率の磁場依存性．外磁場（**B**）が 0 T のときの比抵抗が最大で，上，下方向から磁場を掛けると比抵抗が減少する．

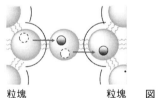

粒塊　　　　　　　　　粒塊　　**図2**　粒子間の協奏的トンネリング（正孔移動）

演 習 問 題

[1]　次の化合物の電子スピン整列の特徴を記せ．

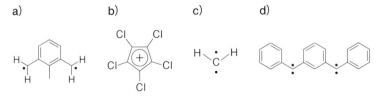

[2]　アリルラジカルの分子間の磁気的相互作用について，以下の設問に答えよ．

　1）共役 π 電子系のスピン分極を考慮した「スピン密度」をもとに，アリルラジカル
　　　が配列 A，配列 B で並んでいる場合について，スピン密度の符号と大小を，矢
　　　印の向きと長さで示せ．さらに，分子間の磁気的相互作用について説明せよ．

アリルラジカル　　　　　　配列 A　　　　　　　　配列 B

　2）ガルビノキシルラジカルは，室温で安定に存在できる有機ラジカルである．

　　a）ガルビノキシルラジカルが安定である理由を，分子構造の観点から述べよ．

　　b）ガルビノキシルラジカルの結晶の磁化率を測定したところ，下図のグラフに
　　　　示すようになった．温度 T_1 でどのようなことが起こったと考えられるか．

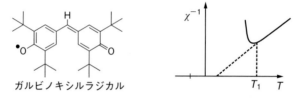

ガルビノキシルラジカル

付　録

第 2 章　物性を導く電子構造 －ヒュッケル分子軌道法による理解－

A2.1　ヒュッケル分子軌道関数・エネルギーの求め方

　原子軌道の線形結合により分子軌道の近似関数を作成し，変分法により真の波動関数およびその固有値を求める手続きを以下に示す.

1）波動関数で記述される電子状態のエネルギー

　波動関数 Ψ で表される電子状態のエネルギー（固有値）は次の式で求められる. 以下の積分はいずれも全空間について行うものとする. なお，Ψ が複素数の場合は，Ψ の共役関数である Ψ^* を左から掛ける.

$$E = \frac{\int_{-\infty}^{\infty} \Psi H \Psi \mathrm{d}\tau}{\int_{-\infty}^{\infty} \Psi \Psi \mathrm{d}\tau} \tag{A2.1}$$

ある波動関数の固有値はシュレーディンガーの方程式 $H\Psi = E\Psi$ より求められる.
　この両辺に左側から Ψ を掛け，全空間で積分する.

$$\int \Psi H \Psi \mathrm{d}\tau = \int E \Psi \Psi \mathrm{d}\tau = E \int \Psi \Psi \mathrm{d}\tau$$

これより式（A2.1）の E が求まる.

2）分子軌道の近似関数をどのように求めるか

　分子軌道の近似波動関数を求めるには，原子軌道の線形結合で分子軌道を記述するLCAO（linear combination of atomic orbitals）近似を用いる.

$$\Psi = c_1 \phi_A + c_2 \phi_B \tag{A2.2}$$

ϕ_A, ϕ_B は原子 A, B の原子軌道関数，c_1, c_2 は線形結合の係数.

3）真の分子軌道を表す波動関数にどのように近づけるか －変分法－

　波動関数の最適化に際しては，"変分法"を用いる. 変分法とは試しの波動関数 Ψ' を，Ψ の代わりに用いてエネルギー E'（変分エネルギー）を計算する方法である. 変分エネルギーが低ければ低いほど，真の値に近いと判断し，そのエネルギーを与える分子軌道関数を採用する. そのために，式（A2.2）の係数 c_1, c_2 をパラメータとして，その最適化を行う.

4）変分法により最小のエネルギーをもつ分子軌道関数を求める

　LCAO 近似で求めた分子軌道関数（A2.2）を用い，式（A2.1）に従いエネルギーを求める. ここで,

$$\int \Psi^* H \Psi d\tau = \int (c_1 \phi_A{}^* + c_2 \phi_B{}^*) H (c_1 \phi_A + c_2 \phi_B) \, d\tau$$

を計算するに当り,

$$\int \phi_A{}^* H \phi_A d\tau = \int \phi_B{}^* H \phi_B d\tau = H_{AA} = H_{BB} \quad (\text{同核二原子分子の場合,A = B})$$

$$\int \phi_A{}^* H \phi_B d\tau = \int \phi_B{}^* H \phi_A d\tau = H_{AB} = H_{BA}$$

$$\int \phi_A{}^* \phi_B d\tau = \int \phi_B{}^* \phi_A d\tau = S_{AB} = S_{BA} = S$$

$$\int \phi_A{}^* \phi_A d\tau = \int \phi_B{}^* \phi_B d\tau = S_{AA} = S_{BB} = 1$$

と置く.変分エネルギーは,次のように求められる.

$$E = \frac{c_1{}^2 H_{AA} + 2 c_1 c_2 H_{AB} + c_2{}^2 H_{BB}}{c_1{}^2 + 2 c_1 c_2 S + c_2{}^2} \tag{A2.3}$$

変分エネルギーの極小値を求める.

$(\partial E / \partial c_1) = 0$, $(\partial E / \partial c_2) = 0$ を計算すると,式 (A2.4) の方程式 (永年方程式) が得られる.

$$\begin{cases} c_1 (H_{AA} - E) + c_2 (H_{AB} - SE) = 0 \\ c_1 (H_{BA} - SE) + c_2 (H_{BB} - E) = 0 \end{cases} \tag{A2.4}$$

式 (A2.4) は,c_1, c_2 を未知数とする連立方程式である.この方程式の解として $c_1 = c_2 = 0$ があるが,これでは無意味なので,それ以外の解をもつ条件を求める.式 (A2.5) はこの方程式を行列式として解いた場合の解の分母に当り,これを 0 とする.

$$\begin{vmatrix} H_{AA} - E & H_{AB} - SE \\ H_{BA} - SE & H_{BB} - E \end{vmatrix} = 0 \tag{A2.5}$$

この式を "永年行列式" という.

(註) 永年行列式の導き方

　　連立方程式

$$\begin{cases} ax + by = c \\ a'x + b'y = c' \end{cases} \quad \text{を考える.}$$

この解は行列式を用いて,以下のように解ける.

$$x = \frac{\begin{vmatrix} c & b \\ c' & b' \end{vmatrix}}{\begin{vmatrix} a & b \\ a' & b' \end{vmatrix}}, \qquad y = \frac{\begin{vmatrix} a & c \\ a' & c' \end{vmatrix}}{\begin{vmatrix} a & b \\ a' & b' \end{vmatrix}}$$

ここで $c = c' = 0$ なので，分子は共に0となる．x, y 共に0以外の解をもつためには，分母＝0でなくてはならない．これをクレーマー（Cramer）の公式という．すなわち，

> 分母 $\begin{vmatrix} a & b \\ a' & b' \end{vmatrix} \neq 0$ なら $x = y = 0$ である．
>
> $\updownarrow$ 対偶
>
> $x = y = 0$ でないならば，$\begin{vmatrix} a & b \\ a' & b' \end{vmatrix} = 0$ である．

5）変分エネルギーおよび係数の算出 －永年方程式の解法－

永年方程式（A2.5）を解くと，変分エネルギーは

$$E_+ = \frac{H_{AA} + H_{AB}}{1 + S_{AB}}, \quad E_- = \frac{H_{AA} + H_{AB}}{1 - S_{AB}} \tag{A2.6}$$

と求まる．次いで，変分パラメータ c_1, c_2 を求める．E_+, E_- を各々式（A2.4）へ代入．$H_{AA} = H_{BB}$ を α，$H_{AB} = H_{BA}$ を β と書き換え $S = 0$ とおくと，永年行列（A2.4），永年行列式（A2.5）は以下のように簡略化される．

$$\begin{cases} c_1(\alpha - E) + c_2 \beta = 0 \\ c_1 \beta + c_2(\alpha - E) = 0 \end{cases} \tag{A2.7} \qquad \begin{vmatrix} \alpha - E & \beta \\ \beta & \alpha - E \end{vmatrix} = 0 \tag{A2.8}$$

この行列式を解いて二種類の固有値（軌道エネルギー）E を求め，軌道エネルギーの低い方（結合性分子軌道）を E_+，高い方（反結合性分子軌道）を E_- と記す．ここで，さらに行列式の各項を β で割り，

$$\frac{\alpha - E}{\beta} = \lambda \tag{A2.9}$$

とおけば，行列式は $\begin{vmatrix} \lambda & 1 \\ 1 & \lambda \end{vmatrix} = 0$ と簡略化される．これを解くことで，$\lambda^2 = 1$，

$$\therefore \quad \lambda = \pm 1 \quad \text{を得る．}$$

式（A2.9）の λ に -1 を代入すれば，$(\alpha - E)/\beta = -1$ なので $E_+ = \alpha + \beta$ と求まる．また，λ に1を代入すれば，$(\alpha - E)/\beta = 1$ で，$E_- = \alpha - \beta$ となる[†]．すなわち，水素分子の分子軌道エネルギーは，それぞれ

$$\begin{cases} E_+ = \alpha + \beta \\ E_- = \alpha - \beta \end{cases} \tag{A2.10}$$

となる．

次いで，変分パラメータ c_1, c_2 を求める．E_+, E_- を各々式（A2.7）へ代入すれば，

$$E = E_+ \text{ のとき } c_1/c_2 = 1, \qquad E = E_- \text{ のとき } c_1/c_2 = -1$$

すなわち

[†] λ の値の小さい方から順に代入すると，軌道エネルギーの低い方からエネルギーの値が求まる．

E_+ の固有関数は　$\Psi_g = c_1(\phi_A + \phi_B)$

E_- の固有関数は　$\Psi_u = c_2(\phi_A - \phi_B)$

　これらの波動関数の二乗を全空間について行うと全空間に電子を見出す確率となる．これは1であり（規格化の条件），また原子軌道関数は規格・直交化してあるので，

$$\int \Psi^* \Psi d\tau = 1, \quad \int c_1{}^2(\phi_A + \phi_B)^2 d\tau = 1, \quad \int c_2{}^2(\phi_A - \phi_B)^2 d\tau = 1 \qquad (規格化の条件)$$

ここで，$\int \phi_A{}^2 d\tau = \int \phi_B{}^2 d\tau = 1, \quad \int \phi_A\phi_B d\tau = 0$ である．　（原子軌道の規格・直交化）

　したがって，$E_+ : 2c_1{}^2 = 1, \ c_1 = \dfrac{1}{\sqrt{2}} \quad E_- : 2c_2{}^2 = 1, \ c_2 = \dfrac{1}{\sqrt{2}}$

$$E_+ \text{ の固有値は} \quad \Psi_g = \frac{1}{\sqrt{2}}(\phi_A + \phi_B)$$

$$E_- \text{ の固有値は} \quad \Psi_u = \frac{1}{\sqrt{2}}(\phi_A - \phi_B)$$

と求まる．

A2.2　鎖状4原子クラスターあるいは1,3-ブタジエンの軌道エネルギー：軌道エネルギーと軌道の形

　ここでは，鎖状4原子クラスターと同等の1,3-ブタジエンを例にとろう（本文図2.5, $n = 4$）．炭素の番号を C_1-C_2-C_3-C_4 とする．共鳴積分 β は二つの原子間の距離の関数である．ヒュッケル法での永年方程式は

$$\begin{vmatrix} -\lambda & 1 & 0 & 0 \\ 1 & -\lambda & 1 & 0 \\ 0 & 1 & -\lambda & 1 \\ 0 & 0 & 1 & -\lambda \end{vmatrix} = 0 \qquad (A2.11)$$

となる．この行列式を展開すると，

$$\begin{vmatrix} -\lambda & 1 & 0 & 0 \\ 1 & -\lambda & 1 & 0 \\ 0 & 1 & -\lambda & 1 \\ 0 & 0 & 1 & -\lambda \end{vmatrix} = -\lambda \begin{vmatrix} -\lambda & 1 & 0 \\ 1 & -\lambda & 1 \\ 0 & 1 & -\lambda \end{vmatrix} - \begin{vmatrix} 1 & 1 & 0 \\ 0 & -\lambda & 1 \\ 0 & 1 & -\lambda \end{vmatrix}$$

$$= \lambda^4 - 3\lambda^2 + 1 = 0 \ \text{ の解は}$$

$$\lambda = \pm\sqrt{\frac{3 \pm \sqrt{5}}{2}} = \pm\sqrt{\frac{(1 \pm \sqrt{5})^2}{4}} = \pm\frac{1 \pm \sqrt{5}}{2} = 1.6180, 0.6180, -0.6180, -1.6180$$

となり，軌道エネルギーはエネルギーが増加する順に，

$$\varepsilon_1 = \alpha + 1.6180\beta, \ \ \varepsilon_2 = \alpha + 0.6180\beta, \ \ \varepsilon_3 = \alpha - 0.6180\beta, \ \ \varepsilon_4 = \alpha - 1.6180\beta$$

と求まる．これに四つの π 電子を入れると，エネルギーの低い方から順に二つのエネル
ギー準位が満たされ，全 π 電子エネルギーは，

$$E = 2\varepsilon_1 + 2\varepsilon_2 = 4\alpha + 4.4720\beta$$

となる．

　各エネルギーに相当するクラスター軌道の係数を求めるためには，以下の固有ベクト
ルを求める行列より，

$$\begin{pmatrix} -\lambda & 1 & 0 & 0 \\ 1 & -\lambda & 1 & 0 \\ 0 & 1 & -\lambda & 1 \\ 0 & 0 & 1 & -\lambda \end{pmatrix} \begin{pmatrix} c_1 \\ c_2 \\ c_3 \\ c_4 \end{pmatrix} = \begin{pmatrix} 0 \\ 0 \\ 0 \\ 0 \end{pmatrix}$$

係数の方程式は次のようになる．

$$\left. \begin{aligned} -\lambda c_1 + c_2 \qquad\qquad &= 0 \\ c_1 - \lambda c_2 + c_3 \qquad &= 0 \\ c_2 - \lambda c_3 + c_4 &= 0 \\ c_3 - \lambda c_4 &= 0 \end{aligned} \right\} \qquad \lambda = \frac{1+\sqrt{5}}{2}$$

とすると

$$c_2 = \left(\frac{1+\sqrt{5}}{2}\right)c_1 \qquad c_3 = -c_1 + c_2\left(\frac{1+\sqrt{5}}{2}\right) = \left(\frac{1+\sqrt{5}}{2}\right)c_1$$

$$c_3 - \left(\frac{1+\sqrt{5}}{2}\right)c_4 = 0 \qquad c_4 = \left(\frac{2}{1+\sqrt{5}}\right)c_3 = \left(\frac{2}{1+\sqrt{5}}\right)\left(\frac{1+\sqrt{5}}{2}\right)c_1 = c_1$$

規格化条件から　　$c_1^2 + c_2^2 + c_3^2 + c_4^2 = 1$

また

$$c_1^2 + \left(\frac{1+\sqrt{5}}{2}\right)^2 c_1^2 + \left(\frac{1+\sqrt{5}}{2}\right)^2 c_1^2 + c_1^2 = 1 \qquad \therefore \quad c_1 = \left(\frac{1}{5+\sqrt{5}}\right)^{1/2} = c_4$$

$$\therefore \quad c_2 = c_3 = \left(\frac{1+\sqrt{5}}{2}\right)\left(\frac{1}{(5+\sqrt{5})^{1/2}}\right)$$

$$\Psi_1 = \frac{1}{\sqrt{5+\sqrt{5}}}\left(\phi_1 + \frac{1+\sqrt{5}}{2}(\phi_2 + \phi_3) + \phi_4\right)$$

したがって，1,3-ブタジエンの分子軌道は，以下のように表される．

$$\Psi_1 = 0.3717\,(\chi_1 + \chi_4) + 0.6015\,(\chi_2 + \chi_3)$$

$$\Psi_2 = 0.6015\,(\chi_1 - \chi_4) + 0.3717\,(\chi_2 - \chi_3)$$

$$\Psi_3 = 0.6015\,(\chi_1 + \chi_4) - 0.3717\,(\chi_2 + \chi_3)$$

$$\Psi_4 = 0.3717\,(\chi_1 - \chi_4) - 0.6015\,(\chi_2 - \chi_3)$$

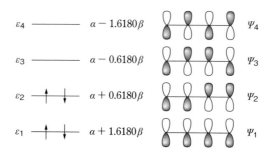

図A2.1　1,3-ブタジエンの軌道エネルギーと π 分子軌道

これらの軌道の形と軌道エネルギーを**図 A2.1** に示す.

第 3 章　π 電子系のトポロジーと物性

A3.1　共役長の伸長と HOMO–LUMO 軌道のエネルギー差

共役長に相当する炭素原子の数を n, HOMO と LUMO のエネルギー差を $\Delta\varepsilon = \varepsilon_{(n/2)+1} - \varepsilon_{n/2}$ で表すと,

$$\Delta\varepsilon = \left\{\alpha + 2\beta\cos\frac{\pi}{n+1}\left(\frac{n}{2}+1\right)\right\} - \left\{\alpha + 2\beta\cos\frac{\pi}{n+1}\left(\frac{n}{2}\right)\right\}$$

$$= 2\beta\cos\frac{\pi}{2}\left(1+\frac{1}{n+1}\right) - 2\beta\cos\frac{\pi}{2}\left(1-\frac{1}{n+1}\right)$$

$$= -4\beta\sin\frac{\pi}{2(n+1)} \tag{A3.1}$$

となる. 三角関数 $\sin x$ で x が十分小さければ $\sin x \fallingdotseq x$ とおけるので, n が大きければ,

$$\Delta\varepsilon \fallingdotseq -4\beta\frac{\pi}{2(n+1)} = -\frac{2\beta\pi}{n+1} \tag{A3.2}$$

となる. 一方で, 分子が波長 λ の光を吸収する際のエネルギーは,

$$\Delta\varepsilon = h\nu = \frac{hc}{\lambda}$$

である. これを式 (A3.2) に代入すれば,

$$\lambda = -\frac{hc}{2\beta\pi}(n+1) = k(n+1) \quad \text{ただし,} \quad k = -\frac{hc}{2\beta\pi}$$

となる. $\beta < 0$ であるから $k > 0$ であり, 共役二重結合系の長さが増加するにつれて, 吸収する光の波長 λ は長くなることが分かる.

A3.2　一般解を用いたアリルラジカルの分子軌道と軌道エネルギー

　鎖状一般式（本文の式 (3.1)，(3.2)）を用いて，アリルラジカルの軌道エネルギーと分子軌道関数を求める．

$$\text{軌道エネルギー}\quad E_j = \alpha + 2\beta\cos\frac{j\pi}{n+1} \tag{A3.3}$$

$$\text{分子軌道関数}\quad \Psi_j = \sum_{r=1}^{n}\sqrt{\frac{2}{n+1}}\sin\frac{rj\pi}{n+1}x_r \tag{A3.4}$$

ここで，n は原子数，j は分子軌道の番号で n と同数．r は原子の番号である．

　一般式からアリルラジカルの軌道エネルギーと分子軌道を求める．

　1）軌道のエネルギー

$$E_1 = \alpha + 2\beta\cos\frac{\pi}{4} = \alpha + \sqrt{2}\,\beta \qquad E_2 = \alpha + 2\beta\cos\frac{2\pi}{4} = \alpha$$

$$E_3 = \alpha + 2\beta\cos\frac{3\pi}{4} = \alpha - \sqrt{2}\,\beta$$

全 π 電子エネルギーは $E_\pi = 2\times(\alpha+\sqrt{2})\beta + \alpha = 3\alpha + 2\sqrt{2}\,\beta$

　2）分子軌道を表す関数

$$\Psi_1 = \sqrt{\frac{2}{4}}\left(\sin\frac{1\pi}{4}\chi_1 + \sin\frac{2\pi}{4}\chi_2 + \sin\frac{3\pi}{4}\chi_3\right)$$

$$= \frac{1}{\sqrt{2}}\left(\frac{1}{\sqrt{2}}\chi_1 + \chi_2 + \frac{1}{\sqrt{2}}\chi_3\right) = \frac{1}{2}\chi_1 + \frac{1}{\sqrt{2}}\chi_2 + \frac{1}{2}\chi_3$$

$$\Psi_2 = \frac{1}{\sqrt{2}}(\chi_1 - \chi_3)$$

$$\Psi_3 = \sqrt{\frac{2}{4}}\left(\sin\frac{3\pi}{4}\chi_1 + \sin\frac{6\pi}{4}\chi_2 + \sin\frac{9\pi}{4}\chi_3\right) = \frac{1}{\sqrt{2}}\left(\frac{1}{\sqrt{2}}\chi_1 - \chi_2 + \frac{1}{\sqrt{2}}\chi_3\right)$$

$$= \frac{1}{2}\chi_1 - \frac{1}{\sqrt{2}}\chi_2 + \frac{1}{2}\chi_3$$

A3.3　環状4原子クラスターあるいはシクロブタジエン ($n = 4$)

環状 π 共役化合物で $n = 4$ の場合は，4員環で共役二重結合からなるシクロブタジエンという分子となる．

1）永年方程式による解法

環状正方形とした場合の永年方程式を作り解くと，

$$
\begin{vmatrix} x & 1 & 0 & 0 \\ 1 & x & 1 & 0 \\ 0 & 1 & x & 1 \\ 1 & 0 & 1 & x \end{vmatrix} = x \begin{vmatrix} x & 1 & 0 \\ 1 & x & 1 \\ 0 & 1 & x \end{vmatrix} - \begin{vmatrix} 1 & 1 & 0 \\ 0 & x & 1 \\ 1 & 1 & x \end{vmatrix} - \begin{vmatrix} 1 & x & 1 \\ 0 & 1 & x \\ 1 & 0 & 1 \end{vmatrix}
$$

$$
= x(x^3 - x - x) - (x^2 + 1 - 1) - (1 + x^2 - 1)
$$

$$
= x^2(x^2 - 4) \qquad\qquad x = 0（重解），\pm 2
$$

(1) 軌道エネルギー：$x = 0$（重解）の場合　　　　　$x = \pm 2$ の場合

$$
\frac{\alpha - E}{\beta} = 0 \quad E = \alpha \qquad \frac{\alpha - E}{\beta} = \pm 2 \quad E = \alpha \pm 2\beta
$$

(2) 軌道の形：

$$
\Psi_1 = \frac{1}{\sqrt{4}}(\chi_1 + \chi_2 + \chi_3 + \chi_4)
$$

$$
\Psi_2 = \frac{1}{\sqrt{2}}(\chi_1 - \chi_3)
$$

$$
\Psi_3 = \frac{1}{\sqrt{2}}(\chi_2 - \chi_4)
$$

$$
\Psi_4 = \frac{1}{\sqrt{4}}(\chi_1 - \chi_2 + \chi_3 - \chi_4)
$$

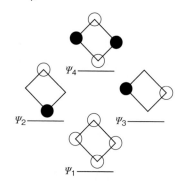

図 A3.1　シクロブタジエンの軌道の形

2）矩形への変形と軌道エネルギーの安定化

矩形に変形させるとどうなるか？　矩形に変形した場合，$\beta_2/\beta_1 = k, x = (\alpha - E)/\beta_1$ とおいて，永年方程式を解くことができる．

正方形の場合：$E_\pi = 2(\alpha + 2\beta) + 2\alpha = 4\alpha + 4\beta$

矩形とした場合：$E_\pi = 2(\alpha + \beta_1 + \beta_2) + 2(\alpha + \beta_1 - \beta_2) = 4\alpha + 4\beta_1$

$|\beta_1| > |\beta| > |\beta_2|$ であるため，矩形の方が安定である．

矩形に変形した場合，$\beta_2/\beta_1 = k, x = (\alpha - E)/\beta_1$ とおいて永年方程式を解くと，

$$\begin{vmatrix} x & k & 0 & 1 \\ k & x & 1 & 0 \\ 0 & 1 & x & k \\ 1 & 0 & k & x \end{vmatrix} = x \begin{vmatrix} x & 1 & 0 \\ 1 & x & k \\ 0 & k & x \end{vmatrix} - k \begin{vmatrix} k & 1 & 0 \\ 0 & x & k \\ 1 & k & x \end{vmatrix} - \begin{vmatrix} k & x & 1 \\ 0 & 1 & x \\ 1 & 0 & k \end{vmatrix}$$

$$= x\,(x^3 - k^2 x - x) - k\,(kx^2 + k - k^3) - (k^2 + x^2 - 1)$$

$$= x^4 - k^2 x^2 - x^2 - k^2 x^2 - k^2 + k^4 - k^2 - x^2 + 1$$

$$= x^4 - 2(k^2 + 1)\,x^2 + k^4 - 2k^2 + 1 = x^4 - 2(k^2+1)\,x^2 + (k^2-1)^2$$

$$= \{x^2 - (k+1)^2\}\,\{x^2 - (k-1)^2\}$$

$$x = \pm k \pm 1$$

● $x = k+1$ の場合   ● $x = k-1$ の場合

$$\frac{\alpha - E}{\beta_1} = \frac{\beta_2}{\beta_1} + 1 \qquad\quad \frac{\alpha - E}{\beta_1} = \frac{\beta_2}{\beta_1} - 1$$

$$E = \alpha - \beta_1 - \beta_2 \qquad\quad E = \alpha + \beta_1 - \beta_2$$

● $x = -k+1$ の場合   ● $x = -k-1$ の場合

$$\frac{\alpha - E}{\beta_1} = \frac{\beta_2}{\beta_1} + 1 \qquad\quad \frac{\alpha - E}{\beta_1} = -\frac{\beta_2}{\beta_1} - 1$$

$$E = \alpha - \beta_1 + \beta_2 \qquad\quad E = \alpha + \beta_1 + \beta_2$$

正方形と矩形のシクロブタジエン　全 π 電子エネルギーの比較

正方形の場合：$E_\pi = 2(\alpha + 2\beta) + 2\alpha = 4\alpha + 4\beta$

矩形とした場合：$E_\pi = 2(\alpha + \beta_1 + \beta_2) + 2(\alpha + \beta_1 - \beta_2) = 4\alpha + 4\beta_1$

$|\beta_1| > |\beta| > |\beta_2|$ であるため，矩形の方が安定である．

分子構造と電子配置の相関

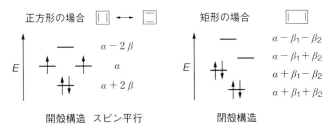

正方形の場合 □ ⟷ □   矩形の場合 □

E ⎮ $\alpha - 2\beta$
α
$\alpha + 2\beta$

E ⎮ $\alpha - \beta_1 - \beta_2$
$\alpha - \beta_1 + \beta_2$
$\alpha + \beta_1 - \beta_2$
$\alpha + \beta_1 + \beta_2$

開殻構造　スピン平行   閉殻構造

図 A3.2　正方形と矩形のシクロブタジエンの軌道エネルギー

　正方形のシクロブタジエンは縮重軌道をもつので，分子に拡張したフント則が成り立てば，二つのスピンが平行な基底三重項の分子と予想される．しかし，実際合成されたシクロブタジエンは，電子スピン共鳴装置（ESR）で測定してもスピンは検出されず，赤外スペクトルの吸収線の本数より，矩形に変形していることが分かった．ということ

は，この分子は自らの形をゆがませることで，軌道エネルギーの縮重を解き，電子構造を安定化させていることを意味する．錯体のヤーン-テラー変形と相同の，自然界で普遍性のある現象といえる．

A3.4　交差炭化水素の種類　炭素数4の場合　トリメチレンメタン

特に $n=4$ の場合は，π 共役系としては不対電子を2個もつトリメチレンメタンと呼ばれる化合物を与える．トリメチレンメタンには，エネルギーの等しい二つのNBMOがあり，分子レベルでのフント則が成り立つため，この二つの不対電子のスピンの向きは平行である．

トリメチレンメタンの永年方程式は以下の通り．

$$
\begin{vmatrix} \lambda & 1 & 0 & 0 \\ 1 & \lambda & 1 & 1 \\ 0 & 1 & \lambda & 0 \\ 0 & 1 & 0 & \lambda \end{vmatrix} = \lambda \begin{vmatrix} \lambda & 1 & 1 \\ 1 & \lambda & 0 \\ 1 & 0 & \lambda \end{vmatrix} - \begin{vmatrix} 1 & 1 & 1 \\ 0 & \lambda & 0 \\ 0 & 0 & \lambda \end{vmatrix} = 0
$$

$$
\lambda(\lambda^3 - \lambda - \lambda) - \lambda^2 = \lambda^2(\lambda^3 - 2\lambda) - \lambda^2 = \lambda^2(\lambda^2 - 3) = 0
$$

したがって，固有値は以下のように求まる．

$$
\begin{cases} \lambda = \dfrac{\alpha - E}{\beta} = -\sqrt{3} \\[2mm] \lambda = \dfrac{\alpha - E}{\beta} = 0 \\[2mm] \lambda = \dfrac{\alpha - E}{\beta} = +\sqrt{3} \end{cases}
$$

$E = \alpha + \sqrt{3}\beta,\ E = \alpha,$
$E = \alpha,\ E = \alpha - \sqrt{3}\beta$

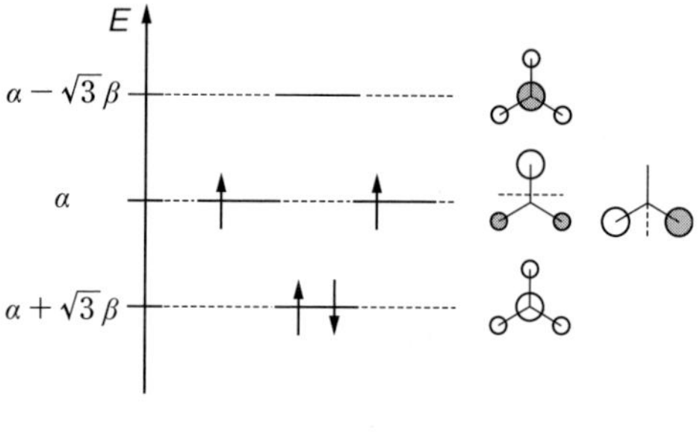

図A3.3　トリメチレンメタンの軌道エネルギー

A3.5　交互炭化水素の分子軌道における対形成の原理

特徴 (i) 交互炭化水素の分子軌道のエネルギーは，$E = \alpha$ を鏡面として，結合性軌道と反結合性軌道のエネルギーが鏡像の関係（対を形成）にある（$E = \alpha + k\beta$, $E = \alpha - k\beta$）．例えば，**図A3.4a**に示すように，アリルラジカル（奇の交互炭化水素）の結合性軌道（HOMO）と反結合性軌道（LUMO）のエネルギーは鏡像の関係にある．また NBMO が存在するのが特徴である（$E_1 = \alpha + \sqrt{2}\beta$, $E_2 = \alpha$, $E_3 = \alpha - \sqrt{2}\beta$）．1,3-ブタジエン（偶の交互炭化水素）の場合は，HOMO と LUMO，NHOMO (next HOMO) と NLUMO (next LUMO) が対応[†]（脚注次ページ）．NBMO は存在しない．

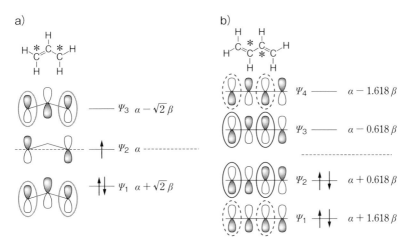

図A3.4 a) アリルラジカル（奇の交互炭化水素）の電子構造. b) 1,3-ブタジエン（偶の交互炭化水素）の電子構造. 実線で囲った軌道（星印炭素 ϕ_2, ϕ_3）は同位相，破線で囲った軌道（星印炭素 ϕ_1, ϕ_4）も同位相.

特徴 (ii) 鏡像関係になっている二つの軌道（結合性と反結合性）のうち，星の付いている炭素の番号が同じ原子軌道の係数の絶対値は等しい（星の付いていない原子の符号は逆になる）．アリルラジカルの分子軌道は，この関係が成立している.

$$\phi_1 = \frac{1}{2}\chi_1 + \frac{1}{\sqrt{2}}\chi_2 + \frac{1}{2}\chi_3 \qquad \text{(HOMO)}$$

$$\phi_2 = \frac{1}{\sqrt{2}}(\chi_1 - \chi_3) \qquad \text{(SOMO)}$$

$$\phi_3 = \frac{1}{2}\chi_1 - \frac{1}{\sqrt{2}}\chi_2 + \frac{1}{2}\chi_3 \qquad \text{(LUMO)}$$

1,3-ブタジエンの場合は，HOMO と LUMO，NHOMO と NLUMO が対称になる.

特徴 (iii) 基底状態において，原子 (r) の電子密度 (r_r) $[\rho_r = \sum_{i=1}^{occ}\nu_i(\chi_{r,i})^2$：$r$ は原子の番号，ν_i は分子軌道 (i) を占有する電子数] は，すべての炭素原子で等しく 1 である．つまり π 電子の分布は分子内で均一であることを意味している．実際，アリルラジカルの 3 個の分子軌道を構成する原子軌道 χ_1, χ_2, χ_3 につき，それぞれの係数の二乗の和を求めるとすべて 1 となる．(ii) に示したアリルラジカルの分子軌道の係数はこの関係を満たしている.

---

† next HOMO は軌道エネルギーが HOMO より一つ下の軌道，next LUMO は LUMO より一つ上の軌道を指す.

特徴（iv） <u>奇の交互炭化水素</u>（奇数の原子から構成）の場合は，結合エネルギー 0 の
レベルに<u>非結合性軌道が存在</u>し，そこを<u>不対電子が占有</u>する．アリルラジカルの電子構
造に適用される．

第 4 章　光と分子の相互作用

A4.1　1,3-ブタジエンの *s-trans*, *s-cis* 異性体

　共役ジエンのような平面構造をとりやすい分子では，単結合
に二重結合性が生じ，結合周りの回転によって，二重結合にお
ける「トランス」「シス」異性体のような配座異性体が比較的安
定な配座として存在する．このような異性体を ***s-trans*, *s-cis*** と呼ぶ．*s* は single
bond（単結合）を意味し，「single bond に関するシス-トランス異性」という意味である．
　ポリアセチレンの熱力学的に安定なトランス体は，一重結合（単結合）の周りの異性
も考慮すると *trans*, *s-trans* 体であり，シス体には *cis*, *s-trans* 体と *trans*, *s-cis* 体
が存在する．一重結合に対して *trans*, *cis* を定義するのは不思議な気がするかも知れな
いが，共役ジエンの中央の一重結合は，かなり二重結合性をもっている．本文 2.2.3 項
に出てきた 1,3-ブタジエンの結合性分子軌道の係数より（付録 A2.2），次式から炭素－
炭素結合の**結合次数**を計算することができる．

$$\text{隣接原子 } (x, y) \text{ 間の結合次数}: p_{x,y} = \sum_j n_j \cdot c_{j,x} \cdot c_{j,y} \qquad \text{(A4.1)}$$

　　　ここで，n_j：j 番目の軌道を占める電子の数（0, 1, or 2）

　　　　　　　$c_{j,x}$：j 番目の軌道の原子 x の原子軌道関数の係数

　　　　　　　$c_{j,y}$：j 番目の軌道の原子 y の原子軌道関数の係数

　その結果，C_1-C_2 および C_3-C_4 の結合次数は 0.897，C_2-C_3 では 0.447 と求まり，後者
は一重結合と二重結合の中間の値を示す．特に固体中ではこの結合の回転はかなり束縛
されており，*s-trans* 体と *s-cis* 体間の回転異性体の寿命はかなり長い．

第 5 章 光誘起の物性現象

A5.1 電荷移動錯体とエキシプレックスの形成

マリケン（R.S. Mulliken）は，分子軌道論に基づく**電荷移動理論**を提示した．**電子供与体**（D, electron donor）と**電子受容体**（A, electron acceptor）は**電荷移動錯体**を与える場合，安定な錯体では単離が可能であり，結晶構造解析ができている錯体も多い．電荷移動錯体 D $\cdots$ A の電荷移動量を δ で表すと（式 A5.1），供与体の電荷の一部 δ が受容体へ移動することで両者の間に引力的相互作用が働き錯体が形成される．ただしこの錯体では，供与体の HOMO とアクセプターの LUMO の係数の位相が揃うように重なっており，静電相互作用というよりも，弱い共有結合ができていると理解すべきである．また電荷移動錯体は，それぞれの成分の吸収スペクトルより長波長領域に，新しい吸収帯（電荷移動吸収帯）を与える．

$$D + A \; \rightleftharpoons \; D^{\delta+}\cdots A^{\delta-} \qquad 0 \le \delta \le 1 \qquad (A5.1)$$

錯体の基底状態の波動関数 Ψ_G は，式 (A5.2) で示される．

$$\Psi_G = a\phi(DA) + b\phi(D^+A^-) \qquad (A5.2)$$

ここで，$\phi(DA)$ は中性構造を表す波動関数で，成分間には主にファンデルワールス相互作用のみが働いている．また，$\phi(D^+A^-)$ はイオン構造を表す波動関数である．Ψ_G の規格化より $a^2 + 2abS_{01} + b^2 = 1$ $(S_{01} = \int \phi(DA)\phi(D^+A^-)\,d\tau)$ が成立する．重なり積分を 0 と近似すれば $a^2 + b^2 = 1$ となる．

一方，錯体の励起状態 Ψ_E は式 (A5.3) で表される．

$$\Psi_E = b'\phi(DA) - a'\phi(D^+A^-) \qquad (A5.3)$$

基底および励起状態のエネルギー $\varepsilon_G, \varepsilon_E$ は，次の行列式の解である．

$$\begin{vmatrix} W_0 - \varepsilon & H_{01} \\ H_{10} & W_1 - \varepsilon \end{vmatrix} = 0 \quad \text{ただし,} \quad \begin{cases} W_0 = \int \phi_0 H \phi_0 \,d\tau \\ W_1 = \int \phi_1 H \phi_1 \,d\tau \\ H_{01} = \int \phi_0 H \phi_1 \,d\tau, \; H_{10} = \int \phi_1 H \phi_0 \,d\tau \end{cases}$$

ここで，W_0, W_1, H_{01} は各々中性構造，イオン構造，およびそれらの相互作用のエネルギーであり，式 (A5.4) が解である．

$$\begin{aligned}
\varepsilon &= \frac{1}{2}\left\{ (W_0 + W_1) \pm \sqrt{(W_0 + W_1)^2 - 4(W_0 W_1 - H_{01}{}^2)} \right\} \\
&= \frac{1}{2}\left\{ (W_0 + W_1) \pm \sqrt{(W_0 - W_1)^2 + 4H_{01}{}^2} \right\} \\
&= \frac{1}{2}\left\{ (W_0 + W_1) \pm (W_0 - W_1)\sqrt{1 + \frac{4H_{01}{}^2}{(W_0 - W_1)^2}} \right\} \qquad (A5.4)
\end{aligned}$$

ここで $|H_{01}| \ll |W_0 - W_1|$ とみなせるので

$$\sqrt{1 + x} = (1 + x)^{1/2} \fallingdotseq 1 + \frac{x}{2}$$

$$\fallingdotseq \frac{1}{2}\left[(W_0 + W_1) \pm (W_0 - W_1)\left\{ 1 + \frac{2H_{01}{}^2}{(W_0 - W_1)^2} \right\} \right]$$

$$\therefore \quad \varepsilon_G \fallingdotseq W_0 + \frac{H_{01}{}^2}{W_0 - W_1}, \quad \varepsilon_E \fallingdotseq W_1 - \frac{H_{01}{}^2}{W_0 - W_1}$$

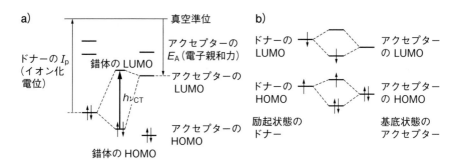

図 A5.1 電荷移動錯体の形成
a) ドナー (D) 分子の HOMO と I_p，アクセプター (A) 分子の LUMO と E_A，錯体 DA の基底準位 (HOMO) と励起準位 (LUMO) および電荷移動吸収帯 ($h\nu_{CT}$) の模式図．錯体に関する部分を太線で示す．b) ドナーが励起状態の場合はドナーの電子供与性，アクセプターの電子受容性が強まり，電荷移動錯体はより安定化する．これをエキシプレックスという．

A5.2　励起子の二量体モデル

　配列秩序をもつ分子集合体（結晶，液晶，膜など）に光照射したときに生ずる励起子間の相互作用を議論するには，分子の相互配向と距離を固定した二量体を考え，この配向した二量体モデル内での遷移双極子の間の相互作用によって生じたスペクトルの変化を議論することが有効である．

　2 分子の基底状態の波動関数を Ψ_1, Ψ_2 とすると，配向した二量体の基底状態 (Ψ_g) は，近似的に次式 (A5.5) で表される．この式は，原子価結合法で水素分子の分子軌道を水素原子の原子軌道関数の積で近似するのと同様に，分子の二量体の電子軌道関数を分子軌道関数の積で表現したものである．

$$\Psi_g = \Psi_1 \Psi_2 \tag{A5.5}$$

　また，二量体のうちの片方が電子励起した波動関数を $\Psi_1{}^*$ または $\Psi_2{}^*$ で表し，二量体に光を照射したとき，どちらかの分子が励起されたことを表す波動関数を $\Psi_1 \Psi_2{}^*$ または $\Psi_1{}^* \Psi_2$ と表す．二量体に光を照射したとき，それぞれの分子が励起される確率は原

理的に等しいので，二量体の励起状態の波動関数は，両者の線形結合である式 (A5.6) で表される．これは，水素原子の波動関数から水素分子の対称および逆対称の波動関数を求めるときと同様の操作である．

$$\Psi_{e\pm} = \frac{1}{\sqrt{2}}(\Psi_1\Psi_2{}^* \pm \Psi_1{}^*\Psi_2) \qquad (A5.6)$$

固体内での二量体の基底状態，励起状態でのエネルギーは，ファンデルワールス力により，それぞれ W, W' だけ安定化している．さらに励起状態のエネルギーは，遷移双極子の相互作用により分裂する．この分裂のエネルギー (E_+ と E_- の差) は，二量体の静電エネルギーを与える演算子 V_{12} を波動関数 $\Psi_1{}^*\Psi_2$ と $\Psi_1\Psi_2{}^*$ で挟んで全空間にわたり積分することで，2β と求まる．ここで，β は共鳴相互作用エネルギーであり，式 (A5.7) で与えられる (これは，水素分子の結合性軌道と反結合性軌道の固有値を求め，その差を議論するのと類似している)．

$$\beta = <\Psi_1{}^*\Psi_2|V_{12}|\Psi_1\Psi_2{}^*> \qquad (A5.7)$$

以上の簡単な二量体モデルでも，分子間での遷移双極子相互作用が，スペクトルの吸収帯のシフトと分裂を引き起こすことを理解することができる (**図 A5.2**)．

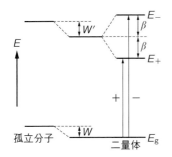

図 A5.2　励起子相互作用の 2 分子モデル－励起子相互作用のエネルギー

第 7 章　導電性の展開と応用

A7.1　波数空間内の電子の波の分布

波数 k 空間での電子の波の分布は，エネルギー $E + \Delta E$ の球の内側にある状態の数を求め，それからエネルギー E の球の内側にある状態の数を引けばよいということになる．エネルギー E のときの半径 k は，本文の式 (7.2) から $k = \sqrt{2mE}/h$ となるので，この内側の球の体積は式 (A7.1) となる．

$$\frac{4\pi k^3}{3} = \frac{4\pi \left(\dfrac{\sqrt{2mE}}{\hbar}\right)^3}{3} \tag{A7.1}$$

この式では，1辺 $2\pi/L$ の立方体1個が一つの状態に相当する．したがって式 (A7.1) を $(2\pi/L)^3$ で割れば，この体積に含まれる状態数が求まる．

$$\frac{4\pi \left(\dfrac{\sqrt{2mE}}{\hbar}\right)^3}{3} \bigg/ \left(\frac{2\pi}{L}\right)^3 \tag{A7.2}$$

同様にして半径 $E+\Delta E$ の内側の状態の数は，上の E を $E+\Delta E$ で置き換えればよい．

$$\frac{4\pi \left(\dfrac{\sqrt{2m(E+\Delta E)}}{\hbar}\right)^3}{3} \bigg/ \left(\frac{2\pi}{L}\right)^3 \tag{A7.3}$$

したがって，二つの球に挟まれた球殻の中の状態の数は，この二つの式の引き算で式 (A7.4) となる．

$$\frac{4\pi}{3}\left[\left(\frac{\sqrt{2m(E+\Delta E)}}{\hbar}\right)^3 - \left(\frac{\sqrt{2mE}}{\hbar}\right)^3\right] \bigg/ \frac{8\pi^3}{L^3} \tag{A7.4}$$

この式で a が十分小さいときは，$\sqrt{1+a} = 1 + (1/2)a$ と近似でき，また微小な ΔE の二乗は無視できるので，下の式で近似できる．

$$\frac{L^3}{4\pi^2}\left(\frac{\sqrt{2m}}{\hbar}\right)^3 \sqrt{E}\,\Delta E$$

あるエネルギー E での電子状態の数を表す関数を $N(E)$ とおくと，エネルギーの幅 ΔE の間にある状態の数は $N(E)\Delta E$ なので

$$N(E)\Delta E = \frac{L^3}{4\pi^2}\left(\frac{\sqrt{2m}}{\hbar}\right)^3 \sqrt{E}\,\Delta E$$

単位体積あたりの状態の数は，

$$N(E) = \frac{L^3}{4\pi^2}\left(\frac{\sqrt{2m}}{\hbar}\right)^3 \sqrt{E}$$

これを体積 L^3 で割れば

$$D(E) = \frac{N(E)}{L^3} = \frac{1}{4\pi^2}\left(\frac{\sqrt{2m}}{\hbar}\right)^3 \sqrt{E}$$

以上で単位体積あたりの状態密度 $D(E)$ が求まったことになる．

さらに，一つの波の状態にはアップとダウンの二つのスピンの状態が対応するので，スピンも考慮した電子の状態密度はこの2倍で，これが目標とする**状態密度の式**である．

$$D(E) = \frac{N(E)}{L^3} = \frac{1}{2\pi^2}\left(\frac{\sqrt{2m}}{h}\right)^3\sqrt{E} \qquad (A7.5)$$

(参照：竹内 淳 (2007)[21])

A7.2 二次元電子系の波数ベクトル表示とバンド構造

　一次元導体内の電子の波は，x 軸方向に伝播するものだけであった．ここでは理想的な二次元結晶を対象とする．二次元結晶にも"端"がないので，x 方向，y 方向にそれぞれ a の間隔で m 個の原子が並び，x 方向，y 方向の辺の長さがそれぞれ $L = ma$ である正方格子を規定する（**図A7.1a**）．例として，x 軸と y 軸方向の波長が $L/2$ の場合を取り上げる．これらの電子波は平面波であり，対角線（d; diagonal）の方向（45°）に進む平面波についても考慮する必要がある．

1) 正方形の二次元結晶のバンド構造

　一次元導電体のバンド構造は，本文 7.1 節で述べられているので，ここでは，正方形の**一価の二次元金属結晶**を用いてバンド構造を説明したい．

1) 正方格子の一辺の長さを L とし，n 個の原子が間隔 a で二次元に配列している一価金属モデルを対象とする（**図A7.1a**）．各原子は 1 電子を自由電子として提供しているので，原子総数 ＝ 自由電子総数 ＝ n^2 となる．

2) 二次元結晶内を進行する電子波は平面波である（**図A7.1b**）．x 軸，y 軸に沿った定在波の波長（λ）を仮に L とすると，電子波の x 成分，y 成分がともに L である斜め（45°の方向）に進む平面波の波長（λ_d. d; diagonal）は，図から明らかなように $\sqrt{2}L$ の距離が 2 波長に相当している．したがって，波長は $\lambda_d = L/(\sqrt{2})$ となり，成分波である x, y 軸方向の波の波長（$\lambda = L$）より短い．

3) 実空間の結晶内の x 軸，y 軸，および対角線方向の定在波の波長を波数に変換する

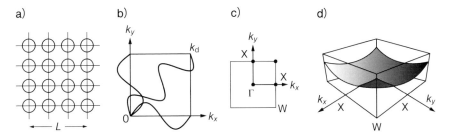

図A7.1　a）二次元正方結晶内の原子配列．b）x 軸，y 軸方向，および対角線方向に通過する実空間の定在波．c）波数空間における波数ベクトルの格子点．d）二次元系電子系の k 空間のゆがんだエネルギー曲面の概念図．(a, b は金持 徹 編著『固体電子論』裳華房 (1995)[22] より作図)

と，$k_x = k_y = 2\pi/\lambda = 2\pi/L$，$k_{\mathrm{d}} = 2\sqrt{2}\pi/L$ となる．これらの値を波数 (k) 空間（座標軸の単位が波数である空間）に格子点として配列する.

4) 二次元結晶のブリルアンゾーンは正方形で，$0 \leqq |k_x|,\ |k_y| \leqq \pi/a$ と表される．ブリルアンゾーン内の対称性の高い k の値に対しては記号が付けられており，ゾーンの原点 $(0,0)$ を Γ，x, y 軸とブリルアンゾーンが交わる点 $(\pi/a, 0)$ および $(0, \pi/a)$ を X，対角線がブリルアンゾーンと交わる点 $(\pi/a, \pi/a)$ を W とする（図 A7.1 c）．対応する波数ベクトルは，Γ-X, $k_x, k_y = 2\pi/L$；Γ-W, $k_{\mathrm{d}} = 2\sqrt{2}\pi/L$ となる.

5) ブリルアンゾーンに電子を詰めるに当っては，二次元系の電子エネルギーの立体描写図（図 A7.1 d）を参考にするとよい．湾曲した器に水を入れた様子を想像してみよう．辺の中央では水面が淵に近いが，四隅は水面よりかなり上にある（水面が電子の E_{F} 面に相当する）.

　バンド構造を記述する簡単な例として，二次元面に 4 個の水素原子の 1s 軌道が配列している場合を考える．対応する代表的な波数ベクトルのエネルギーを図 A7.2 a に示す．この図には，波数空間の該当部に水素クラスターの分子軌道が載せてある．最安定の軌道には節がなく，次いで縦あるいは横に節面をもつ二つの軌道，さらに縦横に節面をもつ軌道で，4 個の電子は波数ベクトル X までを占有する.

　比較のために，水素原子 4 個の二次元配列のバンド構造の導出に対応して，ヒュッケル分子軌道法の永年方程式を用いて，H_4 の固有関数と固有値（軌道エネルギー）を求めてみる．これは 3.4 節（付録 A3.3）で述べた 4 個の sp^2 炭素原子からなる環状 π 共役系であるシクロブタジエンの分子軌道計算と同様となる．ヒュッケル分子軌道では，4 個の電子を軌道エネルギーの低い分子軌道から順に詰めて電子構造とする（図 A7.2 b）．両者を比較することで，バンド理論と分子軌道法との電子構造の表現の類似点，および，それぞれの特徴が見えてくると思う.

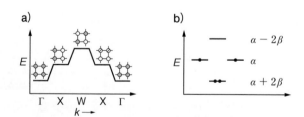

図 A7.2　a) 二次元水素クラスターの波数ベクトルのエネルギーとそれに対応する分子軌道.　$\Gamma(0,0) \to X(2\pi/a, 0) \to W(2\pi/a, 2\pi/a) \to X(0, 2\pi/a) \to \Gamma(0,0)$ の順に展開する.　b) ヒュッケル分子軌道で求めた軌道エネルギーと電子占有状態.

2) 二次元結晶の電子エネルギー分散曲線

次いで，実空間の波長で議論した電子の波を波数 (k) に換算し k 空間に表示することで，電子波のエネルギーについて考察する．x 軸と y 軸方向の波数ベクトルは，$k_x = k_y = 2\pi/\lambda = 4\pi/L$ であり，斜めの波数ベクトル k_d は $\sqrt{2}\pi/L$ で，軸方向の $\sqrt{2}$ 倍である．k_d は軸方向の成分波の波数ベクトル k_x, k_y のベクトル和 $\boldsymbol{k} = k_x + k_y$ で示される．また，三つのベクトルの長さには，$\boldsymbol{k}^2 = k_x{}^2 + k_y{}^2$ の関係がある．

各格子点の k 値に対応した電子エネルギー分散曲線は，図の X と W に対応する箇所に間隔があり，エネルギーバンドがそこで分断されている（**図 A7.3a**：ゾーンの原点 $(0,0)$ を Γ，x, y 軸とブリルアンゾーン（B.Z.）が交わる点 $(\pi/a, 0)$，$(0, \pi/a)$ を X，対角線が B.Z. と交わる点 $(\pi/a, \pi/a)$ を W とする）．分断の原因は，二次元結晶の格子系の原子配列に周期性があるためで，k_x 軸，k_y 軸方向では $k = \pm\pi/a$ の波数のところで電

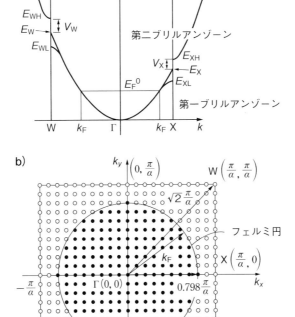

図 A7.3 a）波数の格子点 Γ-X 軸上と Γ-W 軸上での k と E との関係．b）一価の金属原子の二次元結晶に対応するフェルミ円とフェルミ波数ベクトル．（金持 徹 編著[22] より転載）

子の波の干渉が起こり，電子エネルギーが分裂することによる（本文 7.3, 7.4 節参照）．
二次元格子系の第一 B.Z. の範囲は，$-\pi/a < k_x < \pi/a$，$-\pi/a < k_y < \pi/a$ である（図
A 7.3 b）．

3）二次元結晶のフェルミ曲線

　前項（二次元結晶の電子エネルギー分散曲線）で述べたように，二次元結晶にフェル
ミエネルギーの底から順に電子を充填し，電子が充填されている最もエネルギーの高い
準位をつなぎ合わせれば等エネルギー曲線が得られる．理想的にはフェルミエネルギー
の底を原点とした円の直径が連続的に増加することが予想される．しかし，実際は周期
的に配列している陽電荷を帯びた原子の反射により，電子のもつ特定の波数のところで
干渉が起こり，分散曲線に間隙が生じ不連続になる（**図 A 7.3 a**）．その分布はブリルア
ンゾーンの影響を強く受ける．

　フェルミ円の面積を求めてみよう．一個の格子点が占める面積は $[\{2\pi/(ma)\}^2]$
$(ma = L)$ であり，各格子点には 2 個の電子が収容されるので，$m^2/2$ 個の格子点が電子
で占有されていれば，フェルミ円を完全な円とみなしたときの面積は次のようになる．

$$\pi(k_F)^2 = m^2/2\{2\pi/(ma)\}^2 \text{ より，} k_F = \sqrt{2\pi}/a = \sqrt{2/\pi}\,\pi/a$$

なので，$k_F = 0.798\pi/a$（$k_F \fallingdotseq 0.80\pi/a$）となる．$\Gamma$-X（軸方向）の k 値は π/a なので，
その 80 ％を占めている．この k_F の値は反射波との干渉で，エネルギー曲面がゆがみ始
める領域に入っている．これに対し，斜めになる Γ-W の方向では，第一 B.Z. の領域
は $-\sqrt{2}\pi/a < k_d < \sqrt{2}\pi/a$ であり W 点での k ベクトルの長さは $\sqrt{2} \times (\pi/a)$ なので，

$$k_F/\{\sqrt{2}\pi/a\} = \sqrt{2\pi}/a/\{\sqrt{2}\pi/a)\} = \sqrt{1/\pi} = 0.564$$

となり，フェルミエネルギーに対応する等エネルギー線のゆがみはみられない．

　図 A 7.4 に完成した二次元結晶の等エ
ネルギー線を示す．等エネルギー線のう
ち，太い線で示した曲線が，**少しゆがん
だフェルミ円**である（円が四角形に近く
なっている）．電子の総数を少しずつ増
やしていくと，フェルミ円の変化が極端
になり，もはや円とはいえない．その場
合，界面を表す線はフェルミレベルに当
る**フェルミ曲線**と呼ばれる．導電性の専
門家はこのフェルミ曲線の形で，金属の
詰まり方の異方性，外電場との相互作用
など多くの知見を読み取ることができ
る．

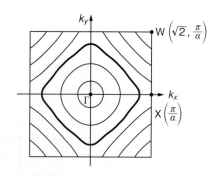

図 A7.4　二次元結晶における等エネルギー線
太線はフェルミ曲線．

4）理想的二次元結晶のブリルアンゾーン

ブリルアンゾーン（B.Z.）は，実空間のウィグナー–ザイツセル（Wigner–Seitz cell）に対応する．ウィグナー–ザイツセルとは，ある格子点とその周りの最も近い格子点との間の垂直二等分面で囲まれた領域で，最小のセルとなる．格子の対称性を反映しており，自動的にその結晶の基本単位格子となる．二次元正方格子の第一 B.Z. は，原点と原点に対して最近接の格子点とを結ぶ線分の垂直二等分線で囲まれた領域として求まる（図 A7.5）.

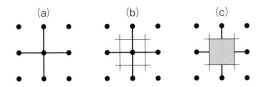

図 A7.5　正方格子の第一ブリルアンゾーン（B.Z.）
a）原点を通り隣り合う最近接の格子点に直線を引く．b）各直線の垂直二等分線（面）を引く．c）それらの垂直二等分線（面）で囲まれる領域が第一 B.Z. となる．

5）二次元結晶の第二ブリルアンゾーン

第二 B.Z. も同じように描ける．第一 B.Z. の各頂点を通り，原点に対して第二近接の格子点（$\pm 2\pi/a$）をつなぐ線分で囲われた領域が，第二 B.Z. となる（図 A7.6）.

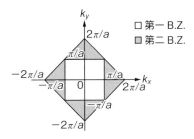

図 A7.6　第二ブリルアンゾーン（B.Z.）

A7.3　三次元電子系の波数ベクトル表示とバンド構造

1）三次元バンド構造の二次元表示

一次元，二次元のバンド構造の表示方法を三次元に拡張すると，"存在しうる波数ベクトル"$\boldsymbol{k}$ の長さは，各軸方向の波数ベクトル $k(n_x)$，$k(n_y)$，$k(n_z)$ のベクトル和として下のように示される．

$$\boldsymbol{k}^2 = k_x{}^2 + k_y{}^2 + k_z{}^2$$

このように，一辺が L の小さい立方体の中をさまざまな方向に通過する電子波を整理して，三次元の k 空間に示すことができる．斜め方向のベクトルは，各軸方向のベクトルのベクトル和であるから，各軸方向に投影すると各軸上の格子点に一致する．"存在しうる波数ベクトル"を三次元の k 空間に表示すると，$2\pi/L$ の間隔で並んだ格子点による立体的な格子ができる．

2）フェルミ球とフェルミエネルギー

多数の電子の波はk空間の格子点で表すことができるが，格子点への電子の詰まり方は，パウリの禁制に従い，電子はこれらの格子点をエネルギーの低い方から順に占有する．1価の金属の場合，電子の総数をN個とすれば各格子点にはスピンの異なる1対の電子を収容できるから，電子に占有される格子点の総数は$N/2$個となる．三次元でNが十分に大きければ，占領される格子点の集合は原点を中心とした球とみなすことができる．この球を**フェルミ球**と呼ぶ（**図A7.7**）．占有する電子のうち，一番高いエネルギーを**フェルミエネルギー**，その波数を**フェルミ波数**k_Fと呼ぶ．フェルミ球の半径k_Fに対応するフェルミエネルギーE_Fは下式の通り．

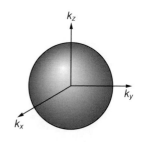

図A7.7　フェルミ球

$$E_F = \frac{h^2}{2m} k_F{}^2$$

3）1価の金属が作る理想的な三次元結晶の等エネルギー面

二次元結晶の場合に$k_F = 0.80$でも電子波の干渉を無視できないと述べたが，三次元の場合は$k_F = 0.985$なので，"フェルミ球"は正確な球面とはかなり違った形になることは想像に難くない．k_x-k_y面内での等エネルギー図から想像できる立体的な形は**図A7.8**の通りである．図から推察できるように，周期的ポテンシャル場の影響が強い場合には，"フェルミ球"は「球」と呼ぶのにふさわしくないほどゆがんでいる．

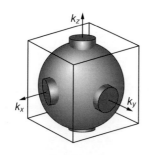

図A7.8　理想的な1価金属が形成する三次元結晶内で電子に占有されている領域（金持　徹 編著[22]）より転載）

A7.4　チタン酸バリウムと強誘電性

誘電率εとは，物質に電場を掛けたときに物質の内部で起こる電荷のずれの度合いである．誘電分極しやすい物質はεの値が大きく，それに伴いコンデンサーの容量Cの値が大きくなる．

チタン酸バリウムの結晶内での原子の動きに基づく誘電挙動を詳しくみるために，面

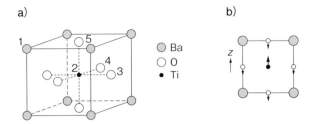

図 A7.9　a) チタン酸バリウム結晶の誘電性，b) 単位胞内での原子の熱運動による変異方向

心立方晶系 (**図 A7.9 a**) $BaTiO_3$ の単位胞の上面中心にある O(5)，重心にある Ti(2)，およびそれに結合した O(3) を含む面で切った断面を右に示す (**図 A7.9 b**)．結晶内で重心の位置にある Ti が上方に変位するのと連動して，面の中心にある 4 個の O 原子は下方に変位する．その結果 z 軸に沿った極性 (双極子モーメント) が生ずる．この極性は熱エネルギーを得て，固有の振動数で絶えず反転している．

　この結晶に外部から交替電場を印加し，その周波数を掃引していくと，印加電場の波数が結晶の極性反転の周波数に近づくにつれ，誘電率は急速に増大する．強誘電体の場合は，転移温度以下でこの実験を行えば誘電率は発散し (無限大になり)，強誘電相に転移する．

　コンデンサーの静電容量は $C = \varepsilon_0 \varepsilon_r S/d$ と記述できるので，誘電率 ε_r の誘電体をコンデンサー内に挿入すると，コンデンサーの容量は増大する．

第 8 章　磁性の基礎

A8.1　ボーア磁子の算出

$$\mu_B = -\left(\frac{\mu_0 e h}{2 m_e}\right) \tag{A8.1}$$

$e = 1.6022 \times 10^{-19}$ (C; A s)，$h = 1.0546 \times 10^{-34}$ (J s)，$m_e = 9.1094 \times 10^{-31}$ (kg)，
$\mu_0 = 1.2566 \times 10^{-6}$ (H m^{-1}; kg m^2 s^{-2} A^{-2} m^{-1})，
H = (ヘンリー) = kg m^2 s^{-2} A^{-2}，Wb (ウェーバ) = kg m^2 s^{-2} A^{-1}

$\mu_B = -\left(\dfrac{\mu_0 e h}{2 m_e}\right)$

$= 1.2566 \times 10^{-6}$ (H m^{-1}) ; kg m^2 s^{-2} A^{-2} m^{-1}) $\times 1.6022 \times 10^{-19}$ (C; A s) $\times 1.0546$
$\quad \times 10^{-34}$ (J s; kg m^2 s^{-2} s) / $\{2 \times 9.109 \times 10^{-31}$ (kg)$\}$

$= 1.2566 \times 10^{-6} \times 1.602 \times 10^{-19} \times 1.054 \times 10^{-34}$ (kg^2 m^3 s^{-2} A^{-1})/
$\quad \{2 \times 9.1094 \times 10^{-31}$ (kg)$\} = 1.1654 \times 10^{-29}$ (Wb m)

なお, MKS の SI 単位では μ_0 は不要で $\mu_\mathrm{B} = eh/(2m_\mathrm{e}) = 9.274 \times 10^{-24}$ (J T^{-1}) となる.

A8.2 平均場近似により示されるキュリー温度の意味

物質の磁化率は, 純粋な常磁性体を除いては, スピンを担った原子や分子の磁化のみで決まるのではなく, 原子間, 分子間の磁気的相互作用を無視することはできないが, 個々のスピン間の相互作用をすべて計算することは困難である. キュリー–ワイスの式では, その相互作用を表す定数としてキュリー温度 (θ) を導入している. これは電磁気学で用いる「場」という考え方に基づいており, 「平均場近似」という概念をもち込むことで理解を深めることができる.

物質中のスピンが感じる磁場は, 外部から印加された磁場 H_ext (external;外部) だけでなく, 周辺に存在する複数のスピンが作り出す内部磁場 H_int (internal;内部) も関与する. そこで実効的な磁場 H_eff (effective;実効的) として, 両者を足し合わせた $H_\mathrm{eff} = H_\mathrm{ext} + H_\mathrm{int}$ を定義する. 物質全体の磁化は $M = (C/T) H_\mathrm{eff}$ と表されることになるが, 内部磁場 H_int は測定している物質の磁化 (M) に比例する.

そこで, 原子・分子間に磁気的相互作用のあるときの物質の磁化を, $M = (C/T)(H_\mathrm{ext} + \lambda M)$ と表すこととし, この式を M で括れば $(1 - \lambda C/T) M = (C/T) H_\mathrm{ext}$ となるので,

$$M = \frac{C/T}{1 - \lambda C/T} H_\mathrm{ext} = \frac{C}{T - \lambda C} H_\mathrm{ext}$$

が導かれる.

この式を磁化率の定義の式に代入すると, 磁化率を表す式は $\chi = M/H_\mathrm{ext} = C/(T - \theta)$, $\theta = \lambda C$ と求まり, キュリー–ワイスの式に等しいことが分かる. つまり, キュリー温度 θ は, キュリー定数 C に内部磁化も関わる定数 λ を掛けたものである.

A8.3 スピンハミルトニアン

原子間および分子間ではスピンの振舞いを記述する波動関数は, 原子内や分子内の場合と異なり直交化されていない. そこで原子, あるいは分子のスピン間の相互作用を記述するハミルトニアンが必要となる. 例えば, 二つの水素原子が水素分子を形成することを, 原子価結合法で記述する場合を考えるとよい. 2 個の原子がある程度接近すると, 二つの不対電子間の距離が近づき電子間の交換が起こるようになる. 原子 i と原子 j が接近した場合の不対電子のスピンの向きを考慮した, スピン演算子 S_i, S_j からなる式 (A8.2) をハイゼンベルグハミルトニアンと呼ぶ.

$$\hat{H} = -2J_{ij} S_i S_j \tag{A8.2}$$

全スピン角運動量の演算子を $\boldsymbol{S}$ とすると，$i = 1$，$j = 2$ の場合

$$\boldsymbol{S}^2 = (\boldsymbol{S}_1 + \boldsymbol{S}_2)^2 = \boldsymbol{S}_1{}^2 + 2\boldsymbol{S}_1\boldsymbol{S}_2 + \boldsymbol{S}_2{}^2 \qquad (A8.3)$$

と書ける．

スピン演算子 $\boldsymbol{S}_i{}^2$ の固有値は $S(S+1)$ と表すことができるので，
<u>スピン逆平行（一重項）の場合は</u>

$\boldsymbol{S}_1 = 1/2$, $\boldsymbol{S}_2 = -1/2$ $S = 0(0 + 1) = 0$

$2\boldsymbol{S}_1\boldsymbol{S}_2 = \boldsymbol{S}^2 - \boldsymbol{S}_1{}^2 - \boldsymbol{S}_2{}^2 = 0 - 1/2(1/2 + 1) - 1/2(1/2 + 1) = -3/2$, $\boldsymbol{S}_1\boldsymbol{S}_2 = -3/4$

なお，演算子 $\boldsymbol{S}_1$，$\boldsymbol{S}_2$ については，固有値にスピンのアップ，ダウンを考慮する必要はないが，全スピン $\boldsymbol{S}$ については，一重項か三重項かで当然 固有値は異なる．

<u>スピン平行（三重項）の場合は</u>

$\boldsymbol{S}_1 = \boldsymbol{S}_2 = 1/2$ $S = 1(1 + 1) = 2$

$2\boldsymbol{S}_1\boldsymbol{S}_2 = \boldsymbol{S}^2 - \boldsymbol{S}_1{}^2 - \boldsymbol{S}_2{}^2 = 2 - 1/2(1/2 + 1) - 1/2(1/2 + 1) = 1/2$, $\boldsymbol{S}_1\boldsymbol{S}_2 = 1/4$

2スピン系の固有値を導出するスピン演算子は以下のように算出される．仮に演算子 $1/2(1 + 4\boldsymbol{S}_1\boldsymbol{S}_2)$ を考えれば，一重項（スピン逆平行）の固有値は -1，三重項（スピン平行）の固有値は 1 となる．したがって，二つの軌道のポテンシャルエネルギーは以下のように求まり，三重項が $|2J_{ex}|$ だけ安定なことが分かる．ここで K はクーロン積分，J_{ex} は交換積分である（Column「フント則の量子化学的解釈」参照）．

一重項（スピン反平行）$K + J_{ex}$，三重項（スピン平行）$K - J_{ex}$ $\qquad$ (A8.4)

このように，原子内交換相互作用の概念（フント則）を原子間に拡張したのが**ハイゼンベルグのモデル**である．物質の磁気秩序を考えるには物質系全体のスピンを考えねばならないが，電子の軌道が原子に局在しているとみなして，電子のスピンを各原子 i の位置に局在した全スピン $\boldsymbol{S}_i$ で代表させて，原子 i の全スピン $\boldsymbol{S}_i$ と原子 j の全スピン $\boldsymbol{S}_j$ との間に原子間交換相互作用が働くと考える．このとき交換エネルギーのハミルトニアン H_{ex} は，原子内交換相互作用を一般化した「見かけの交換積分」J_{ij} を用いて $H_{ex} = -2J_{ij}\boldsymbol{S}_i\boldsymbol{S}_j$ で表される．J_{ij} が正であれば，H_{ex} の固有値は二つの原子のスピン $\boldsymbol{S}_i$ と $\boldsymbol{S}_j$ が平行のときに負となり，エネルギーが低くなるので，二つの原子スピン間には強磁性相互作用が働くことになる．一方，J_{ij} が負であれば反平行のときエネルギーが下がり，二つのスピン間には反強磁性相互作用が働く（付録 A9.1 参照）．

第 9 章　磁性の展開と応用

A9.1　ハイゼンベルグハミルトニアンと二量体モデル

ハイゼンベルグハミルトニアンについては，付録 A8.3 でその基礎としてフント則を

分子間に拡張する取り扱いについて解説した．ここでは，ハイゼンベルグハミルトニアンからどのようにして磁化率を導出するかを，水素結合性二量体内に強いスピン間の磁気的相互作用をもつ HQNN 結晶の磁化率の解析を例にとり説明する．

　結晶内に二量化した磁性イオンあるいは分子が存在する場合を考える．それぞれのスピンは $S_1 = S_2 = 1/2$ であり，2 個のスピンが交換相互作用をすることで，二量体として $S = 1$（三重項）と $S = 0$（一重項）にエネルギー準位は分裂する．その一重項と三重項のエネルギー差は $2|J|$ である．この二量体に対するハイゼンベルグハミルトニアンは，交換相互作用の項に外部磁場の寄与を加えて，以下のように表される．

$$\hat{H}_{\mathrm{pair}} = -2J\boldsymbol{S}_1\boldsymbol{S}_2 - g\mu_{\mathbf{B}}(\boldsymbol{S}_{1z} + \boldsymbol{S}_{2z})\boldsymbol{B} \tag{A9.1}$$

ここで，$\boldsymbol{S}_1, \boldsymbol{S}_2$ はそれぞれのスピン演算子，$\boldsymbol{S}_{1z}, \boldsymbol{S}_{2z}$ はそれらの z 成分を表す．このとき，磁化率はスピン量子数に基づく多重度を考慮し，磁場の印加に伴うエネルギー準位の分裂を磁場の級数で展開することで一般化した Van Vleck の式（記載省略）に代入すると，磁化率の温度・磁場依存性についての以下の式が求まる．

$$\chi_{\mathrm{M}} = \frac{N_{\mathrm{A}}g^2\mu_{\mathbf{B}}^2}{k_{\mathrm{B}}T}\frac{1}{3 + \exp(-2J/k_{\mathrm{B}}T)} \tag{A9.2}$$

　HQNN 結晶の磁化率は，水素結合性二量体内の強磁気的相互作用（J）および二量体間の相互作用をワイス温度（θ）として取り込んだ式（A9.3）で解析された．

$$\chi_{\mathrm{M}} = \frac{N_{\mathrm{A}}g^2\mu_{\mathbf{B}}^2}{k_{\mathrm{B}}(T-\theta)}\frac{1}{3 + \exp(-2J/k_{\mathrm{B}}T)} \tag{A9.3}$$

　図 A9.1 に，この結晶内にみられる基底三重項ダイマーとそれを取り巻く 6 対のダイマーが示す強磁性的相互作用の様相を示す．

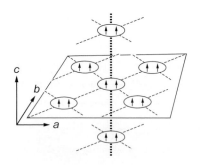

図 A9.1　ＨＱＮＮ結晶内での基底三重項ダイマーとそれを取り囲む 6 対のダイマーからなる強磁性的相互作用（M. M. Matsushita ら：*J. Am. Chem. Soc.*, **119**, 4369-4379 (1997)[36]）より転載）

A9.2　空間電荷制限電流：SCLC

　空間電荷制限電流（SCLC：space-charge-limited current）とは，キャリア（移動可能な電荷）の移動度の小さい試料の場合，電極から注入されたキャリアが不純物にトラッ

プされ移動性を失うことで起こる非線形伝導を指す．電子がトラップされる場合の方が分かりやすいのでそのように説明するが，正孔の場合も同様に理解できる．

　Q（電荷）$= CV$（C：電気容量）はキャリアの個数を表しており，輸送時間の逆数がキャリアの速度に相当する．つまり，SCLCで流れる電流密度J_{SCLC}（単位面積に垂直な方向に単位時間に流れる電気量）は電圧の二乗に比例する．この関係式は，キャリアの輸送を妨げるトラップ準位の存在を考慮しなくてよい場合に成立する（図A9.2a）．

　しかし，分子性薄膜や有機結晶においては，ほぼ必ずトラップ準位が存在するため，その影響を考慮する必要がある．この場合トラップとは，キャリアが構造変化を起こし，負電荷種として安定化し，移動性を失ったものを指す（図A9.2b）．

　一般的に，トラップとしては格子欠陥・不純物などが挙げられるが，分子性物質の場合，中性分子自身がキャリアを効果的にトラップすると考えることができる．すなわち，キャリアを受け渡された分子が，隣接分子にキャリアを受け渡す前に，構造緩和を起こす，あるいは隣接分子と緩やかな錯体を形成することで安定化する．安定化の程度に応じて，深いトラップ状態，浅いトラップ状態ができる．

　トラップ準位が存在する場合は，ある閾値電圧以上の電圧を印加することで，トラップ準位に電子が詰まり始めると，電流には高次の電圧依存性がみられるようになる（図A9.2c）．この顕著な非線形伝導は，トラップ電荷制限電流（TCLC：trapped-charge-

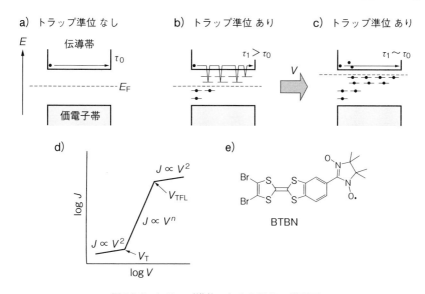

図A9.2　トラップ準位のあるSCLCの説明図
a）トラップのない系，b）トラップのある系，c）トラップのある系に電圧を掛けた場合，
d）電流密度の電圧依存性（非線形伝導），e）BTBNの分子構造

limited current) とも呼ばれる．有機エレクトロルミネッセンス (EL) 素子内での電子と
正孔の輸送は，この機構で説明できる．本研究の対象である ESBN のイオンラジカル
塩や BTBN の電子輸送にもこの機構が適用できる．

　トラップ準位の存在による電流値の減少を，キャリアの輸送時間の増加として考える
ことにする．トラップがある場合には，キャリアがフェルミエネルギー E_F 以上に位置
しているトラップ準位に一時的に捕捉されるため，輸送時間 τ_1 は τ_0 よりも長くなる．
E_F 以下に位置しているトラップ準位は，すでに電子が詰まっている（「埋まっている」
と表現することがある）ので，キャリアの輸送を妨げない．

　印加電圧を上げることで，フェルミエネルギー E_F が上昇し，キャリアを捕捉してい
たトラップ準位が電子で埋められる（荷電種が電子を得て中性に戻る）ため，トラップ
準位は徐々に減少し電流が流れやすくなる．つまり，トラップ準位の「埋まり方」の電
圧依存性が，全体の電流量を決めていることになる．なお，ある閾値電圧 V_{TFL} 以上で
はトラップ準位はすべて埋まり，この際のキャリアの輸送時間 τ_1 は τ_0 と等しくなる．
実際のトラップ準位は指数関数的に分布しているので，その埋まり方には高次の電圧依
存性がある（図 A9.2 d）．ある閾値電圧 V_T 以上の電圧を印加すると観測される TCLC
が，9.6.2 項で述べた BTBN において観測された非線形電流である．

演 習 問 題 略 解

第1章

[1] b) － e) － c) － a) － d)

[2] 例) 液晶ディスプレイの原理　液晶の電場配向

第2章

[1]

1)

| | H_2^{+} | H_2 | H_2^{-} |

2) 水素分子 (H_2) の軌道エネルギー　　　$2(\alpha + \beta) = 2\alpha + 2\beta$

　　カチオンラジカル (H_2^{+})　　　　　　$\alpha + \beta$

　　アニオンラジカル (H_2^{-})　　　　　　$2(\alpha + \beta) + (\alpha - \beta) = 3\alpha + \beta$

[2]　1) － b),　2) － d),　3) － a),　4) － c),　5) － a),　6) － f),　7) － i),

　　8) － k)

第3章

[1] 1) 直線型の H_3^{+} の分子軌道エネルギーは
式 (1) より, a) のように表される. E_1
に 2 個の電子が収まるので, 電子軌道エ
ネルギーは $2(\alpha + \sqrt{2}\beta)$ と求まる.

2) 環状型の分子軌道エネルギーは式 (2)
より, b) のようになる.

　1) と同様に E_1 に 2 電子が収まるので, 電子軌道エネルギーは $2(\alpha + 2\beta)$ と求ま
る.

3) a), b) の比較より, 環状型の H_3^{+} がより安定であることが分かる.

a)

H－H－H^{+}

E_3 —— $\alpha - \sqrt{2}\beta$
E_2 —— α
E_1 —●●— $\alpha + \sqrt{2}\beta$

b)

$\alpha - \beta$
$\alpha + 2\beta$

[2]

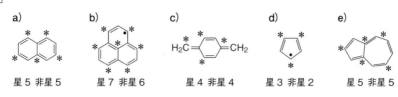

a)　星5 非星5　　b)　星7 非星6　　c)　星4 非星4　　d)　星3 非星2　　e)　星5 非星5

a）EA, KS, S　　b）OA, NK, D　　c）EA, KS, S　　d）NA, NK, D　　e）NA, KS, S

第4章

[1]

1)

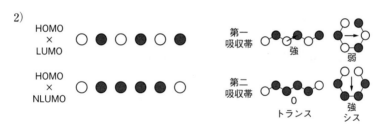

3)　したがって，s-トランス体がA，s-シス体がBとなる．

[2]　式 $\Delta E = h\nu = ch/\lambda$ に該当する数値を入れる．ヘキサアンミン錯体は $\Delta E =$ 251 kJ mol^{-1}，ペンタアンミンクロロ錯体は $\Delta E = 226$ kJ mol^{-1}.

　　　エネルギーの差は配位子による結晶場の分裂に相当し，強い配位子であるアンミン配位子が，弱い配位子であるクロロ配位子に置換したことによる．

第5章

[1] 1）水平配列－平行，垂直配列－反平行

　　2）水平配列－許容，垂直配列－禁制

　　3）水平配列

[2] 1）電荷分離の機構：光エネルギー移動でポルフィリンが励起し，LUMO に電子が収容され，HOMO に正孔が生じる．電子，正孔が別々に輸送される．

　　2）電位差形成の機構：励起状態のポルフィリンの LUMO から，電子が色素を介

してキノン誘導体に移動することで電位差が形成される.

3) プロトン濃度勾配の機構：2電子還元されたキノン誘導体（ジアニオン）は，細胞膜外の水から2個のプロトンを取り入れヒドロキノンを生成する. 細胞膜の内側にある酸化酵素によるヒドロキノンの酸化に伴い，2個のプロトンが細胞膜から細胞内部の水に放出されるため，プロトンの濃度勾配が形成される.

4) 化学エネルギーによる還元種・酸化種の生成：移動した電子により暗反応でNADPH（還元体）が合成される. 移動した正孔により活性化したMn錯体が水を酸化して酸素を発生させる.

5) 運動エネルギーによるエネルギー貯蓄：プロトンの濃度勾配を利用したモータープロテインの回転により，ADPからATPが合成される.

▓▓▓ 第6章 ▓▓▓

[1] 1) シス形ポリアセチレンの原子価異性体を描くと，それぞれ非等価な構造となる. このような場合は，どちらかの原子価異性体に固定化され不対電子は現れない. それに対しトランス形では等価な原子価異性体が描けるので，左右からそれぞれの異性体を描くと，炭素数が奇数の場合は不対電子を取り残した構造が出現する.

2) トランス形のポリアセチレンは，結合交替を考慮するとバンド構造には禁制帯が現れる. ヨウ素を添加すると，完全に充填された価電子帯から電子が抜けるので，高い導電性が現れる.

3) ドープされたポリアセチレンは鎖内では高い導電性を示すが，鎖間では電子が隣の鎖に飛び移ることが必要になり，そこで抵抗が生ずる.

[2] 1) 有機ラジカル結晶はなぜ絶縁体か

　有機ラジカルの HOMO も半占有軌道であり，HOMO が形成するバンドは半分まで電子で埋まるため，金属的伝導度が予想される. しかし電子の分子間移動のしやすさを決める分子間共鳴積分（移動積分 t）で決まるバンド幅に相当する $4t$ は，電子移動に伴い HOMO 軌道を2電子占有することで生ずるオンサイト・クーロン反発 U よりずっと小さい. そのためラジカル結晶は，ほぼ絶縁体となる.

2) 電荷移動錯体が金属となる条件

　ドナーとアクセプターからなる電荷移動錯体が金属的導電性を示すには，まずドナーはドナーで，アクセプターはアクセプターで積層した分離積層配列の結晶でなければならない. さらにオンサイト・クーロン反発を軽減するには，電荷移動度が 0.5 付近であることが望ましい.

第7章

[1] 1) 以下のように電流が流れ禁制帯が形成される.

2) 順バイアス   逆バイアス

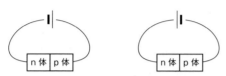

[2]   一価の金属の ns 軌道の s 電子が形成する金属結合は，原子配置が一様であれば原子間の共鳴積分はどこも等しく β で表すことができ，無限鎖の HOMO と LUMO は縮重しており，軌道エネルギーは α である．低温でパイエルス転移が起こると，原子間の結合に長短が生じる．短縮した結合の共鳴積分を β_1，伸長した結合の共鳴積分を β_2 と区別すると，HOMO と LUMO の縮重が解け，HOMO のエネルギーは $\alpha + (\beta_1 - \beta_2)$，LUMO のエネルギーは $\alpha - (\beta_1 - \beta_2)$ と，軌道エネルギーに差（ギャップ）が生じる．これが，パイエルス転移で二量化した一次元鎖の分子軌道に当る.

第8章

[1]

(1) Cr^{3+}

3 個の平行スピンの和 $S = 1/2 + 1/2 + 1/2 = 3/2$
それぞれ軌道角運動量の和 $m_l = 2 + 1 + 0 = 3$
合成角運動量 $S + m_l$ $J = 3 - 3/2 = 3/2$　逆方向に整列するから

(2) Co^{3+}

6 個の平行スピンの和 $S = 5/2 - 1/2 = 2$
それぞれ軌道角運動量の和 $m_l = 2 + 1 + 0 - 1 - 2 + 2 = 2$
合成角運動量 $S + m_l$ $J = 2 + 2 = 4$　5 個目以上のスピンは m_l と
　　　　　　　　　　　　　　　　　　　　　　　　　　平行になるからプラス

(3) Cu^{2+}

9 個の平行スピンの和 $S = 5/2 - 4/2 = 1/2$
それぞれ軌道角運動量の和 $m_l = 2 + 1 + 0 - 1 - 2 + 2 + 1 + 0 - 1 = 2$

合成角運動量 $S + m_l$　　　　　　　$J = 1/2 + 2 = 5/2$　5個目以上のスピンは m_l

と平行になるからプラス

[2]　1) ① スピンは**逆平行**になる　　② 誤りなし　　③ 希土類金属の**4f 軌道**は内
殻なので，伝導電子である**5d 電子**の分極

2) ①－(b)　　②－(c)　　③－(a)

註) 希土類の原子軌道エネルギー準位　4f ＜ 5d ＜ 6p ＜ 7s

第9章

[1]

a)

スピン分極により，メタ位に直結する炭素上のスピンは強磁性的に揃う.

b)

シクロペンタジエニルカチオンは 4π 電子系で，
(擬) フント則に従い縮重軌道にスピンが平行に入る.

c)

一中心ジラジカルなので，フント則に従いスピンは平行になる.

d)

メタフェニレンのスピン分極と，一中心の相互作用の共同効果で，
四つのスピンが強磁性的に揃う.

[2]　1) アリルラジカル分子内のスピン分極により，$C(2)$ に β スピンが誘起される.
スピン密度分布の交替性により，(a) 反強磁性的，(b) 強磁性的相互作用が出
現する.

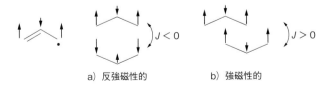

a) 反強磁性的　　　　　　b) 強磁性的

2) a) ガルビノキシルラジカルの分子構造の特徴

  ① スピン中心が酸素原子であること

  ② フェノキシラジカルとキノイド構造との共鳴によるスピンの非局在化

  ③ t-ブチル基による立体保護

 b) 高温では結晶内で分子間に強磁性相互作用が働いている（前問 b) 参照）が，$T = T_1$ 付近で結晶構造の転位が起こり，結晶内の分子配列が変化し，反強磁性的になると考えられる．

参 考 文 献 （各章付録の参考文献も含む）

第 1 章

1) 垣谷俊昭『光・物質・生命と反応（下）』第 20 章，第 23 章，丸善（1998）

2) 福岡大学理学部機能生物化学研究室 HP「光合成」
   http://www.sc.fukuoka-u.ac.jp/~bc1/Biochem/photosyn.htm

3) 日本生物物理学会 HP「光合成」https://www.biophys.jp/highschool/C-15.html

第 2 章

4) 細矢治夫『量子化学』サイエンスライブラリ化学，サイエンス社（2001）

5) 井上晴夫『量子化学 I －波動方程式の理解－』基礎化学コース，丸善（1996）

第 3 章

6) 西本吉助『量子化学のすすめ』7 章，化学同人（1983）

第 4 章

7) 細矢治夫『光と物質 －そのミクロな世界－』新化学ライブラリー，大日本図書（1995）

8) N. J. Turro：Modern Molecular Photochemistry, Chapter 2.7, 5.3, 5.5, Benjamin / Cummings Publishing Company, Inc.（1978）

9) 村田　滋『光化学 －基礎と応用－』東京化学同人（2013）

第 5 章

10) J. D. Wright 著，江口太郎 訳『分子結晶』第 6 章，化学同人（1991）

11) C. A. Parker and C. G. Hatchard：*Trans. Faraday Soc.*, **59**, 284（1963）

12) J. R. Miller and G. L. Closs：*J. Am. Chem. Soc.*, **106**, 3047（1984）

13) 菅原　正・木村榮一 共編『超分子の化学』化学の指針シリーズ，裳華房（2013）

14) 瀬川浩司・阪井正樹・新井永範・中崎城太郎：日本写真学会誌，70 巻 5 号，260-267（2007）

15) G. J. Kavarnos：Fundamentals of Photoinduced Electron Transfer, VCH（1993）

16) 濱田嘉昭・菅原　正 編『現代化学』放送大学教育振興会（2013）

第 6 章

17) 小林昭子：遷移金属錯体伝導体の開発研究と結晶構造．日本結晶学会誌，**41**，236

-244（1999）

18）日本化学会 編：「伝導性低次元物質の化学」化学総説 No. 42，学会出版センター
（1983）

第 7 章

19）P. A. Cox 著，魚崎浩平 他訳『固体の電子構造と化学』第 4 章，技報堂出版（1989）

20）R. Hoffmann 著，小林　宏 他訳『固体と表面の理論化学』1 章-8 章，丸善（1993）

21）竹内　淳『高校数学でわかる半導体の原理』ブルーバックス，講談社（2007）

22）金持　徹 編著『固体電子論』裳華房（1995）

23）C. Kittel 著，宇野良清 他訳『キッテル 固体物理学入門 第 8 版（上）』丸善（2005）

24）T. Itoh, T. Toyota, H. Higuchi, M. M. Matsushita, K. Suzuki and T. Sugawara：*Chem. Phys. Lett.*, **671**, 71-77（2017）

25）角戸正夫・笹田義夫『X 線解析入門』第 3 版，東京化学同人（1993）

26）大橋裕二『X 線結晶構造解析』化学新シリーズ，裳華房（2005）

第 8 章

27）C. Kittel 著，宇野良清 他訳『キッテル 固体物理学入門 第 8 版（下）』丸善（2005）

28）志賀正幸『磁性入門 －スピンから磁石まで－』内田老鶴圃（2007）

29）山下正廣・小島憲道 編著『金属錯体の現代物性化学』錯体化学会選書3，三共出版（2008）

第 9 章

30）P. Day, M. T. Hutchings, E. Janke and P. J. Walker：*J. C. S. Chem. Comm.*, 711-713（1979）

31）P. A. Cox 著，魚崎浩平 他訳『固体の電子構造と化学』第 5 章，技報堂出版（1989）

32）日本化学会 編『スピン化学が拓く分子磁性の新展開 －設計から機能化まで－』CSJ Current Review, Part I 2 章，pp. 13-23, Part II 3 章，pp. 63-69，化学同人（2014）

33）溝口　正『物質科学の基礎 物性物理学』裳華房（1989）

34）K. Mukai：*Bull. Chem. Soc. Jpn.*, **42**, 40-46（1969）

35）M. Kinoshita：*Proc. Japan Acad., Ser. B*, **80**, 41-51（2004）

36）M. M. Matsushita, A. Izuoka, T. Sugawara, T. Kobayashi, N. Wada, N. Takeda and M. Ishikawa：*J. Am. Chem. Soc.*, **119**, 4369-4379（1997）

37）O. Kahn, Y. Pei, M. Verdaguer, J. P. Renard and J. Sletten：*J. Am. Chem. Soc.*, **110**, 782-789（1988）

38） M. M. Matsushita, H. Kawakami and T. Sugawara：*Phys. Rev. B*, **77**, 195208（2008）

39） T. Sugawara and M. M. Matsushita：*J. Mater. Chem.*, **19**, 1738-1753（2009）

40） 菅原　正・鈴木健太郎：現代化学，2011 年 4 月号，49-53（2011）

41） H. Komatsu, M. M. Matsushita, S. Yamamura, Y. Sugawara, K. Suzuki and T. Sugawara：*J. Am. Chem. Soc.*, **132**, 4528-4529（2010）

42） T. Sugawara, M. Minamoto, M. M. Matsushita, P. Nickels and S. Komiyama：*Phys. Rev. B*, **77**, 235316（2008）

索　引

著者略歴

菅原 　正 （すが わら ただし）

　1946 年 東京都生まれ．1969 年 東京大学理学部化学科卒業，1974 年
東京大学理学系研究科修了，理学博士．1975 〜 1978 年 米国ミネソタ大
学，メリーランド大学 Research Fellow，1978 年 岡崎国立共同研究機構
分子科学研究所 助手，1986 年 東京大学教養学部基礎科学科 助教授を経
て，1991 年 同教授，2010 年 東京大学名誉教授，2013 〜 2017 年 神奈川
大学理学部化学科教授．2022 年 分子科学会名誉会員．

　専門　有機物理化学（有機磁性，導電性），有機生命科学（人工細胞）

　著書　『超分子の化学』（共編；裳華房，2013），『現代化学』（共編；放
送大学，2013）他

化学の指針シリーズ　**物性化学 —分子性物質の理解のために—**

2023 年 11 月 20 日　第 1 版 1 刷発行

検 印
省 略

定価はカバーに表
示してあります．

著作者	菅　原　　　正
発行者	吉　野　和　浩
発行所	東京都千代田区四番町 8-1 電　話　03-3262-9166（代） 郵便番号 102-0081 株式会社　裳　華　房
印刷所	中 央 印 刷 株 式 会 社
製本所	株式会社　松　岳　社

ISBN 978-4-7853-3229-7

ⓒ 菅原　正，2023　　Printed in Japan